执业资格考试丛书

全国注册城乡规划师职业资格考试辅导教材(第十三版)

第4分册 城乡规划实务

苏海龙 邱 跃 郭 鑫 主编

中国建筑工业出版社

图书在版编目(CIP)数据

全国注册城乡规划师职业资格考试辅导教材 . 第 4 分册，
城乡规划实务/苏海龙，邱跃，郭鑫主编 . —13 版 . —北京：
中国建筑工业出版社，2020.5
（执业资格考试丛书）
ISBN 978-7-112-25165-0

Ⅰ. ①全… Ⅱ. ①苏… ②邱… ③郭… Ⅲ. ① 城乡规划-中
国-资格考试-自学参考资料 Ⅳ.①TU984.2

中国版本图书馆 CIP 数据核字(2020)第 080631 号

责任编辑：陆新之 何 楠
责任校对：张 颖

执业资格考试丛书
全国注册城乡规划师职业资格考试辅导教材（第十三版）

第 4 分册 城乡规划实务

苏海龙 邱 跃 郭 鑫 主编

*

中国建筑工业出版社出版、发行(北京海淀三里河路 9 号)
各地新华书店、建筑书店经销
北京红光制版公司制版
北京建筑工业印刷厂印刷

*

开本：787×1092 毫米 1/16 印张：14¾ 字数：356 千字
2020 年 6 月第十三版 2020 年 6 月第二十二次印刷
定价：**65.00** 元
ISBN 978-7-112-25165-0
(35829)

《全国注册城乡规划师职业资格考试辅导教材》（第十三版）
总编辑委员会

第十三版前言

建设部和人事部决定自2000年起实施注册城市规划师执业资格考试制度，迄今已有18年（2015年、2016年停考）。2008年6月全国城市规划执业制度管理委员会公布了《全国城市规划师执业资格考试大纲（修订版）》，对考试大纲作了新的调整，对注册城市规划师执业提出了新的、更高的要求，考试内容和题型也有新的变化。

2017年5月22日，人力资源和社会保障部与住房和城乡建设部共同印发了《人力资源社会保障部住房城乡建设部关于印发〈注册城乡规划师职业资格制度规定〉和〈注册城乡规划师职业资格考试实施办法〉的通知》，文件将以往的"注册城市规划师""注册城市规划师执业资格"改称为"注册城乡规划师"与"注册城乡规划师职业资格"，并对注册和执业制度以及考试做出了新的规定与安排。

2018年初，党的十九届三中全会审议通过《深化党和国家机构改革方案》。国务院第一次常务会议审议通过国务院部委管理的国家局设置方案，组建自然资源部，将住房和城乡建设部的城乡规划管理和其他部门职责整合入内。经过一年的努力，其内部机构设置尘埃落定，但新形势下空间规划相关的法律法规及规章规范尚未更新完善。2020年，新冠疫情暴发，在本套丛书出版之日前，新版考试大纲尚未颁布，2020年辅导教材仍沿用2008版大纲。针对这种新旧交替之时考试所出现的新变化，中国建筑工业出版社组织成立了编委会，共同编写这套《全国注册城乡规划师职业资格考试辅导教材》（第十三版）。为方便考生在较短时间内达到好的复习效果以备迎考，辅导教材共分四册：《城乡规划原理》《城乡规划相关知识》《城乡规划管理与法规》和《城乡规划实务》。辅导教材为适应考试的新变化，增加了国土空间规划方面的内容，以2019年5月23日的《关于建立国土空间规划体系并监督实施的若干意见》为核心。

本书编写阵容齐整，分工合理，由多年从事北京市城乡规划管理实践工作的专家和上海复旦规划建筑设计研究院的专家编写《城乡规划管理与法规》《城乡规划实务》，西安建筑科技大学城乡规划专业资深教授编写《城乡规划相关知识》《城乡规划原理》。编委会成员既有担任过全国注册规划师考试辅导班的教师，也有对全国注册城乡规划师执业考试研究颇深的专家。他们熟悉考试要点、难点，对题型尤其是近年新出现的多选题型有深入的研究。其中《城乡规划原理》由惠劼、张洁璐主编，惠劼统稿；《城乡规划相关知识》

由王翠萍、王宇新主编，王翠萍统稿；《城乡规划管理与法规》由邱跃、苏海龙主编；《城乡规划实务》由苏海龙、邱跃、郭鑫主编。

辅导教材每分册主要分成复习指导、复习题解及习题三部分内容。复习指导既包括对考试大纲的解析，也对考试要点、难点进行归纳总结，便于考生强化记忆。复习题解针对前几次考试已经统计出来的经常出现的疑难点进行重点分析，为考生澄清错误的思维方式，理清正确的答题思路。其中《城乡规划原理》《城乡规划相关知识》《城乡规划管理与法规》三个分册增加了大量的多选题，《城乡规划相关知识》还增加了真题分析及解答，《城乡规划实务》针对前几次试卷提供直截了当的分析方法和简明扼要的答题思路，使考生准确地掌握考试得分点。辅导教材的习题对考试的适用性较强，且具有很强的针对性。

为与读者形成良好的互动，本丛书建立了一个 QQ 答疑群，并开设了一个微信服务号来建立微信答疑群，用于解答读者在看书过程中所产生的问题，并收集读者发现的问题，从而对本丛书进行迭代优化。欢迎大家加群，在共同学习的过程中发现问题、解决问题并相互促进和提升！

规划丛书答疑 qq 群
群号：648363244

微信服务号
微信号：JZGHZX

《全国注册城乡规划师职业资格考试辅导教材》编委会

2020 年 4 月 30 日

目　　录

第一章　引言 …………………………………………………………………………… 1

一、关于试题题型 ……………………………………………………………………… 2

二、试卷内容分析 ……………………………………………………………………… 2

三、历年应试问题的分析 ……………………………………………………………… 3

（一）审题 …………………………………………………………………………… 3

（二）考点判断 ……………………………………………………………………… 4

（三）答题技巧 ……………………………………………………………………… 4

（四）语言组织 ……………………………………………………………………… 5

（五）当前政策 ……………………………………………………………………… 5

四、应试建议 …………………………………………………………………………… 6

（一）熟练掌握法规内容 …………………………………………………………… 6

（二）熟练掌握法定程序 …………………………………………………………… 6

（三）仔细审题 ……………………………………………………………………… 6

（四）分析得分点 …………………………………………………………………… 6

第二章　城乡规划编制管理及方案评析 ……………………………………………… 8

一、城乡规划编制、审批与修改 ……………………………………………………… 8

（一）城乡规划编制的概念 ………………………………………………………… 8

（二）城乡规划编制的一般工作原则 ……………………………………………… 8

（三）城乡规划编制的阶段划分 …………………………………………………… 9

（四）城乡规划编制的主要类型及内容 …………………………………………… 9

（五）城乡规划的审批 ……………………………………………………………… 15

（六）城乡规划的修改 ……………………………………………………………… 16

（七）城乡规划修改例题解析 ……………………………………………………… 17

二、城镇体系规划编制及方案评析 …………………………………………………… 19

（一）考试大纲的要求 ……………………………………………………………… 19

（二）城镇体系规划的概念 ………………………………………………………… 19

（三）城镇体系规划的目的与任务 ………………………………………………… 19

（四）城镇体系规划方案评析 ……………………………………………………… 19

三、城市总体规划编制及方案评析 …………………………………………………… 27

（一）考试大纲的要求 ……………………………………………………………… 27

（二）城市总体规划的成果要求 …………………………………………………… 27

（三）城市总体规划的成果要点分析 ……………………………………………… 32

（四）城市总体规划的编制和审定 ………………………………………………… 48

（五）城市总体规划方案评析 ……………………………………………… 49

四、近期建设规划的编制 …………………………………………………… 58

（一）考试大纲的要求 ……………………………………………………… 58

（二）近期建设规划的有关要求 …………………………………………… 58

（三）近期建设规划的编制 ………………………………………………… 59

（四）近期建设规划的审批和执行 ………………………………………… 60

五、控制性详细规划编制 …………………………………………………… 60

（一）考试大纲的要求 ……………………………………………………… 60

（二）控制性详细规划的作用和地位 ……………………………………… 61

（三）控制性详细规划的内容 ……………………………………………… 62

（四）控制性详细规划的编制方法 ………………………………………… 62

（五）控制性详细规划的成果要求 ………………………………………… 64

（六）控制性详细规划的计算规则 ………………………………………… 66

六、修建性详细规划编制及方案评析 ……………………………………… 66

（一）考试大纲的要求 ……………………………………………………… 66

（二）修建性详细规划的编制方法 ………………………………………… 67

（三）修建性详细规划的成果 ……………………………………………… 67

（四）修建性详细规划方案评析 …………………………………………… 68

七、城市居住区详细规划编制及方案评析 ………………………………… 69

（一）考试大纲的要求 ……………………………………………………… 69

（二）居住区详细规划的任务和内容 ……………………………………… 69

（三）居住区的构成和规模 ………………………………………………… 71

（四）居住区的规划结构 …………………………………………………… 71

（五）住宅及其用地的规划布置 …………………………………………… 71

（六）配套设施及其用地的规划布置 ……………………………………… 73

（七）居住区道路的规划布置 ……………………………………………… 74

（八）居住区绿地的规划布置 ……………………………………………… 75

（九）居住区详细规划的技术经济分析 …………………………………… 76

（十）居住区详细规划方案评析 …………………………………………… 77

八、村庄规划 ………………………………………………………………… 86

（一）考试大纲的要求 ……………………………………………………… 86

（二）村庄规划的指导思想和主要原则 …………………………………… 86

（三）村庄规划的主要内容和编制要求 …………………………………… 87

第三章　城乡规划实施管理及例题解析 …………………………………… 92

一、城乡规划管理概述 ……………………………………………………… 92

（一）城乡规划管理的概念 ………………………………………………… 92

（二）城乡规划管理的基本特征 …………………………………………… 92

（三）城乡规划管理的基本原则 …………………………………………… 93

（四）城乡规划管理的一般工作原则 ……………………………………… 94

二、建设项目选址的管理 …………………………………………………… 96

　　（一）考试大纲的要求 ……………………………………………………… 96
　　（二）建设项目选址规划管理的概念 ……………………………………… 96
　　（三）建设项目选址规划管理的目的和任务 ……………………………… 96
　　（四）建设项目选址规划管理的内容和依据 ……………………………… 96
　　（五）建设项目选址规划管理的程序和操作 ……………………………… 98
　　（六）建设项目选址意见书的审核内容 …………………………………… 99
　　（七）建设项目选址例题解析 …………………………………………… 100
三、规划条件的给定 ………………………………………………………… 115
　　（一）考试大纲的要求 ……………………………………………………… 115
　　（二）给定规划条件的目的和任务 ……………………………………… 115
　　（三）给定规划条件的内容和依据 ……………………………………… 115
　　（四）给定规划条件的操作 ……………………………………………… 116
　　（五）规划条件变更的程序和要求 ……………………………………… 117
　　（六）规划条件例题解析 ………………………………………………… 117
四、建筑工程设计方案的评析及变更的要求 ……………………………… 122
　　（一）考试大纲的要求 …………………………………………………… 122
　　（二）设计方案评析的目的和任务 ……………………………………… 122
　　（三）设计方案评析的内容和依据 ……………………………………… 122
　　（四）设计方案评析的程序和操作 ……………………………………… 123
　　（五）设计方案评析需注意的问题 ……………………………………… 124
　　（六）建设工程设计方案变更的程序和要求 …………………………… 124
五、建设用地规划许可证的核发 …………………………………………… 124
　　（一）考试大纲的要求 …………………………………………………… 124
　　（二）建设用地规划许可证的管理概念 ………………………………… 124
　　（三）建设用地规划许可证的核发程序 ………………………………… 124
　　（四）建设用地规划许可证的核发要求 ………………………………… 126
　　（五）建设用地规划许可证的变更与延续 ……………………………… 127
六、建设工程规划许可证的核发 …………………………………………… 127
　　（一）考试大纲的要求 …………………………………………………… 127
　　（二）建设工程规划许可证管理的概念 ………………………………… 127
　　（三）建设工程规划许可证的核发程序 ………………………………… 127
　　（四）建设用地规划许可证的核发要求 ………………………………… 128
　　（五）建设工程规划许可证的变更与延续 ……………………………… 129
　　（六）建设工程许可证核发相关例题解析 ……………………………… 129
七、乡村建设规划许可证的核发 …………………………………………… 130
　　（一）考试大纲的要求 …………………………………………………… 130
　　（二）乡村建设规划许可证管理的概念 ………………………………… 130
　　（三）乡村建设规划许可证的核发程序 ………………………………… 131
　　（四）乡村建设规划许可证的核发要求 ………………………………… 131
八、建设工程施工、竣工的规划核实 ……………………………………… 131

（一）考试大纲的要求 ･･････････････････････････････････････ 131

（二）规划核实的意义和目的 ･･･････････････････････････････ 132

（三）规划核实的办理程序 ･･･････････････････････････････････ 132

（四）规划核实的掌握标准 ･･･････････････････････････････････ 133

（五）规划核实的成果要求 ･･･････････････････････････････････ 134

九、违法用地和建设的查处 ･･･ 135

（一）考试大纲的要求 ･･････････････････････････････････････ 135

（二）违法建设查处的目的和任务 ･････････････････････････ 135

（三）违法建设查处的依据 ･･･････････････････････････････････ 135

（四）违法用地和建筑查处的程序及操作要求 ･･･････････ 136

（五）违法建设查处类试题的答题要点 ･･･････････････････ 138

（六）违法建设查处例题解析 ･･･････････････････････････････ 138

十、监督检查 ･･･ 144

（一）考试大纲的要求 ･･････････････････････････････････････ 144

（二）城乡规划监督检查工作的目的和意义 ･････････････ 145

（三）城乡规划工作的行政监督 ･･･････････････････････････ 145

（四）人民代表大会对城乡规划工作的监督 ･････････････ 146

（五）公众对城乡规划工作的监督 ･････････････････････････ 146

（六）城乡规划主管部门执行行政监督检查的具体措施 ･･･ 147

（七）城乡规划主管部门对行政监督检查结果的法定处理措施 ･･･ 148

（八）对执行监督检查的城乡规划主管部门工作人员的要求 ･･･ 149

十一、法律责任 ･･･ 149

（一）法律责任的概念和内容 ･･･････････････････････････････ 149

（二）政府违反《城乡规划法》的行为及所应承担的行政法律责任 ･･･ 150

（三）城乡规划主管部门违反《城乡规划法》的行为及所应承担的行政法律责任 ･･･ 151

（四）相关行政部门违反《城乡规划法》的行为及所应承担的行政法律责任 ･･････ 153

（五）城乡规划编制单位违反《城乡规划法》的行为及所应承担的法律责任 ･･････ 154

（六）未取得建设工程规划许可证或者违反建设工程规划许可证的规定进行建设所
　　　应承担的行政法律责任 ･････････････････････････････ 155

（七）建设单位未按《城乡规划法》的规定报送竣工材料所应承担的行政法律责任 ･･･ 156

（八）关于乡村违法建设所应承担的法律责任 ･････････ 156

（九）对违法建设的行政强制执行规定 ･･･････････････････ 157

（十）违反《城乡规划法》的规定应承担的刑事法律责任 ･･･ 157

附录 ･･･ 158

一、中华人民共和国城乡规划法（2019 年修正本） ･･･････････ 158

二、中华人民共和国行政许可法（2019 年修正本） ･･･････････ 167

三、历史文化名城名镇名村保护条例（2017 年修正本） ･･････ 177

四、城市国有土地使用权出让转让规划管理办法（2011 年修正本） ･･･ 183

五、城市规划强制性内容暂行规定 ･････････････････････････････ 185

六、风景名胜区条例（2016 年修正本） ･･･････････････････････ 187

七、中华人民共和国行政处罚法（2017 年修正本） ·················· 193

八、中华人民共和国行政诉讼法（2017 年修正本） ·················· 200

九、城市用地分类与规划建设用地标准（GB 50137—2011） ·················· 212

十、城市抗震防灾规划管理规定（2011 年修正本） ·················· 220

参考文献 ·················· 223

后记 ·················· 224

第一章 引 言

注册城乡规划师考试自 2000 年始,目前已经历了 18 次考试(2015、2016 年停考)。在这 20 年时间里,我国的社会、经济、文化各项事业都迅猛发展,新现象、新知识、新概念层出不穷。城市化速度的不断加快,城乡统筹发展的力度不断加大,经济发展模式和产业结构不断调整,社会观念和政府职能都在逐步转变。在科学发展观的指引下,城乡规划越来越受到各个方面的重视。相应地,城乡规划学科也在不断发展。在这期间颁布实施的《中华人民共和国城乡规划法》《中华人民共和国行政许可法》《中华人民共和国物权法》等法律法规,都对城乡规划工作产生了重大影响。规划编制更加注重前瞻性和科学性,规划管理和执法更加强调程序性和规范性,在理论上和实践上都出现了许多有益的探索。在这样的背景下,实施注册城乡规划师执业体制,是提高规划队伍人员素质,使执业者提高专业技术知识和实际工作能力的有效途径。

尤其是 2008 年正式实施的《中华人民共和国城乡规划法》,使城乡规划工作的理念、目标、内容、方法都发生了深刻的变化。对比《城市规划法》,《城乡规划法》在城乡统筹发展、确立城乡规划体系、改变偏重于技术管理的传统方式、监督制约行政权力等方面有很多重大突破,对于规划工作具有深远的指导意义。为贯彻落实《城乡规划法》,按照原人事部、建设部《注册城市规划师执业资格制度暂行规定》(人发〔1999〕39 号)的有关规定,为适应全国注册城市规划师执业资格考试工作的需要,全国注册城市规划师执业制度管理委员会对原《全国注册城市规划师执业资格考试大纲》进行了修订,经住房和城乡建设部及人力资源和社会保障部审定,2008 年 6 月予以公布,原版考试大纲停止使用。2017 年 5 月 22 日,人力资源和社会保障部与住房和城乡建设部共同印发了《人力资源社会保障部住房城乡建设部关于印发〈注册城乡规划师职业资格制度规定〉和〈注册城乡规划师职业资格考试实施办法〉的通知》,文件将以往的"注册城市规划师""注册城市规划师执业资格"改称为"注册城乡规划师"与"注册城乡规划师职业资格",并对注册和执业制度以及考试作出了新的规定与安排,各位考生需仔细研读。2018 年初,自然资源部组建,将住房和城乡建设部的城乡规划管理和其他部门职责整合入内,但新形势下空间规划相关的法律法规及规章规范尚未更新完善。同时,由于新冠疫情暴发,本书出版前,新版考试大纲尚未颁布,因此推测 2020 年的注册城乡规划师职业资格考试实务科目在考查内容上不会有过多改变。本书的作用就是在此基础上与应试者共享复习、应考的有效方法,使应试者发挥出应有的水平。

全国城市规划执业制度管理委员会专家组对阅卷评分制定了统一的评分标准和标准答案,每一道题的分值和得分点非常明确。如果应试者能正确理解题意,熟练运用有关原理、法规和规定,文字表述清楚,再加上临场发挥得当,回答问题抓住关键词语,就容易取得较好的成绩。否则,就会出现答非所问、张冠李戴,甚至驴唇不对马嘴的现象。本书将同应试者一同复习城乡规划实务的概念,分析历年考试存在的问题,紧密结合考试要求，逐章讲解城乡规划编制、实施管理、执法检查等重点内容，并贴近历年考题给出若干例题和模拟试题，从而大幅提高应考准备工作的针对性和实效性。

一、关于试题题型

由于是职业资格考试，就必须注重考生的实际运作能力。因此，城乡规划实务考试的侧重点在于运用。在城乡规划原理、城乡规划管理与法规和城乡规划相关知识等科目的考试中很难考查考生的实际运作能力。城乡规划实务科目的试题全部是简答题，考试时间为3个小时，对考生掌握城乡规划理论知识的水平、灵活运用城乡规划理论知识的能力和综合分析、解决问题的能力进行考查。这使考生在考试时失去了"碰运气"的成分，增加了考生在考试时得到高分的难度。据部分考生考试通过率数据统计，2019年四个科目的考试中，实务科目通过率最低。

本科目的考试大纲对考生的要求较高。在本科目考试大纲的27个考点中，21个考点要求都是"掌握"，约占总考点的78%，剩余的6个考点要求也是"熟悉"，没有要求为"了解"的考点。要求"掌握"考点的比例在注册城乡规划师的四门考试中最高。因此答题时对考生的综合能力要求较高。实务考试的侧重点在城乡规划知识的运用，不能完全靠死记硬背，同时还要求考生要有一定的分析综合和文字表达能力，能够把自己的想法条理化，言简意赅地表达出来。

没有从事过具体的城乡规划管理工作的考生，由于缺乏实际的工作经验，如不针对城乡规划实务试题的特点，根据城乡规划实务考试的目的，采取不同于城乡规划原理、城乡规划管理与法规和相关知识等科目的复习方法，确实很难通过城乡规划实务科目的考试。有些考生对于城乡规划原理、城乡规划管理与法规和相关知识等科目的内容掌握得很好，但是，面对城乡规划实务的考题，却不知道该如何作答，关键就是不懂得如何运用所学到的知识，通过对城乡规划实务考试的目的、作用和对试题的分析，使这一问题得到很好的解决。

每年一次考试，应试者中有成功的也有失败的，从中体会到酸甜苦辣。经验表明，即使是从事城市规划业务工作多年的专业技术人员，在报考注册城乡规划师之前，也一定要按照职业资格考试指定用书的要求，对城乡规划的原理、管理与法规、相关知识以及实际业务技能等方面进行一次较系统的复习和准备。尤其是想要考好"城乡规划实务"这门课，靠死记硬背是没有用处的，必须在平时的工作中多动脑筋，将城乡规划的基本理论与自己的实际工作相结合，在实践中积累知识，在工作中提高自己的素质。

二、试卷内容分析

一般地说，每年城乡规划实务考试共7道试题，其中涉及城乡规划编制部分的内容（教材第一章城市总体规划编制、第二章详细规划编制）4题；涉及城乡规划管理部分的内容（教材第三章城市规划实施管理）2题；其他1题，基本上是违法建设检查工作的内容（2000年违法建设检查的内容为2题）。有时，城乡规划管理部分的内容会占到3题。近几年，实务科目开始连年新加入交通及历史保护相关的题目，还请各位读者复习时要加以关注。

从历年试题的题量来看，7道试题比较恰到好处。由于城乡规划管理工作十分复杂，涉及各个方面的问题。虽然试题的答案比较简单易懂，但是对于试题的分析、理解的工作量很大。大多数试题还是文图一体的题目，考生既要读懂文字，又要看懂图示。同时，还要将文和图所表述的内容综合进行分析，这将耗费考生大量的时间和精力。因此，一般不会再增加题目的数量。

从历年试题的分布来看，规划实务题型按照专业内容可以分为城镇体系规划、城乡总体规划、交通规划、居住区修建性详细规划、规划管理、规划法规等类型。因国土空间规划的新变化，城镇体系规划和城乡总体规划概念表述和相关内容都有改变，这方面考生需多加关注。一般来讲每年试题都会涵盖到每种类型的题。其中，规划管理和法规部分包括建设项目选址、拟定规划设计条件和规划监督检查等方面的内容。因此，考生对上述各方面应全面进行准备，不应有所偏废。

三、历年应试问题的分析

(一) 审题

规划实务考试的每道试题基本上都是由题干、设问和附图三部分组成，但考查规划监督检查的试题通常没有附图。题干是试题最重要的部分，隐含了试题的考查目的和大部分的内容。附图主要用于对题干进行补充说明，将各种要素之间的相互关系和难以用文字表达的内容，用比较直观的方式表现出来。设问是将题干和附图联系起来的门户，领会了设问中的真正含义，也就找到了打开大门的钥匙。所以，审题是应试的关键一环，也是最容易被忽视的一环。

审题的第一要务是冷静。读懂题目要求，包括图面标识、图例、风玫瑰、比例尺、地形条件、风景资源、主要污染源、河道水流方向、对外交通、生态环境要求、其他各种规划符号等。审题不仔细，既有不仔细阅读试题文字和图示的问题，也有不仔细理解试题文字和图示所要表达意思的问题。有的考生看过题目之后，按照自己的设想就匆匆作答，把自己知道的全都写上，却不知道所答已离题万里；也有的考生看了题目以后，不知道要回答什么问题，给定的条件好像也没有什么难度，可是不明白为什么要给出这些条件，这就是没有看懂题目。

例如，有一道题，给了A、B两个方案，要求在限定的条件下分析两个方案各自的特点。这道题只需要说明A方案有什么特点，B方案有什么特点就可以了，不少考生却对两个方案进行了比较，说A比B更安全，B比A交通组织更合理等，这样就显得"画蛇添足"，很难得分。

有的考生对于图示的内容看得很仔细，但是对答题的要求却不注意。例如，有一道试题要求评析某医院规划在总平面布置、交通组织、安全防火等方面存在的问题，并说明不涉及建筑高度、体形、容积率、后退红线等其他问题。可还是有考生在答题时说建筑密度过高、绿地不足、退界不足，甚至有的考生还提出应拆除花房、木工房和水房等根本不在试题要求范围内的问题。"跑题"了，当然难以得分。

还有的考生对试题的出题意图把握得比较准确，也清楚应该从哪几个方面回答问题。

但是，由于对试题的图示内容观察得不仔细，没有注意河道的水流方向，把上、下游搞颠倒了，从而没有得分，这是十分可惜的。2000 年的一道考题的图示中标出了"疏港大道"，很多考生注意到"大道"，忽视了"疏港"，也就无法准确判断该图示含有的考点。因此，城乡规划实务的考试和城乡规划管理工作一样，需要非常细致认真，容不得半点疏忽。

（二）考点判断

城乡规划实务考试的命题要求是依据法律、行政法规、部门规章和通用的政策、规划原理出题，同时还要结合实际情况和具体案例。但是由于篇幅和时间的限制，考试专家组要求每位出题专家都要做到：明确考点、简化图纸、合理分配分数、标准答案要准确唯一。2008 年以前，每道试题的考点都不会太多，一般为 4～6 个，最多不超过 9 个。2008年以后，随着实务考试难度的提高，考点有增加的趋势，但一般也不会超过 9 个。考生应试时，在通过审题基本把握了试题的类型和考查内容之后，需要做的工作就是要判断考点。

通过对历年试题的分析，我们发现有些答案往往就在设问中。例如，有些试题首先问"能不能"，然后再问"程序是什么"。按照正常逻辑分析肯定是"能"了，才会有程序的问题，所以第一问基本上是送分的。可有些考生偏偏不要白送的分，要么不答"能"，要么答"不能"。这就提醒我们要更加注重对考点的分析。还有一道题是关于查处违法建设的，有的考生对这类问题的处理很熟悉，有可能是长期从事规划监督检查工作的同志，上来就说应该如何进行处理，写得很全面，但就是不说因为是违法建设，所以受到了查处，浪费了很多时间，却得不到高分。

除了设问以外，绝大多数的考点隐藏在题干和附图中，所以要仔细阅读题干中的各个要素，例如县城 A、港口 B、国道 C 等。其次在阅读题干的同时要仔细看图，认真关注图中的要素以及各个要素之间的关系，例如要素之间的距离、相邻关系、所在位置等。可以在图中标出题干中各个要素的主要特征，以便于更好地分析问题。通过将题干和附图中出现的要素对照起来，我们就基本能够发现存在的问题，尤其附图是手绘或用 CAD 绘制简图的试题。这些附图基本上是出题专家根据试题的要求新编或在原图基础上简化的，那么能够被留在图纸上的要素一定不会是为了好看，而应该是与考点相关。如果题干中也出现了图中某些要素的名称，那就更应该引起考生的高度警觉。将这些要素罗列出来，数一数个数，考点够不够多也就一目了然了。可以说基本上题干、图中的每个要素都是考点。

除了表面上就能发现的得分点外，还会有一些潜在的得分点。例如，有些题目中可能给出了许多数字，有的考生就认为应该在这些数字中找出问题，而忽视了数字背后相关联的问题。这就需要结合大量实例分析练习，只有这样，才能灵活应对各种试题，提高对实务型试题的分析能力，提高答题质量。

（三）答题技巧

城乡规划管理工作十分复杂，情况千差万别，但城乡规划实务考试的目的是考查考生对基本概念的理解和掌握。因此，规划实务考试不是"脑筋急转弯"的测试，专家也不会把实际工作中正在进行探索的案例编成试题难为考生。专家在出题时要填写试题卡，一一列出试题中每个得分点要考查的内容和答案所依据的法律、法规、规章或规范的规定。也就是说，试题的答案一定是法律、行政法规、部门规章和规划设计规范中有明确规定的内容。但是，往往有一些勤于思考的考生把试题的内容想象得过于复杂，与实际工作联系得过于紧密，或者试图在答题时提出新的见解，从而造成跑题的现象。

其实，试题的"得分点"往往出在对基本要领认识的错误，没按基本内容完成、违背编制过程或不符合规划审批或技术文件的有关要求等。对题目仔细阅读理解后把对应规划设计的基本要求在心中回顾一下，形成正确的答题思路，这对答题是非常重要的。同时，答题必须全面。例如，题目要求"评析方案"，一般要叙述考题的优点和问题两部分。如果是"提出问题并指出解决的措施或办法"则首先找出问题，并记住一定针对每个问题都要说明解决方法。有的考生往往前几个问题的回答还满足要求，但到后来就忘记了提出解决措施，这样则不能得全分，因此一定要答全。

一般题干最后会要求考生指出考题内容中存在哪些问题，有时也要求考生对存在问题说明理由、提出改进措施等。因此答题时要慎重、仔细地针对题干最后的答题要求进行作答。通常得分点是根据试题的考点确定，但是分值是根据作答的准确程度给分。指出问题并说明理由的分值通常高于仅仅指出问题的分值。

(四) 语言组织

从以往阅卷的情况来看，有的考生题目看懂了，出题的意图也清楚了，但只是心里有数，答得却很乱，写了很多，却都没有答在得分点上；有的考生想到什么就写什么，颠三倒四没有逻辑顺序，一会儿写优点，一会儿写缺点，一会儿又回来写优点，写了一大篇，罗列了很多小问题，结果把关键的问题忽略了；也有的考生基本概念不清楚，罗列了很多不是问题的问题，有时前后还自相矛盾，这样即使答出了考点也得不到高分。还有的考生不用书面语言答题，有的甚至是夹杂着地方方言的口语，形容词、转折词和连词很多，有的还有很多错别字，这样，即使回答接近标准答案，但是由于文字表达能力较差，也不会得到高分。

实务题在分析的过程中，答题内容要紧紧围绕题干中的内容和要素。如果时间容许，可以按照思路，根据你所掌握的所有知识点和你所能想到的，尽可能地表述出来，并分条进行答题，这样有利于评卷人找到你的得分点，或因在表述其他观点时由于涉及此方面的内容，而意外得分；另一方面，答题字迹工整，也有利于评卷人了解你的思路和判定你掌握知识的熟练程度。所以，考生在完成审题和对试题的分析过程后，如果能对照设问在草稿纸上将答题的要点简要罗列出来，就能够保证在答题时不跑题、不落项、不啰嗦、不自相矛盾。

(五) 当前政策

作为注册城乡规划师不仅要具备专业技术能力，更要具有很高的政策水平。制定和实施城乡规划是对利益的再分配，正确的政策和策略是调节社会利益关系、调动人民积极性、促进经济和社会发展的重要手段。

例如，《历史文化名镇名村保护条例》出台后连续两年考了相关内容。近两年容积率的变更、风景名胜区保护等也都是热点问题。因此，考生在备考时，除了针对考试大纲熟记需要掌握和熟悉的内容外，还要关注当前城乡规划领域的热点问题，对重大政策出台的背景和目的有足够的了解，这样才能够比较从容地应对这类试题。

四、应试建议

(一) 熟练掌握法规内容

各项法律、法规、技术标准和技术规范，以及城乡规划原理是答题的基础，没有这些知识，答题就是无源之水、无本之木。没有各项法律、法规、技术标准和技术规范做准绳，城乡规划管理就没有了原则和标准，当然也就无从判断试题的对错。如果城乡规划原理、城乡规划管理和法规、城乡规划相关知识等科目的内容复习好了，就应该有信心通过城乡规划实务的考试。

例如，大纲中有对规划条件各项内容的要求，考生应该做到能够默写的程度，这样在解答规划条件类的试题时，先在草稿纸上把规划条件的各个方面简要写出来，再对照题目将不需要回答的方面划去，就基本得到正确答案了。

(二) 熟练掌握法定程序

城乡规划管理既是技术性很强的工作，更是政策性很强的执法过程。既然是执法，就要讲究法律依据和法定程序。如果不按照法定程序执法，即使法律依据正确，采取的措施得当，仍然会造成行政违法。

在城乡规划实务的考试中，凡是涉及用地性质变更和规划核实及违法建设检查类型的题目，几乎都会有法定程序的考点。例如，如何办理规划审批手续和如何进行违法建设处理等问题，考查的就是法定程序。

(三) 仔细审题

从出题的角度来说，试题要做到言简意赅，因此，试题中可叙述的文字不多，每提到一处必然存在问题。图示不易表达出题意图，既要尽量简化，又要明确，所以既然已费力标注在图上，肯定要从那里作为取分点。

在审题时，首先应看清问题，分清是选址、用地性质变更、提条件、审方案，还是违法查处的问题，根据不同题目的类型，采取相应的分析方法。例如，选址的问题只要把题目中的要点一一罗列出来，就基本上已经得到了答案；用地性质变更一定要先明确能否变更，然后再说明依据，根据试题要求再说明变更的程序；设计条件要按性质、规模、布局、退界、间距、交通、绿化、市政、有关政策的顺序逐项提出，关键是不缺项，如果试题要求仅就某些方面提出规划设计条件，就不要全面提出设计条件；评析方案时要把文字和图示中的要素列表进行对比，然后指出设计方案不符合规划设计条件的地方；违法查处的问题一定要先说是违法建设，然后再说明处理的依据和措施，根据试题要求再说明进行行政处罚的程序。其次，要看清需要回答的问题，要做到问什么答什么，不要多答，更不要所答非所问。

(四) 分析得分点

历年规划实务试题最少的得分点为 3 个，最多的得分点为 9 个，平均得分点为 6.4 个；单道试题最低分值为 10 分，最高分值为 25 分，平均每个得分点为 2～3 分。注册城乡规划师考试的目的是考查基础知识，而不是智力竞赛，不会用难题怪题为难考生。因此，不要把简单的问题复杂化。

答题时应分析出题的意图和得分点，然后列出提纲，根据每道试题的分数，估算出答案的数目作为参照，既要避免漏项，又要避免多答，更不要结合自己在当前工作中遇到的问题而借题发挥。

在答题时要注意多用书面语言，多用简单陈述句，不要用多重否定句来强调重点，也不要用文字太多、结构复杂的长句来说明自己的观点。

下表是2008～2019年"城乡规划实务"考题内容的分析及对2020年出题的预估，供大家参考。

"城乡规划实务"考题内容分析

	题型	08年	09年	10年	11年	12年	13年	14年	17年	18年	19年	20年概率
1	城乡规划的组织、编制、审批和修改					1			1			中
2	城镇体系规划方案评析	1	1		1		1	1	1	1	1	高
3	城、镇总体规划方案评析	1	1	3	1	2	1	1				高
4	乡、村庄规划方案评析											低
5	控制性详细规划方案评析											低
6	修建性详细规划	1	1	2	1	1	1	1	1	1		高
7	建设项目总平面评析或方案审查											低
8	建设项目选址		1		2	2	3	2	2	1		高
9	历史街区保护相关	1	1						1	1	1	中
10	规划条件的拟定、核实与变更	2	1	1	1			1			1	中
11	规划行政许可证的核发											低
12	违法用地、违法建设的查处	1	1	1	1	1	1	1		1	1	高
13	交通相关（近两年新增）				—					1	1	中

7

第二章　城乡规划编制管理及方案评析

一、城乡规划编制、审批与修改

(一) 城乡规划编制的概念

城乡规划编制是指各级人民政府根据一定时期城市的经济和社会发展目标，依法编制规划文件，以确定城市性质、规模和发展方向，合理利用城市土地，协调城市空间功能布局，综合部署各项建设。

全国注册城市规划师执业资格考试大纲的要求是：

(1) 熟悉城乡规划编制的组织要求；

(2) 熟悉城乡规划编制内容和原则要求。

(二) 城乡规划编制的一般工作原则

1. 城乡规划要为社会、经济、文化综合发展服务

当前我国正处在加速城市化的时期，既面临难得的历史机遇，又面临着巨大的挑战。各种社会、经济矛盾凸显，对政府的执政能力提出了新的挑战。在市场经济的发展中，城乡规划是政府实施宏观调控的主要方式之一。城乡规划、建设的根本目的就是促进社会、经济、文化的综合发展，不断优化城乡人居环境。实施城乡规划与城乡综合发展是相辅相成、互为依据的。没有城乡的不断发展就不可能为实施城乡规划提供物质基础。在编制城乡规划时是否有利于区域综合发展、长远发展，应当成为我们考虑问题的出发点，也是检验城乡规划工作的根本标准。

2. 城乡规划必须从实际出发、因地制宜

从实际出发就是从我国的国情出发，从城市的市情出发。近年来，虽然我国的经济社会发展取得了长足的进步，国民生产总值排名在世界上不断上升，但人口多、底子薄的情况并未得到根本改变，仍属于发展中国家，这就是我国的基本国情。一切城乡规划的编制，包括规划中指标选用、建设标准的确定、分期建设目标的拟定，都必须从这个基本国情出发，符合国情是城乡规划工作的基本出发点。我国幅员广大，城市众多，各地自然、区域乃至经济、社会发展程度差别很大，城乡规划不能简单地采用统一的模式，必须针对市情提出切实可行的规划方案。

从根本上讲城乡规划的目的是用最少的资金投入取得城市建设合理化的最大成果，对于国外的先进经验和优秀的规划设计范例，也应从我国的实际情况出发，吸收其精髓实质，而不是盲目追求它的标准和形式。在各地的规划建设中，脱离实际、盲目攀比、贪大求洋的情况屡屡出现，《国务院关于加强城乡规划监督管理的通知》（国发〔2002〕13号）中对这些现象提出了严肃的批评。要把坚持实用、经济的原则和美的要求有机地结合起来，力争少花钱多办事、办好事。

3. 城乡规划应当贯彻建设节约型社会的要求，处理好人口、资源、环境的关系

我国人口多，土地资源不足，合理使用土地、节约用地是我国的基本国策，也是我国的长远利益所在。城乡规划必须树立贯彻中央关于建设节约型社会的要求，对于每项城市用地必须认真核算，在服从城市功能上的合理性、建设运行上的经济性前提下，各项发展用地的选定，要尽量使用荒地、劣地，严格保护基本农田。

要以水资源供给能力为基本出发点，考虑产业发展和建设规模，落实各项节水措施。要大力促进城市综合节能，鼓励发展新能源和可再生能源，完善城市供热体制，重点推进节能降耗。

4. 城乡规划应当贯彻改善人居环境的要求，构建环境友好型城市

现代城市的综合竞争力和可持续发展的能力的重要因素之一是城市人居环境的建设水平。从特定意义上说，城乡规划是城市的环境规划，城市建设是为市民的工作、生活创造良好环境的建设。城市的发展，尤其是工业项目，对于生态环境的保护是有一定的影响，但产业发展与人居环境建设的关系，绝不是对立的、不可调和的。城市的合理功能布局是保护城市环境的基础，城市自然生态环境和各项特定的环境要求，都可以通过适当的规划方法和环境门槛的提高，把建设开发和环境保护有机地结合起来，力求取得经济效益、社会效益和环境效益的统一。

5. 城乡规划应当贯彻落实中央第四次城市工作会议的要求

2015年12月20日至21日，中央城市工作会议召开。会议明确要顺应城市工作新形势、改革发展新要求、人民群众新期待，坚持以人民为中心的发展思想，坚持人民城市为人民。同时，要坚持集约发展，框定总量、限定容量、盘活存量、做优增量、提高质量，立足国情，尊重自然、顺应自然、保护自然，改善城市生态环境，在统筹上下功夫，在重点上求突破，着力提高城市发展持续性、宜居性。

在城市规划与建设工作中，一要尊重城市发展规律；二要统筹空间、规模、产业三大结构，提高城市工作全局性；三要统筹规划、建设、管理三大环节，提高城市工作的系统性；四要统筹改革、科技、文化三大动力，提高城市发展持续性；五要统筹生产、生活、生态三大布局，提高城市发展的宜居性；六要统筹政府、社会、市民三大主体，提高各方推动城市发展的积极性。

（三）城乡规划编制的阶段划分

城乡规划是城市政府关于城市发展目标的决策依据，尽管各国由于社会经济体制、城市发展水平、城市规划的实践和经验不同，城市规划的工作步骤、阶段划分与编制方法也不尽相同，但基本上都按照由抽象到具体，由战略到战术的层次决策原则进行。

我国《城乡规划法》将规划阶段划分为总体规划和详细规划两个阶段。

总体规划阶段主要是研究确定城市发展目标、原则、战略部署等重大问题，作为制定后一阶段详细规划的依据。后一阶段的规划是对有关问题的深入研究并制定方案，同时也可以反馈到对前一阶段总体规划编制工作的调整及补充中。

（四）城乡规划编制的主要类型及内容

上述总体规划和详细规划两个阶段的不同规划类型都对应有不同的编制内容要求。

其中，总体规划考虑涉及内容较广，对城市发展影响重大，在实际工作当中，为了便于工作的开展，在正式编制总体规划前，可以由城市人民政府组织制定城市总体规划纲要，对总体规划需要确定的主要目标、方向和内容提出原则性的意见，作为总体规划的依据。根据城市的实际情况和工作需要，大城市和中等城市可以在总体规划的基础上编制分区规划，进一步控制和确定不同地段的土地的用途、范围和容量，协调各项基础设施和公共设施的建设。此外，城镇体系规划、近期建设规划、乡镇总体规划均属于总体规划阶段的规划类型，具有不同的规划编制内容要求。

详细规划根据不同的需要、任务、目标和深度要求，可分为控制性详细规划和修建性详细规划两种类型。村镇建设规划也是属于详细规划阶段的规划类型。

现将城乡规划工作中各个阶段不同类型的内容简介如下：

1. 城市总体规划纲要的主要内容

城市总体规划纲要的任务是研究确定总体规划的重大原则问题，结合国民经济长远规划、国土规划、区域规划，根据当地自然、历史、现状情况，确定城市地域发展的战略部署。城市总体规划纲要经城市人民政府研究决定后，作为编制城市总体规划的依据。主要内容如下：

（1）市域城镇体系规划纲要内容包括：提出市域城乡统筹发展战略；确定生态环境、土地和水资源、能源、自然和历史文化遗产保护等方面的综合目标和保护要求，提出空间管制原则；预测市域总人口及城镇化水平，确定各城镇人口规模、职能分工、空间布局方案和建设标准；原则确定市域交通发展策略。

（2）提出城市规划区范围。

（3）分析城市职能，提出城市性质和发展目标。

（4）提出禁建区、限建区、适建区范围。

（5）预测城市人口规模。

（6）研究中心城区空间增长边界，提出建设用地规模和建设用地范围。

（7）提出交通发展战略及主要对外交通设施布局原则。

（8）提出重大基础设施和公共服务设施的发展目标。

（9）提出建立综合防灾体系的原则和建设方针。

城市总体规划纲要的成果以文字为主，辅以必要的城市发展示意性图纸，其比例为1/100000～1/25000。

2. 城镇体系规划的主要内容

城镇体系规划是政府综合协调辖区内城镇发展和空间资源配置的依据和手段，《城乡规划法》规定，要制定全国城镇体系规划和省域城镇体系规划，包括确定区域城镇发展战略，合理布局区域基础设施和大型公共服务设施，明确为保护生态环境、资源等需要严格控制的区域，提出引导区域城镇发展的各项政策和措施。城镇体系规划也是城市和县城总体规划不可缺少的部分，这是从以下三方面考虑的：一是完善和深化城市总体规划的客观要求；二是完善市带县、镇管村行政体制的要求；三是切实保证发挥中心城市的作用，促使城乡协调发展的要求。

我国城乡规划工作要提高科学性，重要途径之一是从区域入手，开展区域经济社会发展的调查研究，进行相应的区域城镇体系规划，在此基础上对中心城市和县城的发展进行综合部署，避免城市规划工作孤立地就城市论城市。

我国不少大、中城市实行市带县体制，县以下建制镇实行镇管村体制。市带县、镇管村，其目的都是发挥中心城市的作用。通过制定区域经济社会发展战略和城镇体系规划，对区域内城镇布局、交通运输网及其他基础设施建设、城镇发展进行综合安排，使之逐步形成以城市为中心、城乡结合、协调发展的统一整体。

城镇体系规划的任务和内容主要是：

（1）摸清区域的基本情况；分析市、县发展条件、发展优势和制约因素，提出区域城镇发展战略、发展目标。其中位于人口、经济、建设高度聚集的城镇密集地区的中心城市，应当根据需要，提出与相邻行政区域在空间发展布局、重大基础设施和公共服务设施建设、生态环境保护、城乡统筹发展等方面进行协调的建议。

（2）确定生态环境、土地和水资源、能源、自然和历史文化遗产等方面的保护与利用的综合目标和要求，提出空间管制原则和措施。

（3）预测市域总人口及城镇化水平，确定各城镇人口规模、职能分工、空间布局和建设标准。

（4）提出重点城镇的发展定位、用地规模和建设用地控制范围。

（5）确定市域交通发展策略；原则确定市域交通、通信、能源、供水、排水、防洪、垃圾处理等重大基础设施，重要社会服务设施，危险品生产储存设施的布局。

（6）根据城市建设、发展和资源管理的需要划定城市规划区。城市规划区的范围应当位于城市的行政管辖范围内。

（7）提出实施规划的有关技术、经济政策和措施。

区域城镇体系规划工作，是在政府的直接领导和组织下进行的。开展这项工作要因地制宜、从实际出发，搞好各方面的协调，搞好综合平衡，进行充分的分析论证，促进区域整体功能的优化。

3. 城市总体规划的主要内容

城市总体规划的任务是根据城市总体规划纲要，综合研究和确定城市性质、规模、容量和发展形态，统筹安排城乡各项建设用地，合理配置城市各项基础工程设施，并保证城市每个阶段的发展目标、发展途径、发展程序的优化和布局结构的科学性，引导城市合理发展。

总体规划的期限一般为 20 年，但应同时对城市远景发展进程及方向做出轮廓性的规划安排，对某些必须考虑的更长远的工程项目应有更长远的规划安排。

城市总体规划的主要内容如下：

（1）编制市（县）域城镇体系规划内容，详见上文。

（2）分析确定城市性质、职能和发展目标。

（3）预测城市人口规模。

（4）划定禁建区、限建区、适建区和已建区，并制定空间管制措施。

（5）确定村镇发展与控制的原则和措施；确定需要发展、限制发展和不再保留的村庄，提出村镇建设控制标准。

（6）安排建设用地、农业用地、生态用地和其他用地。

（7）研究中心城区空间增长边界，确定建设用地规模，划定建设用地范围。

（8）确定建设用地的空间布局，提出土地使用强度管制区划和相应的控制指标（建筑密度、建筑高度、容积率、人口容量等）。

（9）确定市级和区级中心的位置和规模，提出主要的公共服务设施的布局。

（10）确定交通发展战略和城市公共交通的总体布局，落实公交优先政策，确定主要对外交通设施和主要道路交通设施布局。

（11）确定绿地系统的发展目标及总体布局，划定各种功能绿地的保护范围（绿线），划定河湖水面的保护范围（蓝线），确定岸线使用原则。

（12）确定历史文化保护及地方传统特色保护的内容和要求，划定历史文化街区、历史建筑保护范围（紫线），确定各级文物保护单位的范围；研究确定特色风貌保护重点区域及保护措施。

（13）研究住房需求，确定住房政策、建设标准和居住用地布局；重点确定经济适用房、普通商品住房等满足中低收入人群住房需求的居住用地布局及标准。

（14）确定电信、供水、排水、供电、燃气、供热、环卫发展目标及重大设施总体布局。

（15）确定生态环境保护与建设目标，提出污染控制与治理措施。

（16）确定综合防灾与公共安全保障体系，提出防洪、消防、人防、抗震、地质灾害防护等规划原则和建设方针。

（17）划定旧区范围，确定旧区有机更新的原则和方法，提出改善旧区生产、生活环境的标准和要求。

（18）提出地下空间开发利用的原则和建设方针。

（19）确定空间发展时序，提出规划实施步骤、措施和政策建议。

总体规划的文件和图纸（或图件）：

（1）规划文件包括规划文本和附件，规划说明书、基础资料和研究专题及其他总体规划的成果收入附件。

（2）图纸（或图件）主要包括：城市现状图、市域城镇体系规划图、道路交通规划图、各项专业规划图等。

（3）图纸比例：大中城市为 1/25000～1/10000，小城市 1/10000～1/5000，其中市域城镇体系规划图为 1/100000～1/50000，郊区规划图比例为 1/50000～1/25000。

4. 近期建设规划的主要内容

近期建设规划是落实城市总体规划的重要步骤，是城市近期建设项目安排的依据。近期规划期限一般为 5 年。根据建设部 2002 年出台的《近期建设规划工作暂行办法》，近期建设规划的主要内容如下。

近期建设规划必须具备的强制性内容包括：

（1）确定城市近期建设重点和发展规模。

（2）依据城市近期建设重点和发展规模，确定城市近期发展区域。对规划年限内的城市建设用地总量、空间分布和实施时序等进行具体安排，并制定控制和引导城市发展的规定。

（3）根据城市近期建设重点，提出对历史文化名城、历史文化保护区、风景名胜区等相应的保护措施。

近期建设规划必须具备的指导性内容包括：

（1）根据城市建设近期重点，提出机场、铁路、港口、高速公路等对外交通设施，城市主干道、轨道交通、大型停车场等城市交通设施，自来水厂、污水处理厂、变电站、垃圾处理厂以及相应的管网等市政公用设施的选址、规模和实施时序的意见。

（2）根据城市近期建设重点，提出文化、教育、体育等重要公共服务设施的选址和实施时序。

（3）提出城市河湖水系、城市绿化、城市广场等的治理和建设意见。

（4）提出近期城市环境综合治理措施。

近期建设规划成果包括规划文本、图纸（或图件）和说明。

5. 控制性详细规划的主要内容

控制性详细规划的任务是以总体规划为依据，详细规定建设用地的各项控制指标和规划管理要求，或直接对建设项目作出具体的安排和规划设计。

在城市规划区内，应根据旧区改建和新区开发的需要，编制控制性详细规划，作为城市规划管理和综合开发、土地有偿使用的依据。主要内容如下：

（1）确定规划范围内不同性质用地的界线，确定各类用地内适建，不适建或者有条件地允许建设的建筑类型。

（2）确定各地块建筑高度、建筑密度、容积率、绿地率等控制指标；确定公共设施配套要求、交通出入口方位、停车泊位、建筑后退红线距离等要求。

（3）提出各地块的建筑体量、体型、色彩等城市设计指导原则。

（4）根据交通需求分析，确定地块出入口位置、停车泊位、公共交通场站用地范围和站点位置、步行交通以及其他交通设施。规定各级道路的红线、断面、交叉口形式及渠化措施、控制点坐标和标高。

（5）根据规划建设容量，确定市政工程管线位置、管径和工程设施的用地界线，进行管线综合。确定地下空间开发利用具体要求。

（6）划定规划范围内的"六线"位置和范围。

（7）制定相应的土地使用与建筑管理规定。

控制性详细规划确定的各地块的主要用途、建筑密度、建筑高度、容积率、绿地率、基础设施和公共服务设施配套规定应当作为强制性内容。

控制性详细规划的文件与图件：

（1）规划文件包括文本（包括土地使用与建设管理细则）和附件，规划说明、基础资料及研究专题收入附件。

（2）图件由图纸和图则两部分组成，主要图件包括：土地使用现状图、建筑评价图、土地利用规划图、道路系统规划图、城市六线控制图、各地块控制图则。

（3）图纸比例为 1/2000～1/1000。

6. 修建性详细规划的主要内容

在当前开发建设的地区，应编制修建性详细规划。

修建性详细规划主要内容如下：

（1）建设条件分析和综合技术经济论证。

（2）建筑和绿地的空间布局、景观规划设计、布置总平面图。

（3）对住宅、医院、学校和托幼等建筑进行日照分析。

（4）根据交通影响分析，提出交通组织方案和道路系统规划设计。

（5）工程管线规划设计和管线综合。

（6）竖向规划设计。

（7）估算工程量、拆迁量和总造价，分析投资效益。

修建性详细规划的成果包括文件和图纸：

（1）规划文件为规划设计说明书。

（2）主要图纸包括：土地使用现状图、规划总平面图、各专项规划图、竖向规划图、反映规划设计意图的效果图。

7. 乡镇规划

镇一般需编制总体规划、控制性详细规划、修建性详细规划；实行镇管村体制的建制镇，其总体规划应包括镇辖区范围内的村镇布局。

建制镇总体规划的内容一般包括：

（1）根据县（市）域规划，特别是县（市）域城镇体系规划所提出的要求，确定乡（镇）的性质和发展方向。

（2）根据对乡（镇）本身发展优势、潜力与局限性的分析，评价其发展条件，明确长远发展目标。

（3）根据农业现代化建设的需要，提出调整村庄布局的建议，原则确定村镇体系的结构与布局。

（4）预测人口的规模与结构变化，根据农业富余劳动力空间转移的速度、流向确定城镇化水平；并根据《镇规划标准》确定镇区建设规模。

（5）提出各项基础设施与主要公共建筑的配置建议；并综合安排环保和防灾等方面的设施。

（6）原则确定建设用地标准与主要用地指标，选择建设发展用地，提出镇区的规划区范围和用地的大体布局。

（7）确定历史文化保护及地方传统特色保护的内容及要求。

建制镇总体规划的内容和文件图纸，可根据当地实际情况参照设市城市的要求执行。图纸一般应包括：总体规划图、道路交通规划图、各项专业规划图。图纸比例为1/5000，其中，镇域村镇布局图图纸比例根据实际情况确定。

乡规划的内容和文件图纸，可根据当地实际情况制定。图纸一般应包括：总体规划图、道路交通规划图、各项专业规划图及近期建设规划图。图纸比例为 1/25000～1/5000。

8. 村庄规划

根据《村庄和集镇规划建设管理条例》，村庄规划包括村庄总体规划和村庄建设规划两个阶段。其中，村庄总体规划属于总体规划阶段的规划类型，其编制需要依据镇总体规划或乡总体规划，同时也要考虑村庄的实际情况，对村庄的用地布局、产业发展、环境保护、设施配套进行总体安排。

村庄总体规划的主要内容包括：

（1）村庄的规划区范围、性质、规模和发展方向。

（2）村庄农业生产用地、建设用地布局规划，以及耕地等自然资源和历史文化遗产保护等的具体安排。

（3）村庄的生产生活公共设施、公益设施等建设用地布局以及建设要求。

（4）村庄生产生活配套服务的交通、供水、排水、供电、邮电、商业、绿化等设施的配置。

（5）环境卫生设施的分布、规模。

（6）防灾减灾、防疫设施规划。

（7）分期建设安排及近期建设规划。

村域范围的用地规划图纸比例应为1/10000，村庄范围的用地规划和近期建设项目规划的图纸比例应为1/2000或1/1000。

村庄建设规划类似于综合控规和修规的详细规划，旨在落实布局规划的空间安排，指导村庄的具体地块开发和建设。

村庄建设规划的主要内容包括：

（1）确定村庄内各地块的技术经济指标，提出建筑物平面布局和环境空间设计的指导要求。

（2）确定村庄内交通、供水、供电、邮电、商业、绿化等服务设施的具体位置和建设用地规模。

（3）确定村庄内主要公共建筑物和生产基地的位置和详细设计引导。

（4）确定村庄内部道路系统规划（包括道路红线宽度、断面形式、控制点估算、标高）及各项工程管线设施规划布置，并进行村庄建设用地竖向设计。

（5）对旧村庄房屋、设施和环境质量予以评价，制定旧村庄改造利用规划和环境保护规划。

（6）安排近期建设用地并具体落实近2~3年内的建设项目。

（7）制定规划实施阶段和分期建设措施，估算近期建设投资。

村庄建设规划的图纸比例应为1/2000或1/1000。

（五）城乡规划的审批

城乡规划必须坚持严格的分级审批制度，以保障城乡规划的严肃性和权威性。城乡规划审批的要点如下：

1. 省域城镇体系规划的审批

《城乡规划法》规定省域城镇体系规划由国务院审批。在上报国务院前，须经本级人民代表大会常务委员会审议。在报审前应依法将规划草案予以公告，并采取论证会、听证会或者其他方式征求专家和公众的意见。

2. 城市总体规划的审批

直辖市的城市总体规划由直辖市人民政府报国务院审批。省、自治区人民政府所在地的城市以及国务院确定的城市的总体规划，由省、自治区人民政府审查同意后，报国务院审批。其他城市的总体规划，由城市人民政府报省、自治区人民政府审批。

县人民政府组织编制县人民政府所在地镇的总体规划，报上一级人民政府审批。其他镇的总体规划由镇人民政府组织编制，报上一级人民政府审批。

省、自治区人民政府组织编制的省域城镇体系规划，城市、县人民政府组织编制的总体规划，在报上一级人民政府审批前，应当先经本级人民代表大会常务委员会审议，常务委员会组成人员的审议意见交由本级人民政府研究处理。

镇人民政府组织编制的镇总体规划，在报上一级人民政府审批前，应当先经镇人民代表大会审议，代表的审议意见交由本级人民政府研究处理。

3. 近期建设规划的审批

城市、县、镇人民政府应当根据城市总体规划、镇总体规划、土地利用总体规划和年度计划以及国民经济和社会发展规划，制定近期建设规划，报总体规划审批机关备案。

4. 人防建设规划的审批

单独编制的城市人防建设规划，直辖市要报国家人民防空委员会和住房和城乡建设部审批；一类人防重点城市中的省会城市，要经省、自治区人民政府和大军区人民防空委员会审查同意后，报国家人民防空委员会和住房和城乡建设部审批；一类人防重点城市中的非省会城市及二类人防重点城市需报省、自治区人民政府审批，并报国家人民防空委员会、住房和城乡建设部备案；三类人防重点城市报市人民政府审批，并报省、自治区人民防空办公室、建委（建设厅）备案。

5. 历史文化名城保护规划的审批

单独编制的国家级历史文化名城的保护规划，由国务院审批其总体规划的城市，报住房和城乡建设部、国家文物局审批；其他国家级历史文化名城的保护规划报省、自治区人民政府审批，报住房和城乡建设部、国家文物局备案；省、自治区、直辖市级历史文化名城的保护规划由省、自治区、直辖市人民政府审批。

单独编制的其他专业规划，经当地城乡规划主管部门综合协调后，报城市人民政府审批。

6. 控制性详细规划的审批

城市人民政府城乡规划主管部门根据城市总体规划的要求，组织编制城市的控制性详细规划，经本级人民政府批准后，报本级人民代表大会常务委员会和上一级人民政府备案。

镇人民政府根据镇总体规划的要求，组织编制镇的控制性详细规划，报上一级人民政府审批。县人民政府所在地镇的控制性详细规划，由县人民政府城乡规划主管部门根据镇总体规划的要求组织编制，经县人民政府批准后，报本级人民代表大会常务委员会和上一级人民政府备案。

《城乡规划法》关于城市规划工作中各个阶段的内容和审批办法的规定，是根据我国现阶段的实际情况制定的，对于指导我们的工作有重要的现实意义。

随着我国的经济体制由计划经济体制向市场经济转化，市场经济机制作用的加强，土地的有偿使用、住宅的商品化、建设资金来源的多渠道、公用设施由福利型向经营性转化等一系列改革的深化，都会促使城市规划编制内容、方法和审批规定的调整。

（六）城乡规划的修改

城乡规划一经批准便具有法律效力，必须严格执行。但是在城乡规划实施的过程中，影响城乡建设和发展的各种因素总是不断发展变化的。城乡规划在实施过程中做局部的调整或修改是可能的，也是必要的。按照《城乡规划法》的规定，在维护规划实施严肃性的前提下，当出现下列五个条件之一时，可以依法进行规划修改：

（1）上级人民政府制定的城乡规划发生变更，提出修改规划要求的；

（2）行政区划调整需要修改规划的；

（3）因国务院批准重大建设工程确需调整规划的；

（4）经评估确需调整规划的；

（5）城乡规划的审批机关认为应当修改规划的其他情形。

《城乡规划法》及住房和城乡建设部的相关文件对各类规划的修改程序也进行了规定。关于省域城镇体系规划调整和修编工作，组织编制单位应首先对原规划实施情况进行总结，并向原审批机关报告，经同意后，方可编制修改方案，修编后的省域城镇体系规划应按照程序报批。

关于修改城市总体规划及镇总体规划，组织编制单位应首先对原规划实施情况进行总结，并向原审批机关报告，经同意后，方可编制修改方案。修改后的总体规划应依法按照程序报批。如果涉及修改城市总体规划、镇总体规划强制性内容的，组织编制单位必须先向原审批机关提出修改规划强制性内容的专题报告，对修改强制性内容的必要性作出专门说明，经原批准机关审查同意后，方可进行修改工作。

乡、镇人民政府组织修改乡规划、村庄规划，报上一级人民政府审批。修改后的规划在报送审批前，应当经村民会议或村民代表会议讨论同意。

修改近期建设规划，必须符合城市、镇总体规划。近期建设规划内容的修改，只能在总体规划的内容限定范围内，对实施时序、分阶段目标和重点等进行调整。修改后的近期建设规划要依法报总体规划批准机关备案。

修改控制性详细规划，组织编制单位应当对修改的必要性进行论证，征求规划地段内利害关系人的意见，并向原审批机关提出专题报告，经原审批机关同意后，方可编制修改方案。修改后的控制性详细规划，经本级人民政府批准后，报本级人民代表大会常务委员会和上一级人民政府备案。控制性详细规划修改涉及城市总体规划、镇总体规划强制性内容的，应当按法律规定的程序先修改总体规划。

经依法审定的修建性详细规划、建设工程设计方案的总平面图不得随意修改，确需修改的，城乡规划主管部门应当采取听证会等形式，听取利害关系人的意见。

（七）城乡规划修改例题解析

虽然从 2008 年至 2019 年的考试中专门针对城乡规划修改的考题只有两道，但城乡规划的组织、编制、审批和修改等相关知识点却往往隐藏在其他类型的题目中，因此不得小觑。

1. 例题一

某县一设计单位在向有关部门申请办理丙级城乡规划编制单位资质期间，与该县政府所在地的镇人民政府洽谈签订了编制控制性详细规划的合同，不久向县人民政府城乡规划主管部门提交了该镇的控规方案。

试问，上述情况是否违法，说明理由，应如何处理？

（1）审题

本题的题眼为：丙级规划资质、申请期间、与县人民政府所在地镇政府签订了控规合同。由此回忆《城乡规划法》的规划制定相关内容，第二十条规定："……县人民政府所在地镇的控制性详细规划，由县人民政府城乡规划主管部门……组织编制。"可见由县政府与设计单位签订合同是不正确的；

同时，根据《城乡规划编制单位资质管理规定》，丙级城乡规划编制单位只能承担"镇、登记注册所在地城市和 20 万现状人口以下城市的相关专项规划及控制性详细规划的编制"。故即使拿到丙级资质，该设计单位也无法承担该县政府所在地镇的控规编制。

此外，该设计单位在签订合同时，其规划资质仍在申请办理期间，因此判定其并不具有资质，而镇政府与其签订了合同，由此应依《城乡规划法》追究其法律责任。

（2）参考答案

上述情况属于违法行为，理由如下：

① 县人民政府所在地镇的控制性详细规划应由城乡规划主管部门组织编制。

② 该设计单位在签订合同时并未取得相应的规划资质，而城乡规划组织编制机关应当委托具有相应资质等级的单位来编制城乡规划。

③ 规划编制单位应当在资质等级许可的范围内承担城乡规划的编制工作，而丙级资质不能承担县政府所在地镇的控规编制业务。

对设计单位的处理：

超越资质等级许可的范围承揽城乡规划编制工作的编制单位，由所在地城市、县人民政府城乡规划主管部门责令限期改正，处合同约定的规划编制费一倍以上二倍以下的罚款；情节严重的，责令停业整顿，由原发证机关降低资质等级或者吊销资质证书；造成损失的，依法承担赔偿责任。

对组织编制单位的处理：

根据《城乡规划法》第五十九条，"城乡规划组织编制机关委托不具有相应资质等级的单位编制城乡规划的，由上级人民政府责令改正，通报批评；对有关人民政府负责人和其他直接责任人员依法给予处分"。

2. 例题二

某市规划局按领导要求，组织有关部门在两周内就某地块的控规修改完成如下工作：由规划院对控规修改的必要性进行论证，规划院将论证情况口头向规划局进行了汇报，经规划局同意后，规划院修改了控规，规划局将修改后的控规报市人民政府批准，并报市人大常委会和上级人民政府备案。

试问，该地块的控规修改工作主要存在哪些问题？

（1）审题

本题题眼明确，考查的是控规修改的工作要点。因此在审题时，心中应明确控规修改的工作步骤、对象、时间等要素，与题目中的陈述一一对照，以便答题。

（2）参考答案

① 组织编制机关（规划局）对修改规划的必要性进行论证，而不是编制单位（规划院）。

② 必要性论证报告应该以书面形式提交，且应组织专家进行审查。

③ 未征求规划地段内利害关系人的意见。

④ 未向原审批机关（市政府）提交专题报告，且未经控规原审批机关同意（规划局同意是错误的），擅自修改。

⑤ 如控规的修改涉及总规强制性内容的修改，应先组织修改总体规划。

⑥ 修改后的控规方案在上报审批前，未依法将城乡规划草案予以公告，并采取论证会、听证会或者其他方式征求专家和公众的意见。

⑦ 公告时间不少于三十日，两周内完成达不到法定程序及法定时间。

二、城镇体系规划编制及方案评析

(一) 考试大纲的要求

全国注册城市规划师执业资格考试大纲的要求是：掌握城镇体系规划与城市、镇发展布局方案的评析。

(二) 城镇体系规划的概念

城镇体系是指一定区域范围内在经济社会和空间发展上具有有机联系的城镇群体。城镇体系规划是妥善处理各城镇之间、单个或数个城镇与城镇群体之间以及群体与外部环境之间的关系，以达到地域经济、社会、环境效益最佳发展的区域统筹协调发展规划。

(三) 城镇体系规划的目的与任务

城镇体系规划是根据地域分工的原则，根据规划区域内各种产业、基础设施及公共事业的发展需要，在分析各城镇的历史沿革、现状条件的基础上，明确各城镇在区域城镇体系中的地位和分工协作关系，确定其城镇的性质、类型、级别和发展方向，使区域内各城镇形成一个既明确分工，又有机联系的大、中、小相结合和协调发展的有机结构。

根据《城乡规划法》及《城市规划编制办法》的规定，城镇体系规划分为全国城镇体系规划、省域城镇体系规划和市（县）域城镇体系规划。

全国城镇体系规划用于指导省域城镇体系规划；全国城镇体系规划和省域城镇体系规划是城市总体规划编制的法定依据。

市（县）域城镇体系规划则作为城市总体规划的一部分，为其下各层面各城镇总体规划的编制提供区域性依据，其重点是"从区域经济社会发展的角度研究城市定位和发展战略，按照人口与产业、就业岗位的协调发展要求，控制人口规模、提高人口素质，按照有效配置公共资源，改善人居环境的要求，充分发挥中心城市的区域辐射和带动作用，合理确定城乡空间布局，促进区域经济社会全面、协调和可持续发展"。

(四) 城镇体系规划方案评析

由前述内容可以知道，城镇体系规划的编制涉及整个地区的自然、历史、行政、人口、经济、交通、城镇职能、规模及分布等庞杂的内容。因为考试的时间和篇幅都是非常有限的，这一类考题不仅仅给答题者，而且给出题者也带来相当的难度。在2008~2019年总共70道大题中，城镇体系规划的题目为8道，约占11%。虽然数量比重较小，但也不能轻视，正是因为这类考题的内容较为丰富，其分值也较高。但这类题目不可能对于城镇体系规划的编制内容面面俱到，必定有所侧重。所以如果遇到这类考题，一定要在宏观掌握题目整体内容的基础上，尽量缩小关注的范围，集中解决题目提出的问题，寻找出题者真正想要考答题者的地方，即"得分点"。要避免"展开联想"，自作聪明地认为自己看出来的问题还多着呢，悉数答上，殊不知反而忽略了应认真作答的"得分点"，或对应该深入思考的东西回答得不够充分。

1. 例题三

我国南方沿海某县，西北部为山区，中部为丘陵，东南部有少量平原缓丘及大面积海湾。海岸线长，海产资源丰富。南部半岛上有一处省级风景名胜区。该县近海海域是重要的海洋集聚区即生态环境高度敏感区域。该县在省级主体功能区规划中被确定为限制开发区。

县域现状总人口为 48 万人，其中县城城区人口为 12 万人。该县现状工业基础薄弱，第三产业以传统服务业为主。近几年，县里为提高经济实力，增加税收，大力发展第二产业，除保留原有的省级经济开发区外，新建东部工业园区及西部工业园区（位置如题三图所示）。另外，政府还拟引进重大石化项目。

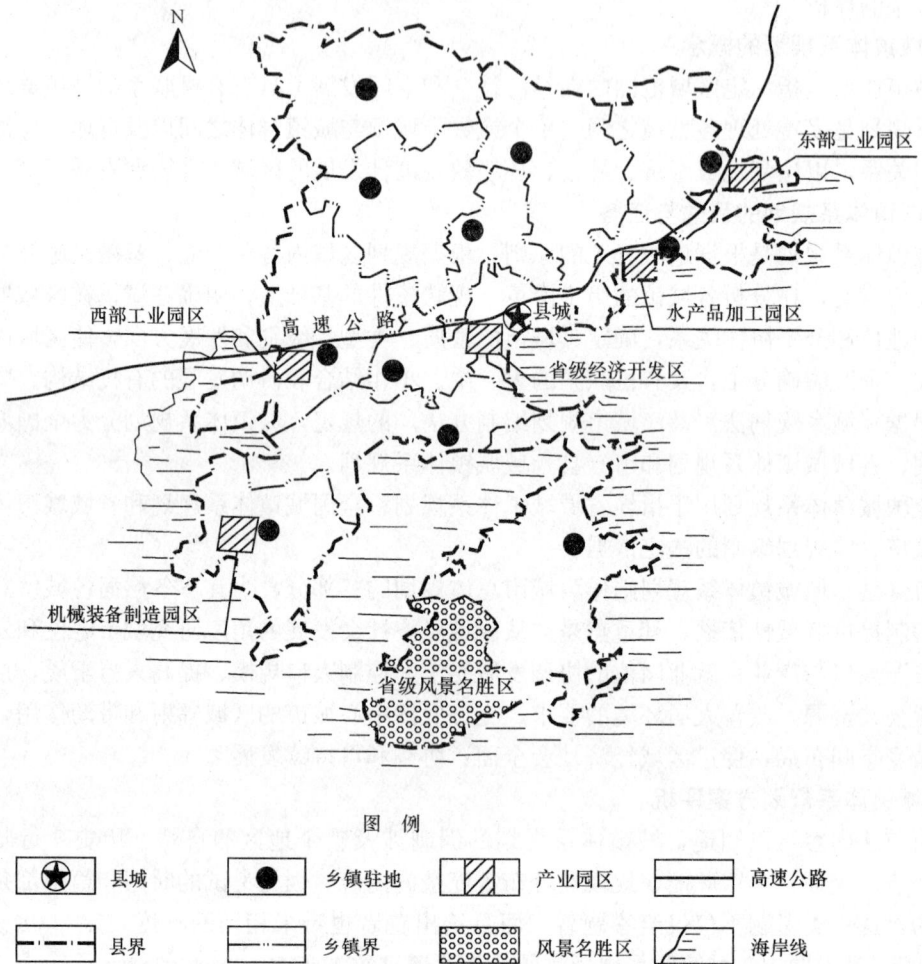

图 例

| ⭐ 县城 | ● 乡镇驻地 | ▨ 产业园区 | ═ 高速公路 |
| ── 县界 | ── 乡镇界 | ▩ 风景名胜区 | 海岸线 |

题三图 某县城城镇体系规划示意图

规划确定该县城的城市性质是新兴临港重化产业基地，区域重要的工贸、旅游城市。2035 年县域总人口 70 万人，县城城区人口 30 万人。

试问：该县确定的上述发展策略有何问题并阐述理由。

(1) 审题：

① 沿海县、平地少、旅游与自然资源丰富、限制开发区，题干提供的条件特色鲜明，很容易判断未来发展策略的方向。

② 现状城镇化水平低，工业基础薄弱，加上交通的限制，对未来发展策略的约束十分明显。

③ 答题时注意要把题干的有效信息都融入答案，不要遗漏。

（2）参考答案：

① 平原缓丘较少，同时属于限制开发区，不适宜大规模发展工业。

② 海产资源丰富，应以发展水产品加工及商贸为主。

③ 新建的两个工业区对一条高速公路的交通压力过大，不适合本地发展。

④ 机械装备制造园无交通条件支撑，选址不适宜。

⑤ 生态高度敏感区，不应招商引资重大石化项目，城市性质应定义为沿海特色旅游县。

⑥ 考虑县域资源禀赋，旅游职能应该放在工贸职能之前，海产加工与贸易均应以服务旅游为主。

⑦ 地形与主导产业并不能提供较强的人口集聚能力，规划县域 70 万人、县城 30 万人过高。

⑧ 省级风景名胜区未纳入发展策略。

2. 例题四

北方发达地区某县，地处平原，交通便利，南部与一特大城市接壤，县城西北部蕴藏有高品质、丰富的地热源。

新编制的城市总体规划方案提出，2030 年县城总人口 65 万人，其中县城城镇人口 30 万人，建设用地 36km² ，另外保留原有新兴产业示范区、物流产业园区、食品加工产业园区；在城镇建设用地以外新增北部、中部、南部 3 个产业园区，位置如题四图。同时，为满足市场的需求，在县城西北部利用温泉资源规划一处温泉别墅区。

试问，该规划在上述几个方面存在哪些问题？并说明理由。

（1）审题

首先处理不用结合图纸就能发现问题的题眼：

① "2030 年县城总人口 65 万人，其中县城城镇人口 30 万人，建设用地 36km²"。每次遇到此类数据，考生都应动手计算验证一下。经过计算发现，2030 年城镇化率为 46.15%，对比题干给出的"北方发达地区某县"来讲，存在矛盾；同时，计算得出人均建设用地为 120m²，已超过《城市用地分类与规划建设用地标准》中规定的规划人均城市建设用地面积指标最大值。

② 此外，题干中提到"在县城西北部利用温泉资源规划一处温泉别墅区"，国土资源部自 2003 年起已明令要求"停止别墅类用地供应"，但别墅建设仍屡禁不止。2012 年初，国土资源部发布《关于做好 2012 年房地产用地管理和调控重点工作的通知》，再次强调了"要严格控制高档住宅用地，不得以任何形式安排别墅类用地"。别墅虽属于居住建筑，但人均占有的土地资源过大，不符合我国节约用地的基本国策，故此处不合理。

然后结合题图对题干进行逐条分析：

题干中提到，已有三个产业园区。其中通过读图可知，物流产业园与县城只有一条道路连接，难以满足县城及南部接壤城市的物流中转需求；除原有的三个产业园区外，新建北、中、南三个园区。结合题图可以发现：a. 县域内产业用地过大；b. 北部产业园并无区位优势，与县城及南部接壤的特大城市交通不便。

（2）参考答案

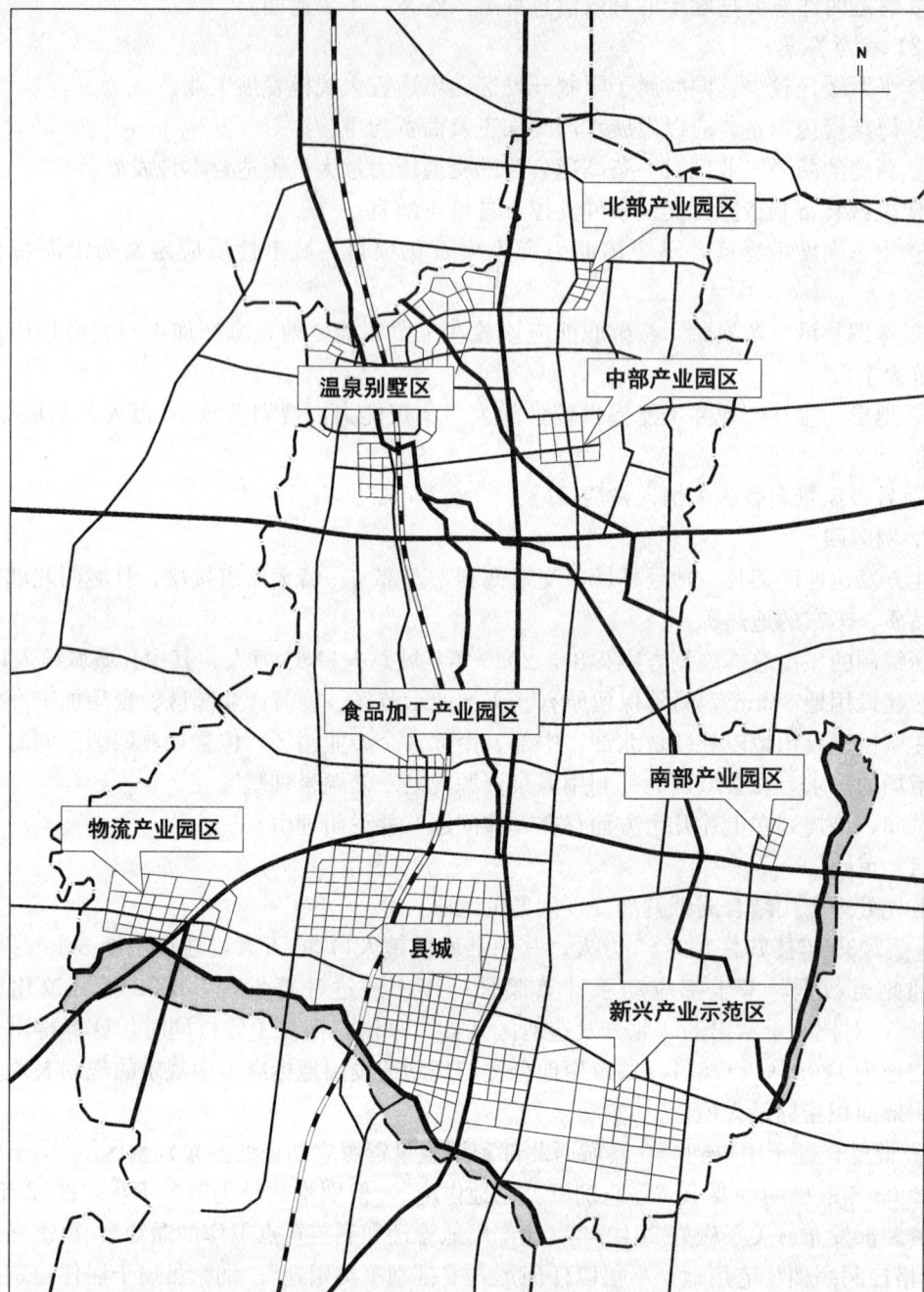

题四图

① 规划城镇化率为 46％，不符合地处北方发达地区的背景情况。

② 规划人均建设用地为 120m²，超过用地标准中规定的最大人均建设用地指标。

③ 规划的温泉别墅区违反了国家"停止别墅类用地供应"的规定。

④ 新规划的北部产业园无区位、资源及交通优势，不合理。

⑤ 原物流园区与县城连接道路只有一条，无法满足与县城及南部接壤城市的物流中

转需求。

⑥ 产业用地过多，用地不集约，且浪费基础设施投资。

3. 例题五

西部某县，属严重干旱缺水地区，县域生态环境脆弱，东北部山区蕴藏有较为丰富的煤矿资源，经济发展水平较低。2013 年，县域常住人口 30 万人，呈现负增长态势，城镇化水平 38%，辖 9 个乡镇。规划期为 2013～2030 年，规划大力发展煤化工业，2030 年县域常住人口 55 万人，城镇化水平 75%，县域形成 1 个中心城区、5 个重点镇、3 个一般乡镇组成的城镇体系结构。规划城镇布局、饮用水源保护区、省级风景名胜区、矿产开采及煤化工业区分布如题五图所示。

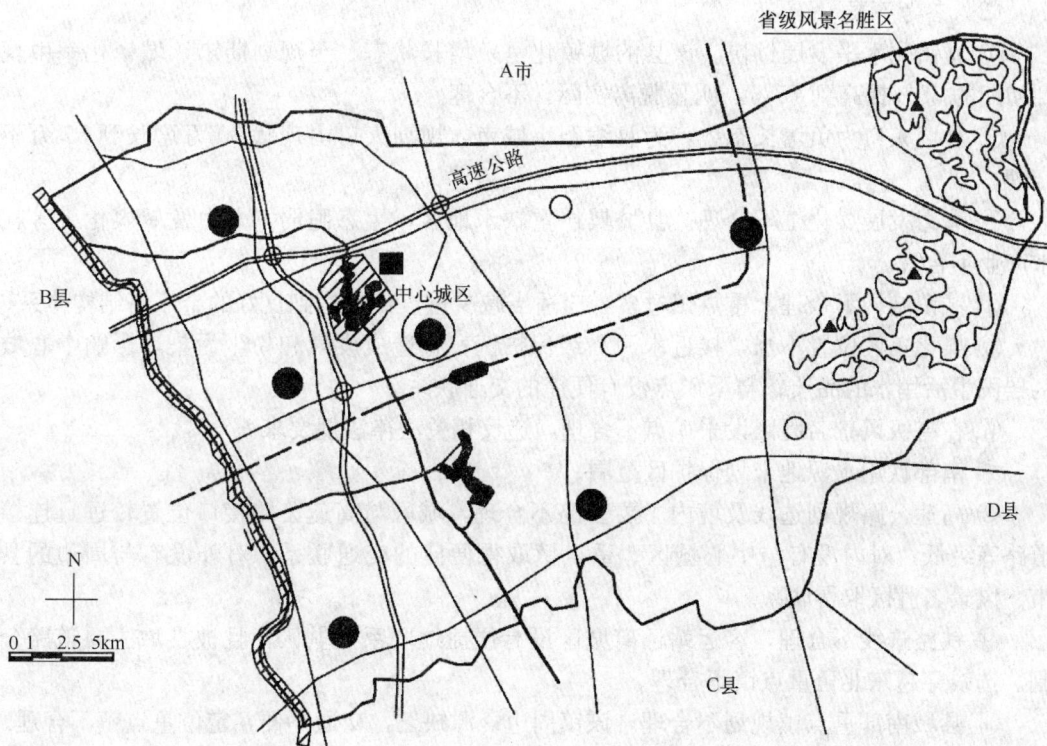

题五图

试问，根据提供的示意图和文字说明，指出该规划存在的主要问题并说明理由。

（1）审题

题目第一句陈述了该县的位置、自然资源及经济发展状况。这些内容对于该县的各项发展起着重要的支撑或限制作用，例如后文要提到的产业定位、城镇化率、城镇体系等。题目第二句介绍了现状县域人口的数量、变化趋势及城镇化水平。因县域常住人口 30 万，

23

城镇化水平 38%，可以计算出城镇人口为 11.4 万。第三句介绍了规划的主要目标：首先是要大力发展煤化工产业，虽然题目第一句提到该县煤炭资源丰富，但同时指明了该地严重干旱缺水且生态环境脆弱，而煤化工产业耗水巨大，因此不适合作为主导产业；规划 2030 年县域常住人口 55 万人，城镇化水平 75%，可以计算出规划期末城镇人口为 41.25 万，且城镇化率年均增长 4%，这对于县域常住人口负增长及经济发展水平较低的县是不切实际的；规划县域城镇体系中心城区比重点镇比一般乡镇的比例为 1∶5∶3，这也是不符合健康的城镇体系结构法则的。题目第四句介绍了附图的各要素，相较前文又增加了饮用水源保护区、省级风景名胜区、矿产开采及煤化工区，在审图时要格外注意其与周边要素是否配合恰当。

(2) 参考答案

① 城镇化水平发展过快。该县的城镇化呈负增长状态，至规划期末，城镇化率由规划初期的 38% 提高到 75%，明显脱离实际，不合理。

② 县域人口为负增长态势，为收缩型小城市，规划人口由现状 30 万增长到 55 万不合理。

③ 大力发展煤化工不合理。县城属严重缺水地区，生态脆弱，大力发展煤化工等耗水产业不合理。

④ 城镇结构不合理，重点镇过多，应适当减少重点镇，达到良好的金字塔结构体系。

⑤ 煤化工区位置不当，接近水源一级保护区；且造成废气和粉尘污染，影响中心城区居民生活用水的品质；与采矿点没有便捷的交通联系。

⑥ 在省级风景名胜区设采矿点不合理，违反相关法律法规要求。

⑦ 南部饮用水源地未划保护区范围。

⑧ 高速公路规划选线及境内主要公路不合理，城区与高速公路接口位置较远且连接道路等级低。对内没有与中心城区、重点镇取得便捷的交通联系；对外没有与周边的县市、风景名胜区取得联系。

⑨ 铁路选线不合理，客运站远离城区没有便捷地联系主城区，且被县域主要道路分割。选线穿越东北角重点镇不合理。

⑩ 县域南部重点镇规划不合理。该镇周边资源缺乏，交通不便，定位重点镇不合理。

4. 例题六

西北地区某县县域城镇体系规划，处于国家功能区划的限制发展区，南北均为丘陵及山地，城镇在河谷地带布局，北部为水源地与生态涵养区（题六图），现状总人口 41 万，城镇化水平 31%，县城人口 9 万，东西均为 100 万人口的大城市。

规划 20 年后总人口 64 万，城镇化水平 62%，县城人口 15 万，布局一个中心城市，6 个重点镇，9 个一般镇，并在城中心东南部规划了一个 20km² 的工业园区。

论述该规划存在的问题。

(1) 审题

题目开篇即为题眼，说明考查的是城镇体系规划的相关要点。第一段介绍了该县的现状：处于国家功能区划的限制发展区，说明本县所处地区资源承载力较弱，大规模集聚经济和人口的条件不够好；县域地势均为丘陵和山地且城镇布局在河谷地带，说明适宜建设用地有限且集中于河谷地带，进行大规模城镇建设需要谨慎；县域北部为水源地和生态涵

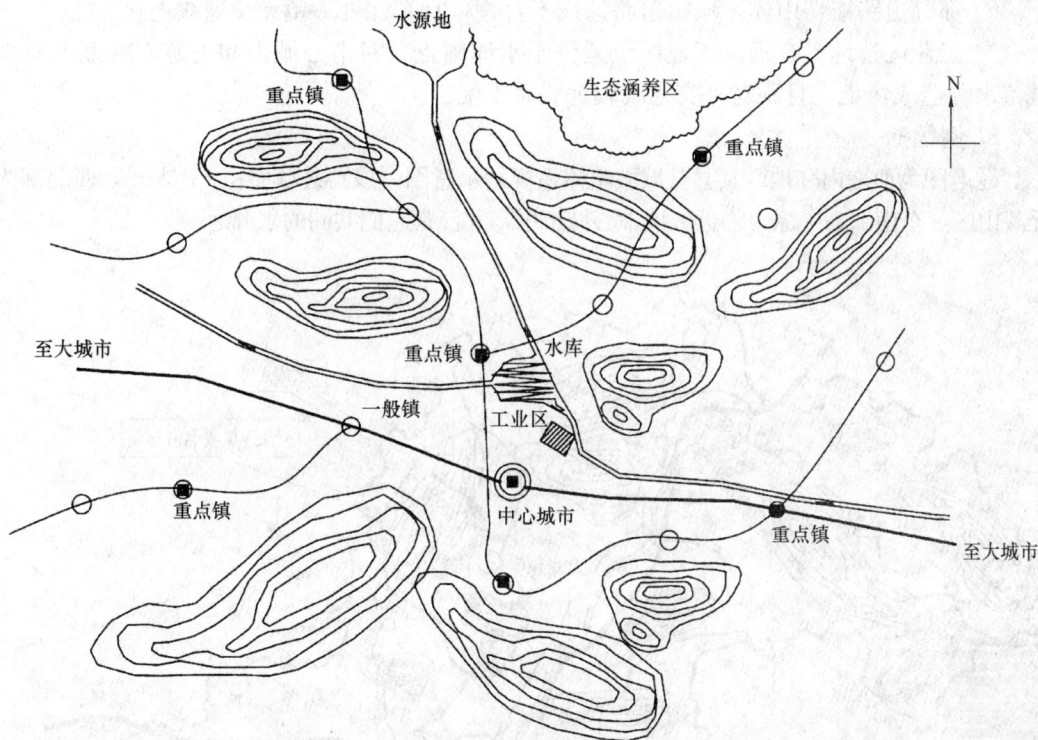

题六图

养区，在发展空间上作出了限制；后半句则是对发展规模和水平的描述，从中我们可以计算出，现状县域城镇人口为 12.7 万，减去县城人口 9 万人，得出 15 个镇的城镇人口总和为 3.7 万人，县城首位度极高；最后又因为该县东西均为 100 万人口的大城市，由此可以判断除县城对县域人口有一定吸引力外，东西两侧大城市对县域人口产生重大吸引力。

题目第二段给出了规划要点：20 年的时间人口增长 1/2、城镇化水平增长一倍、县城人口增加 2/3，这对于用地、政策及吸引力都有限的该县来说实在是过高的目标；规划县域城镇体系中心城区比重点镇比一般镇的比例为 1：6：9，不尽合理；规划还在城中心东南部规划了 20km² 的工业园区，要格外注意其与周边要素是否配合恰当。此外，还应仔细审查图上各要素的布置是否有违专业常识。

（2）参考答案

① 该县社会经济发展水平较低，处于两个大城市的吸引辐射范围之内，人口净流出的可能性较大，大幅增长的可能性很低，规划总人口由 41 万增长到 64 万不合理；不符合地处国家功能区划限制发展区、西北丘陵地带的自然条件。城镇化水平 20 年间由 31％ 发展为 62％，在西部欠发达地区处于较快的水平，需要有力的发展政策支撑。

② 规划城镇体系结构不合理，乡镇规模小、数量多，应合理撤并，重点镇过多且部分重点镇分布不合理。北部、东北部地处生态涵养区、水源地区且远离河谷地带和主要交通干道和铁路，发展重点镇不合理。

③ 中心城市西侧一镇，位于交通要道规划为一般镇不合理，应定位为重点镇，并将其西南侧镇改为一般镇。西北侧城镇规划为重点镇无可支撑的理由。

④ 部分道路横切山体，城镇道路选线不合理，且东北处一镇无交通线连接。

⑤ 工业区选址不合理。工业区位置位于水库附近，对中心城市和下游 100 万人口大城市水源造成污染，且距对外交通线较远联系不便。

5. 例题七

题七图为西南内陆地区某县县域城镇体系规划示意图。该县县域面积 1316km²，西北部为丘陵山区，东南部为平原，临近区域中心城市甲，北江是它们共同的水源地。

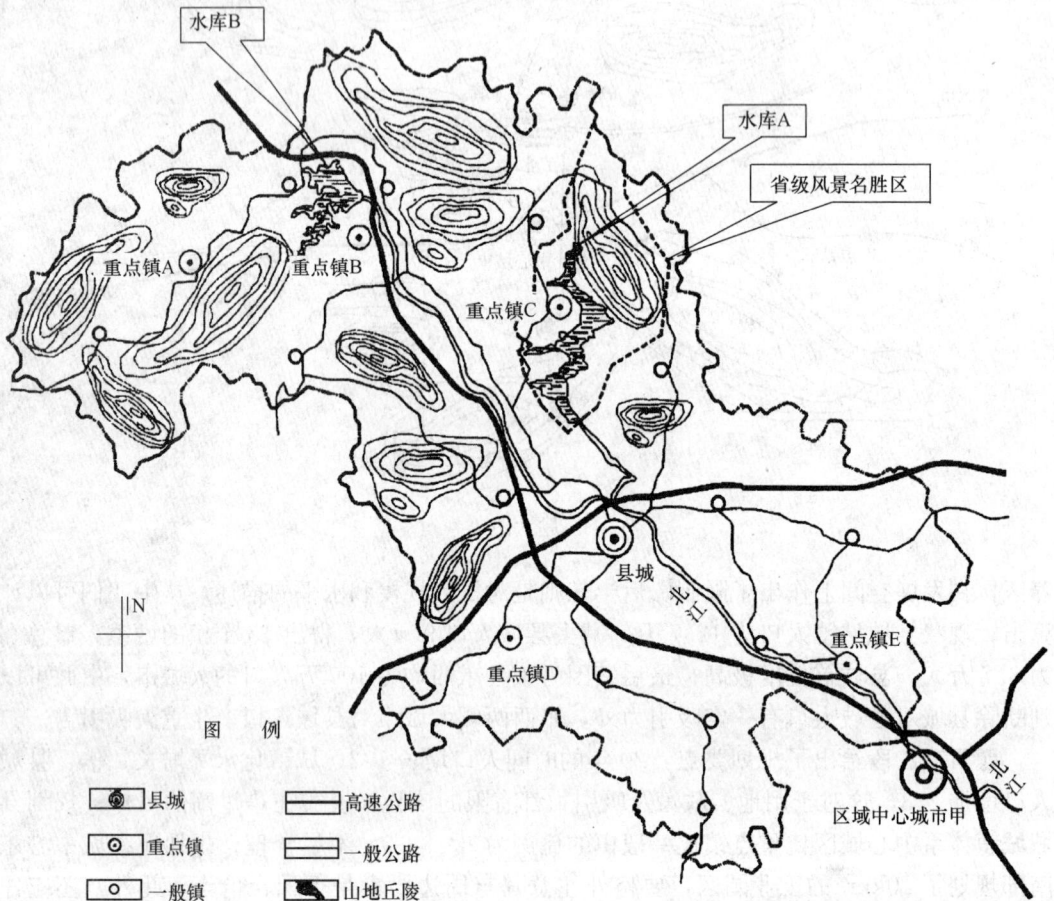

题七图

2009 年底，该县城镇化水平为 42%，人均 GDP 为 21240 元，经济发展水平略低于全国平均水平。

规划提出 2020 年县域总人口 80 万人，其中：县城城市人口 30 万人；重点镇 5 个，每个镇驻地人口 2.6 万人左右；一般镇 13 个，每个镇驻地人口 1 万人左右。规划确定城镇主导职能如下：县城为综合服务，重点镇 A 为农产品加工，重点镇 B 为商贸和旅游，重点镇 C 为旅游及建材，重点镇 D 为商贸服务，重点镇 E 为化工和物流。

试对该规划存在的主要问题进行评析。

（1）审题

题目第一段介绍了该县的基本地理情况：西北丘陵山区而东南部为平原，说明在考虑重点镇布局时应偏向于东南部；后半句陈述北江是本县及东南部区域中心城市甲的共同水源地，因此在上游城镇产业选择时应避免具有污染的产业类型。

题目第二段介绍了该县现状城镇及经济发展水平。题目特别指出其经济发展水平略低于全国平均水平，因此在规划中该县城镇规模及城镇化水平不应有过大步伐。

题目第三段给出了规划目标，其中包含人口规模、城镇体系及主导产业，需要分别审查。从该段第一句可以计算出 2020 年城镇化率为 70%，明显目标过高。城镇体系为 1：5：13，相对符合该县条件，因此更需要在图上审查其具体安排，各镇主导产业也需达到"因地制宜"。此外，还需仔细考察图上交通线的布局是否有不当之处。

（2）参考答案

① 未说明现状总人口情况，规划总人口 80 万是否合理不清楚。

② 根据该县的地理区位特征及现状经济发展水平，70% 的城镇化率目标明显过高。

③ 同级别镇的规模一样，过于机械，应该结合实际区别对待。

④ 各重点镇缺乏必要的交通联系。

⑤ 部分道路没有必要翻越山体，造成浪费。

⑥ 高速公路在甲市两端两次跨越北江，将增加投资，没有必要。其与几个重点镇没有出入口及交通衔接。

⑦ 一般镇应结合地形在东南部地理条件好的位置适当多布置，交通方便且有利于接受大城市辐射。

⑧ A 镇交通不便，不适合作重点镇。同时不适合做农产品加工：丘陵地区的农产品产量不高，原料及产品都需要高运输成本，且离主要市场中心城市远。

⑨ C 镇位于风景名胜区内，同时因为靠近水库，适合旅游休闲产业，不适合建材产业，污染环境的同时对下游城镇用水也会有影响。

⑩ E 镇不适合做化工产业因为离区域中心城市甲太近，且位于其上游，会严重污染其水源。适合做农产品加工，可以就地取材，离大城市近方便销售。

三、城市总体规划编制及方案评析

（一）考试大纲的要求

考试大纲的要求是：掌握城市、镇总体规划方案的评析。

城市总体规划编制一般分成两个阶段，纲要编制和规划编制。

（二）城市总体规划的成果要求

1. 城市总体规划文本

（1）前言：说明本规划编制的依据。

（2）城市规划基本对策概述。

（3）市（县）域的城镇发展包括：城镇发展战略及总体目标；预测城市化水平；城镇职能分工、发展规模等级、空间布局，重点发展；区域性交通设施、基础设施、环境保护、风景旅游区的总体布局；有关城镇发展的技术政策。

（4）城市性质、城市规模、城市规划区范围、城市发展方针与战略、城市人口现状及发展规模。

（5）城市土地利用和空间布局：

①确定人均用地和其他有关技术经济指标，注明现状建成区面积，确定规划建设用地范围和面积，列出用地平衡表。

②城市各类用地布局，不同区位土地使用原则及地价等级的划分，市、区级中心及主要公共服务设施的布局。

③重要地段的高度控制，文物古迹、历史地段、风景名胜的保护，城市风貌和特色保护。

④旧区改建原则，用地结构调整及环境综合整治。

⑤郊区主要乡镇企业、村镇居民点以及农田和副食基地的布局，禁止建设的绿色空间控制范围。

⑥城市环境质量建议指标，改善或保护环境的措施。

⑦各项专业规划，内容要求详见第三章的规定。

⑧3～5年内的近期建设规划，包括基础设施建设、土地开发投放、住宅建设等。

⑨实施规划的措施。

2. 城市总体规划的主要图纸

（1）市（县）域城镇分布现状图。图纸比例为 1/200000～1/50000，标明行政区划、城镇分布、交通网络、主要基础设施、主要风景旅游资源。

（2）城市现状图。图纸比例为大中城市 1/10000 或 1/25000，小城市可用 1/5000。图纸应标明以下内容：

①按《城市用地分类及规划建设用地标准》GB 50137—2011，画出城市现状各类用地的范围（以大类为主，中类为辅）。

②城市主次干道，重要对外交通、市政公用设施的位置。

③商务中心区及市、区级中心的位置。

④需要保护的风景名胜、文物古迹、历史地段范围。

⑤经济技术开发区、高新技术开发区、出口加工区、保税区等的范围。

⑥园林绿化系统和河、湖水面。

⑦主要地名和主要街道名称。

⑧表现风向、风速、污染系数的风玫瑰。

（3）新建城市和城市新发展地区应绘制城市用地工程地质评价图。图纸比例同现状图，图纸应标明以下内容：

①不同工程地质条件和地面坡度的范围、界线、参数。

②潜在地质灾害（滑坡、崩塌、溶洞、泥石流、地下采空、地面沉降及各种不良性特殊地基土等）空间分布、强度划分。

③活动性地下断裂带位置，地震烈度及灾害异常区。

④按防洪标准频率绘制的洪水淹没线。

⑤地下矿藏、地下文物埋藏范围。

⑥城市土地质量的综合评价，确定适宜性区划（包括适宜修建、不适宜修建和采取工程措施方能修建地区的范围），提出土地的工程控制。

（4）市（县）域城镇体系规划图。图纸比例同现状图，标明行政区划、城镇体系总体布局、交通网络及重要基础设施规划布局、主要文物古迹、风景名胜及旅游区布局。

（5）城市总体规划图。表现规划建设用地范围内的各项规划内容，图纸比例同现状图。

（6）郊区规划图。图纸比例为 1/50000～1/25000，图纸应标明以下内容：

①城市规划区范围、界线；

②村镇居民点、公共服务设施、乡镇企业等各项建设用地布局和控制范围；

③对外交通用地及需与城市隔离的市政公用设施、水源地、危险品库、火葬场、墓地、垃圾处理用地等用地的布局和控制范围；

④农田、菜地、林地、园地、副食品基地和禁止建设的绿色空间的布局和控制范围。

（7）近期建设规划图。

（8）各项专业规划图（详见本章有关介绍）。

3. 总体规划阶段各项专业规划的成果要求

（1）道路交通规划

①文本内容

对外交通：铁路站、线、场用地范围；江、海、河港口码头、货场及疏港交通用地范围；航空港用地范围及交通连接；市际公路、快速公路与城市交通的联系，长途客运枢纽站的用地范围；城市交通与市际交通的衔接。

城市客运与货运交通和公交线路、站场分布；自行车交通；地铁、轻轨线路可行性研究和建设安排；客运换乘枢纽；货运网络和货源点布局；货运站场和枢纽用地范围。

道路系统：各项交通预测数据的分析；主次干道系统的布局，重要桥梁、立体交叉、快速干道、主要广场、停车场位置；自行车、行人专用道路系统。

②图纸内容

分类标绘客运、货运、自行车、步行道路的走向；主次干道走向、红线宽度、重要交叉口形式；重要广场、停车场、公交停车场的位置和范围；铁路线路及站场、公路及货场、机场、港口、长途汽车站等对外交通设施的位置和用地范围。

（2）给水工程规划

①文本内容

用水量标准，生产、生活、市政用水总量估算；水资源供需平衡，水源地选择，供水能力，取水方式，净水方案，水厂制水能力；输水管网及配水干管布置，加压站位置和数量；水源地防护措施。

②图纸内容

水源及水源井、泵房、水厂、贮水池位置，供水能力；给水分区和规划供水量；输配水干管走向、管径，主要加压站、高位水池规模及位置。

（3）排水工程规划

①文本内容

排水体制；划分排水区域，估算雨水、污水总量，制定不同地区污水排放标准；排水管、渠系统规划布局，确定主要泵站及位置；污水处理厂布局、规模、处理等级以及综合利用的措施。

②图纸内容

排水分区界线，汇水总面积，规划排放总量；排水管渠干线位置、走向、管径和出口位置；排水泵站和其他排水构筑物规模位置；污水处理厂位置、用地范围。

（4）供电工程规划

①文本内容

用电量指标，总用电负荷，最大用电负荷、分区负荷密度；供电电源选择；变电站位置、变电等级、容量、输配电系统电压等级、敷设方式；高压走廊用地范围、防护要求。

②图纸内容

供电电源位置、供电能力；变电站位置、名称、容量、电压等级；供电线路走向、电压等级、敷设方式；高压走廊用地范围、电压等级。

（5）电信工程规划

①文本内容

各项通信设施的标准和发展规模（包括长途电话、市内电话、电报、电视台、无线电台及部门通信设施）；邮政设施标准、服务范围、发展目标，主要局所网点布置；通信线路布置、用地范围、敷设方式；通信设施布局和用地范围，收发讯区和微波通道的保护范围。

②图纸内容

各种通信设施位置，通信线路走向和敷设方式；主要邮政设施布局；收发讯区、微波通道等保护范围。

（6）供热工程规划

①文本内容

估算供热负荷、确定供热方式；划分供热区域范围、布置热电厂；热力网系统、敷设方式；联片集中供热规划。

②图纸内容

供热热源位置、供热量；供热分区、热负荷；供热干管走向、管径、敷设方式。

（7）燃气工程规划

①文本内容

估算燃气消耗水平，选择气源，确定气源结构；确定燃气供应规模；确定输配系统供气方式、管网压力等级、管网系统，确定调压站、灌瓶站、储存站等工程设施布置。

②图纸内容

气源位置、供气能力、储气设备容量；输配干管走向、压力、管径；调压站、储存站位置和容量。

（8）园林绿化、文物古迹及风景名胜规划

①文本内容

公共绿地指标；市、区级公共绿地布置；防护绿地、生产绿地位置范围；主要林荫道布置；文物古迹、历史地段、风景名胜区保护范围、保护控制要求。

②图纸内容

市、区级公共绿地（公园、动物园、植物园、陵园、大于 2000m² 的街头／居住区级绿地、滨河绿地、主要林荫道）用地范围；苗圃、花圃、专业植物等绿地范围；防护林带、林地范围;文物古迹、历史地段、风景名胜区位置和保护范围;河湖水系范围。

(9) 环境卫生设施规划

①文本内容

环境卫生设施设置原则和标准;生活废弃物总量,垃圾收集方式、堆放及处理、消纳场所的规模及布局;公共厕所布局原则、数量。

②图纸内容

应标明主要环卫设施的布局和用地范围,可与环境保护规划图合并。

(10) 环境保护规划

①文本内容

环境质量的规划目标和有关污染物排放标准;环境污染的防护、治理措施。

②图纸内容

环境质量现状评价图:标明主要污染源分布、污染物质扩散范围、主要污染排放单位和名称、排放浓度、有害物质指数;环境保护规划图;规划环境标准和环境分区质量要求,治理污染的措施。

(11) 防洪规划

①文本内容

城市须设防地区(防江河洪、防山洪、防海潮、防泥石流)范围、设防等级、防洪标准;防洪区段安全泄洪量;设防方案,防洪堤坝走向,排洪设施位置和规模;防洪设施与城市道路、公路、桥梁交叉方式;排涝防洪的措施。

②图纸内容

各类防洪工程设施(水库、堤坝闸门、泵站、泄洪道等)位置、走向;防洪设防地区范围、洪水流向;排洪设施位置、规模。

(12) 地下空间开发利用及人防规划(必要时可分开编制)

重点设防城市要编制地下空间开发利用及人防与城市建设相结合规划,对地下防灾(包括人防)设防、基础工程设施、公共设施、交通设施、储备设施等进行综合规划,统筹安排。

①文本内容

城市战略地位概述;地下空间开发利用和人防工程建设的原则和重点;城市总体防护布局;人防工程规划布局;交通、基础设施的防空、防灾规划;储备设施布局。

②图纸内容

城市总体防护规划图,图纸比例 1/25000～1/5000,标绘防护分区,疏散区位置,储备设施位置,主要疏散道路等。城市人防工程建设和地下空间开发利用规划图,标绘各类人防工程与城市建设相结合工程位置及范围。

(13) 各级历史文化名城要做专门的历史文化名城保护规划

①文本内容

历史文化价值概述;保护原则和重点;总体规划层次的保护措施,包括保护地区人口规模控制,占据文物古迹风景名胜的单位的搬迁,调整用地布局改善古城功能的措施,古城规划格局、空间形态、视觉通廊的保护;确定文物古迹保护项目,划定保护范围和建设控制地带,提出保护要求;确定需要保护的历史地段,划定范围并提出整治要求;重要历史文化遗产修整、利用、展示的规划意见；规划实施管理的措施。

②图纸内容

文物古迹、历史地段、风景名胜区分布图，图纸比例 1/25000～1/5000，标绘名称和范围；历史文化名城保护规划图。标绘各类保护控制地区的范围，有不同保护要求的要分别表示。文物古迹、历史街区、风景名胜及其他需保护地区的保护范围、建设控制地带范围、近期实施保护修整项目的位置、范围，古城建筑高度控制，其他保护措施示意。

（三）城市总体规划的成果要点分析

1. 确定城市性质

城市性质是指各城市在国家经济和社会发展中所处的地位和所起的作用，指各城市在全国城市网络中的职能分工。城市的形成和发展是历史进步的产物，自有历史以来，城市的特征，均因特殊的需要而改变；如军事性的防御、行政制度、科技进步、生产关系和交通方式的发展改变等都影响到城市的特征。因此，城市性质就该体现城市的个性，反映其所在区域的政治、经济、社会、地理、自然等因素的特点。城市是随着科学技术的进步、社会政治经济的改革而不断变化的。因此，城市特征也应该是不断变化的动态过程，不能一成不变。对于城市性质的认识，必须建立在一定的时间范畴内。城市是一个综合实体，其职能往往也是多方面的，城市性质只能是主要职能的反映。

不同的城市性质对城市规模的大小、城市用地组织以及各种市政公用设施的配置起重要的作用。因此，在编制城市总体规划时，首先要确定城市的性质。这是决定一系列技术经济措施及其相适应的技术经济指标的前提和基础。同时，明确城市的性质，便于把一般原则与城市特点结合起来，使城市规划更切合实际。

正确拟定城市性质建设项目，有利于突出规划结构的特点，有利于为规划方案提供可靠的技术经济依据。

我国城市建设的实践经验证明：凡是重视并正确拟定城市性质，则规划方向明确，建设依据充足，功能结构比较合理；否则，城市发展方向不明，规划建设被动，规模难于估计，或规模过大，或用地过小，造成建设和布局的紊乱，致使有的刚新建地区不得不改造或造成布局长期不合理。

城市性质的确定可从两个方面去认识。一方面是从城市在国民经济的职能方面去认识，就是指一个城市在国家或地区的政治、经济、社会、文化生活中的地位和作用。国家确定的某一个城市的国民经济和社会发展计划，对这个城市的性质起着决定性的作用；市域城镇体系规划则规定了区域内城镇的合理分布以及城市的职能和大致的、相对的规模，因此，它们是分析城市性质的主要依据。另一方面，从城市形成与发展的基本因素中去认识，就是指一个城市形成与发展的主导因素的特点。

一个城市是由复杂的物质要素所组成。这些要素包括工业、对外交通运输、仓库、居住和公共建筑、园林绿地、道路、广场、桥梁、自来水、下水道、能源供应等，其中，有些要素主要是为满足本市范围以外地区的需要而服务的，它的存在和发展对城市的形成和发展起着直接的决定作用。这种要素通常被称为城市形成和发展的基本因素。例如，大多数城市是由于工业生产发展引起人口集中而形成的，所以，工业是城市最主要的基本因素之一。此外，对外交通运输，一切非地方性的政治、经济、文化教育及科学研究机构，基本建设部门，国防军事单位等等都是城市的基本因素，同一要素并非在每个城市一定是基本因素，必须视其在该城市所处的地位和具体情况而定。例如，食品厂、服装厂等工业，如其产品主要是为满足本市以外地区的需要而服务的，则是城市的基本因素；如其产品仅仅为满足本市居民的需要，则不是城市的基本因素。由此可知，构成城市的基本因素是多种多样的，城市的主导基本因素因城市而异。

总之，城市性质就是由城市形成与发展的主导基本因素的特点所决定的，由该因素组成的基本部门的主要职能所体现。例如，鞍山市的主要职能，是全国的钢铁基地之一，钢都就是它的城市性质。又如，青岛市的职能是以外贸海港为主，并有纺织机械工业、国防、疗养、海洋科学研究中心等多种职能，其中主要职能是前者，所以青岛市的城市性质是港口城市。

正确拟定城市性质，就是综合分析城市的主导基本因素及其特点，明确它的主要职能，指出它的发展方向。在拟定城市性质时，必须避免两种倾向：一种是以城市的"共性"作为城市的性质；另一种是不区分城市基本因素的主次，而一一罗列。结果，都失去指导规划与建设实践的意义。

城市性质确定的一般方法是采用"定性分析"与"定量分析"相结合，以定性分析为主。定性分析就是全面分析说明城市在政治、经济、文化生活中的作用和地位。定量分析就是在定性基础上对城市职能，特别是经济职能采用一定的技术指标，从数量上去确定主导的生产部门。经济职能的定量分析从以下三方面着手。

（1）分析主要生产部门在全国或地区的地位和作用。例如，某市以生产汽车为主，其产量占全国汽车总产量的比重较大，所以，这个城市的性质是以汽车制造为主的工业城市。

（2）分析主要部门经济结构的主次。一般采用同一经济技术标准（如职工人数、产值、产量……），从数量上去分析，以其超过部门结构整体的 20%～30% 为主导因素。例如，某一工矿城市，钢铁工业职工人数占全市总职工人数的 47%，工业产值占全市工业总产值的 73%，显然这个工矿城市是一个以钢铁工业为主的城市。

（3）分析用地结构的主次，以用地的所占比重的大小来表示。

这三者不是孤立的，应深入了解主导基本因素的特点，综合分析。

拟定城市性质时，应从地区、国家乃至更大的范围着眼，根据国民经济合理布局的原则，来分析确定城市性质。因而，区域规划工作对于确定城市性质有着重要的意义。城市性质应以区域规划为依据。如果区域规划尚未编制，或者是编制时间过久，都应在编制城市总体规划时，以地区国民经济发展计划为依据，以生产力合理布局为原则，对城市性质展开全面的调查研究和分析。

第一，从地区着眼，由面到点，调查分析周围地区所能提供的资源条件、农业生产特点、发展水平和对工业的要求，以及与邻近城市的经济联系和分工协作关系等。

第二，全面调查分析本市所在地点的建设条件、自然条件，政治、经济、文化等历史发展特点和现有基础，以及附近的风景、名胜和革命纪念地等。

第三，自上而下，充分了解各级有关主管部门对于发展本市生产和建设事业的意图和要求，特别是这些意图和要求的客观依据。

第四，应在调查的基础上进行科学分析，进行地区综合平衡，明确城市发展方向，从而确定城市性质。

城市性质不是一成不变的。一个城市由于建设的发展，或因客观需要，或因客观条件变化，都会促使城市有所变化，从而影响城市性质。例如，邯郸市在"一五"期间，定为以纺织为主的轻工业城市。后来，因附近地区发现了较大铁矿，利用其优越条件发展了钢铁和机械工业，从而该市的城市性质也随之改变为纺织、钢铁、机械为主的工业城市。

2. 预测城市人口，确定城市规模

（1）城市人口的含义

从城市规划的角度来看，城市人口应是指那些与城市的活动有密切关系的人口，他们居住生活在城市的范围内，构成了该城市的社会，是城市经济发展的动力、建设的参与者，又都是城市服务的对象；他们赖城市以生存，又是城市的主人。

各国依据本国生产力发展水平及当时的社会、政治条件，把通过法律确认的城镇地区的常年居住人口称为城镇人口。城镇划分的标准一般取决于人口规模、人口密度、非农业人口比重和政治、经济等因素。各国的划分标准不一样，单从人口规模上看，如美国把 2500 人以上的居民点称为城市或城镇，英国则为 3500 人，法国 5000 人，印度 5000 人，俄罗斯 1000~2000 人。国际统计学会则建议，凡 2000 人以上的居民点算城市居民区。

城镇与城市的设置，按国务院有关规定：总人口在 2 万人以下的，非农业人口占全乡人口 10% 以上的，也可以建镇。非农业人口（含县属企、事业单位聘用的农民合同工、长年临时工，经工商行政管理部门批准登记的有固定经营场所的镇、街道企业以及驻镇部队等单位的人员）6 万以上，年地区生产总值 2 亿元以上，已成为该地经济中心的镇，可以设置市的建制。少数民族地区和边远地区的重要城镇、重要工矿科研基地、著名风景名胜区、交通枢纽、边境口岸，虽然非农业人口不足 6 万、年地区生产总值不足 2 亿元，如确有必要，也可以设市建制。

城市按照其人口密度、经济联系、管理条件等因素，一般可划分为市区、近郊区、市辖县（远郊区）。城市规划中的城市人口是指市区与近郊区的非农业人口。市辖县的非农业人口，除了个别直属该市的工业区（镇）以外，一般是不计入的；而应将它们计入城镇体系或分别单独计入各市辖县镇中去。

（2）确定城市人口规模的意义

城市化是世界性的趋势。生产的发展、工业和交通的日益现代化，和人类物质生活与精神生活的不断提高，导致人口向城市的不断集聚，城市人口占总人口的比重不断上升，欧美发达国家城市人口的比重已达 70% 以上，发展中国家的城市人口比重也在迅速增长。我国近几年来，市场经济发展，农村大量剩余劳动力转化到第二、第三产业，也加速了城镇人口的增加。因此，必须使城市人口的增长有合理的速度与分布。

就城市本身来讲，用地的多少，公共生活设施和文化设施的内容与数量、交通运输量、交通工具的选择、道路的等级与指标、市政公用设施的组成与能力、住宅建设的规模与速度、建筑类型的选定、郊区的规模以及城市的布局等，无不与城市人口的数量与构成有着密切关系。

确定城市规模是城市总体规划首要工作之一，是城市规划经济工作的重要组成部分。

城市规模指的是城市人口规模和用地规模。但是，用地规模随人口规模而变；所以，城市规模通常以城市人口规模来表示。城市人口规模就是城市人口总数。人口规模估计得合理与否，对城市建设影响很大；如果人口规模估计得过大，相应的设施标准过高，造成长期的不合理与浪费；如果人口规模估计得过小，相应的设施标准不能适应城市发展的要求，将成为城市发展的障碍。

因此，城市人口的估计和确定，包括调查分析，是一项既重要又复杂的工作，它既是城市总体规划的目标，又是制定一系列具体技术指标与确定用地布局的依据。做好这项工作对科学编制城市总体规划有着很大的影响。

（3）城市人口的构成

城市人口的状态是不断变化的。可以通过对一定时期城市人口的各种现象，如年龄、寿命、性别、家庭、婚姻、劳动、职业、文化程度、健康状况等方面的构成情况加以分析，反映其特征。在城市规划中，需要研究的主要有年龄、性别、家庭、劳动、职业等构成情况。

① 年龄构成

年龄构成指城市人口各年龄组成的人数占总人数的比例。一般将年龄分成 6 组：托儿组（0～3 岁）、幼儿组（4～6 岁）、小学组（7～11 岁或 7～12 岁），中学组（12～16 岁或 13～18 岁）、成年组（男：17～60 岁，女：17 或 19～55 岁）和老年组（男：61 岁以上，女：56 岁以上）。为了便于研究，常根据年龄统计作出百岁图和年龄构成图。

了解年龄构成的意义包括：比较成年组人口与就业人数（职工人数）可以看出就业情况和劳动力潜力；掌握劳动后备军的数量和被抚养人口比例，对于估算人口发展规模有重要作用；掌握学龄前儿童和学龄儿童的数字和趋向是制定托、幼及中小学等规划指标的依据；分析年龄结构，可以判断城市的人口自然增长变化趋势；分析育龄妇女人口的年龄数量是推算人口自然增长的主要依据。

影响年龄构成特点的因素是多方面的。城市不同发展阶段，旧城中老年人、青少年比重一般较高；在新城，建设初期，单身职工多，带眷系数小，成年组的比重高，老年人和青少年的比重小；随着城市进一步发展，年龄构成将逐渐变化；城市的性质与规模，如县城，因单身职工多，带眷系数也小，因而成年人口比重高；以科研、教育为主的城镇，由于学生人数多，学生年龄组比重较高；小城市劳动人口年龄组和未成年年龄组的比重一般高于大城市，而大城市的老年人比重一般都高于小城市等。

② 性别构成

性别构成反映男女人口之间的数量和比例关系。它直接影响城市人口的结婚率、育龄妇女生育率和就业结构。在城市规划工作中，必须考虑男女性别比例的基本平衡。一般说来。在地方中心城市，如小城镇和县城，男性多于女性，因为男职工家属一部分在附近农村。在矿区城市和重工业城市，男职工占职工总数中的大部分；而在纺织和一些其他轻工业城市，女职工可能占职工总数中的大部分。因此，分析职工性别构成，对于男女职工适当平衡，有着重要意义。

③ 家庭构成

家庭构成反映城市的家庭的人口数量、性别和代际组合等情况。它对于城市住宅类型的选择，城市生活和文化设施的配置，城市生活居住区的组织等有密切关系。家庭构成的变化对城市社会生活方式、行为、心理诸方面都带来直接影响，从而对城市物质要素的需求也有变化。我国城市家庭存在由传统的复合大家庭向简单的小家庭发展的趋向，近年来日益明显。因此，城市规划时，应详细地调查家庭构成的情况，对其发展变化进行预测，作为制定有关规划指标的依据。

④ 劳动构成

在城市总人口中，按其参加工作与否，分为劳动人口与非劳动人口（被抚养人口）；劳动人口又按工作性质和服务对象，分成基本人口和服务人口。所以，城市人口可分为以下三类：

a. 基本人口：指在工业、交通运输以及其他不属于地方性的行政、财经、文教等单位中工作的人员。它不是由城市的规模决定的，相反，它却对城市的规模起决定性的作用。

b. 服务人口：指在为当地服务的企业、行政机关、文化、商业服务机构中工作的人员。它的多少是随城市规模而变动的。

c. 被抚养人口：指未成年的、没有劳动力的以及没有参加劳动的人员。它是随职工人数而变动的。

劳动构成指劳动人口在城市总人口中的比例，调查和分析现状劳动构成是估算城市人口发展规模的重要依据之一。影响劳动构成的因素较为复杂，一般有如下几个方面：

a. 城市性质：城市性质不同，劳动构成也不同，如新发展的工矿城市，基本人口比值一般较高，服务人口比例相应较低；行政中心、交通枢纽和风景游览城市，流动人口多，服务人口的比值则较高；县城，公共服务设施还要为周围农村地区服务，且职工家庭多在农村，因此服务人口比值较高，基本人口的比值更高，被抚养人口的比值较低。

b. 城市规模：大城市的公共文化、商业服务设施种类繁多，水平较高，其服务人口比值一般比中、小城市大。

c. 人口的自然增长率：人口的自然增长率直接影响年龄构成，在一定程度上决定被抚养人口比值的高低。例如，自然增长率高，使未成年人的比例高，从而被抚养人口的比值高；反之，被抚养人口的比值也低。

d. 社会闲散劳动力就业情况：劳动力就业充分，被抚养人口的比值会下降，基本人口和服务人口的比值亦随之增加。否则，被抚养人口的比值会比一般高。

e. 城市建设的阶段：一般新建城市或扩建较大的城市，在建设初期，单身职工较多，带眷职工较少，再加生活服务设施不够完善，基本人口比值较高，被抚养人口和服务人口比值就较低。但随着职工家属的迁入，人口自然增长，以及生活服务设施的逐步增设，基本人口比值会比初期有所下降，服务人口和被抚养人口的比值有所上升。

⑤ 职业构成

指城市人口中的社会劳动者按其从事劳动的行业性质（即职业类型）划分，各占总人数的比例。按国家统计局现行统计职业的类型包括 3 大产业和 13 类行业（见下表）。这样的类型划分不尽符合城市规划需要，也不便于取得统计资料的可能。

职 业 类 型

第一产业	农、林、牧、渔、水利业	第三产业	商业、公共饮食业、物资供销和仓储业；房地产管理、公用事业、居民服务和咨询服务业；卫生、体育和社会福利事业；教育、文化艺术和广播电视事业；科学研究和和综合技术服务事业；金融、保险业；国家机关、政党机关和社会团体；期货业
第二产业	工业； 地质普查和勘探业； 建筑业； 交通运输、邮电通信业		

产业结构与职业结构的分析可以反映城市的性质、经济结构、现代化水平、城市设施社会化程度、社会结构的合理协调程度，是制定城市发展政策与调整规划定额指标的重要依据。在城市规划中，应提出合理的职业构成与产业结构建议，协调城市各项事业的发展，达到生产与生活配套建议，提高城市的综合效益。

（4）城市人口的变化

一个城市的人口始终处于变化之中，它主要受到自然增长与机械增长的影响，两者之和便是城市人口的增长值。

① 自然增长

自然增长是指人口再生产的变化量，即出生人数与死亡人数的净差值。通常以一年内城市人口的自然增加数与该城市总人口数（或期中人数）之比的千分率来表示其增长速度，称为自然增长率。

$$自然增长率 = \frac{本年出生人口数 - 本年死亡人口数}{年平均人数} \times 1000‰$$

出生率的高低与城市人口的年龄构成、育龄妇女的生育率、初育年龄、人民生活水平、文化水平、传统观念和习俗、医疗卫生条件以及国家计划生育政策有密切关系。死亡率则受年龄构成、卫生保健条件、人民生活水平等因素影响。目前，我国城市人口自然增长情况，已由解放初期的高出生、低死亡、高增长的趋势转变为低出生、低死亡、低增长。我国城市人口自然增长率一般在 10‰～12‰。由于受 20 世纪五六十年代高出生率的影响，在 20 世纪 90 年代前人口自然增长率还有所区别，一般大城市小于小城市，新城市大于老城市。

② 机械增长

机械增长是指由于人口迁移所形成的变化量。即一定时期限内，迁入城市的人口与迁出城市的人口的净差值。机械增长的多少与社会经济发展的速度、城市的建设和发展条件以及国家的城市发展方针政策密切相关。如在我国三年自然灾害与经济调整时期，就有大量城市职工转为农村人口；近几年，由于市场经济的发展，促进了城市化，大量农村人口转化为城市人口；如国家对城市的控制人口规模的政策就限制了大城市人口的机械增长，而开放搞活的政策，又大大刺激了城市暂住人口数量的膨胀；对于具体城市来说，其建设发展条件则是机械增长的重要因素，尤其是建设初期，人口的增长以机械增长为主。

机械增长的速度用机械增长率来表示，即一年内城市的机械增长的人口数对年平均人数（或期中人数）之千分率。

$$机械增长率=\frac{本年迁入人口数-本年迁出人口数}{年平均人数}\times1000（‰）$$

③ 人口平均增长速度（或人口平均增长率）

一定年限内，平均每年人口增长的速度（自然增长、机械增长或两者合计的增长）可用下式计算：

$$人口平均增长率=\sqrt[年限]{\frac{期末人口数}{期初人口数}}-1$$

根据城市历年统计资料，又可计算历年人口平均增长数和平均增长率，以及自然增长和机械增长的平均增长数和平均增长率，以及自然增长和机械增长的平均增长数和平均增长率，并绘制人口历年变动累计曲线。这对于估算城市人口发展规模有一定的参考价值。

（5）计算城市规模

制定城市人口发展规模，是一项计划性、科学性很强的工作，要向公安部门了解人口现状和历年来人口变化情况，也要向国民经济各部门了解由于发展计划而引起的人口机械变动，从中找出规律，制定正确的人口发展规模。

估算城市人口要多方面考虑。应从社会发展的一般规律出发，要考虑经济发展的需求，也要考虑环境的容量等。

就一个城市而言，人口增长速度和发展规模是受自然增长率和机械增长率所支配。在社会主义制度下，城市人口的自然增长应当是有计划的，机械增长是受社会经济发展规律和国家政治经济形势所决定的。实质上是一个劳动力扩大再生产过程，可利用自然增长规律和经济增长规律来估算城市人口发展规模。

（6）城市用地规模的确定

城市用地规模主要依据是人口规模，即城市用地规模（A）等于城市人口（P）乘以人均用地指标（a）。

$$A=P\times a$$

我国是一个人多地少的国家，规划的城市人均用地有比较严格的规定。一般地区为人均 $85\sim105m^2$，首都人均建设用地可控制在人均 $105\sim115m^2$ 以内，特殊地区也不应超过人均 $150m^2$。

3. 城市总体布局

（1）城市总体布局的原则

城市总体布局是城市的社会、经济、环境，以及工程技术和建筑空间组合的综合反映。对于城市的历史演变和现状存在的问题，自然和技术经济条件的分析，城市中各种生产、生活活动的研究，包括各项用地的功能组织，以及城市建筑艺术的探求，都要涉及城市的总体布局，而对于这些问题研究的结果，最后又都要体现在城市的总体布局中。

城市总体布局是城市总体规划的重要工作内容，它是一项为城市长远合理发展奠定基础的全局性工作，并用来指导城市建设，是规划管理的基本依据之一。

城市总体规划是在城市总体规划纲要的基本明确，以及城市性质和规模大体确定的情况下，在城市用地评定的基础上，对城市各组成部分进行统一安排、合理布局，使其各得其所、有机联系。

城市总体布局要力求科学、合理，要切实掌握城市建设发展过程中需要解决的实际问题，按照城市建设发展的客观规律，对城市发展作出足够的预见。它既要经济合理地安排近期各项建设，又要相应地为城市远期发展作出全盘考虑。科学合理的城市总体布局必然会带来城市建设和经营管理的经济性。

城市总体布局是在一定的历史时期，一定的自然条件，一定的生产、生活要求下的产物。通过城市建设的实践，得到检验，发现问题，修改完善，充实提高。随着生产力的发展，科学技术的不断进步，规划布局所表现的形式也是不断发展的。例如社会改革和政策实施的积极作用、工业技术革命及城市产业结构的变化、交通运输的改进与提高、新资源的发现、能源结构的改变等因素，都会对未来城市的布局产生实质性的影响。

城市总体布局是通过城市用地组成的不同形态体现出来的。城市总体布局的核心是城市用地功能组织，即研究城市各项主要用地之间的内在联系。根据城市的性质和规模，在分析城市用地和建设条件的基础上，将城市各组成部分按其不同功能要求，有机地组合起来，使城市有一个科学、合理的用地布局。

城市存在于自然环境中，除了受到国家的政治、经济、科学技术等因素支配外，还有来自城市本身和城市周围地区两方面的影响。生产力的发展水平和生产方式、城市的性质和规模、城市所在地区的资源和自然条件、生态平衡与环境保护、工业和交通运输等因素都会在不同程度上影响城市总体布局的形成和发展。

不同的城市有各自不同的布局，但就其基本形态而言，大体上可以归纳为集中紧凑与分散疏松两大类。前者表明城市各项主要用地布置比较集中，便于集中设置较完善的生活服务设施和市政基础设施，既方便居民生活，又可节省建设投资。一般中小城市由于用地范围还不是十分大，只要条件许可，大多采用这种布局形式。随着社会经济的发展，有些城市需要进一步扩展。有条件可以依托原有城市，但受到它的牵制和吸引，形成了在原有城市基础上的进一步集中。实践证明，如果对城市用地高度集中布置而不加控制，任其自由发展，工业和人口骤增，会导致城市环境恶化、居住质量下降的后果。

另一类城市布局，大多受河流、山川等自然地形、矿藏资源或交通干道的分隔，形成若干分片或分组，以及就近生产组织生活的布局形式。一般来说，这种情况的城市布局显得比较分散，彼此联系不太方便，市政工程设施的投资会提高一些。由此可见，城市用地布局采取集中紧凑或分散疏松的方式都受到多方面因素的影响。所以，分析某个城市的总体布局，必须从城市所在地区或更大一些的区域范围的经济建设的全面部署出发，来综合处理城市总体布局中的一些重大原则问题。

（2）城市用地功能组织

城市用地功能组织是城市布局的基本内容，分析研究城市用地功能组织，一般可从以下几方面着手：

① 点、面结合，城乡统筹安排

城市要与其周围经济影响地区作为一个整体来考虑。城市不可能孤立地出现和存在，它必须以周围地区的生产发展和需要为前提。城市在工业、原材料、燃料的供应，产品的调配，交通运输的联系，环境污染的防治，城市的供水、排水，粮食和蔬菜副食品的供应，以及建筑材料、劳动力的来源等都与城市周围地区或更大范围有着密切的联系。也就是说，城市自身发展对周围地区有着影响；另一方面，广大地区的城市化进程，包括农业劳动力的转移、乡镇企业的兴起、村镇居民点的设置，这些来自城市外部发展的因素和条件，会在一定程度上影响城市总体布局。如果不以一定区域范围的腹地背景作为前提来分析研究城市，就城市论城市，就难以真正了解一个城市的历史演变及其发展趋势；所拟定的城市总体布局，必然缺乏全局观点和科学依据；对于城市用地功能组织来说，缺乏可靠的基础，难免会有盲目性和片面性。因此，我们在着手编制一个城市的总体布局时，必须把城市作为一个点，而以所在的地区或更大的范围作为一个面，点面结合，分析研究城市在地区国民经济发展中的地位与作用，明确城市生产发展的任务和可能的发展趋向，提出规划的依据。

地区的发展变化对于城市总体布局所带来的影响，可以从下述三方面分析。

首先是地区工农业生产对城市总体布局的影响，要实现国家工业化，不能把工业都集中在城市里。一些大的骨干工厂和若干重要工业部门集中在城市，但有的工业则可以由乡镇来办。例如，城市工业中，特别是农机工业，实行"一条龙"专业化协作，把"龙头"（主机和总装配）放在城里，"龙尾"伸到农村，即把一部分零部件的生产向乡镇企业扩散，这已确认是一个积极地发展农机工业的好办法，对发展城市和周围地区的经济都大有好处。

一般来说，地区农业生产在以下几方面影响城市的规划布局：农业用地、劳动力是影响城市发展的重要因素；农副产品是工业原料的来源，农村又是工业产品的市场，重工业为其技术改造服务，轻工业为其提供生活资料，这在一定程度上影响城市有关工业部门的配置；城市周围的农业地区是城市副食品的生产基地，对城市居民生活有密切的调节作用；农田基本建设、乡镇和村镇居民点建设与城市对外交通运输、新的城市用地布局有密切联系。从城市地区的规划着眼，将治水、治土、改地、造田与城乡居民点的分布，利用和开拓新的城市用地相结合，使城市形成合理的用地布局。

第二是地区交通运输对城市总体布局的影响。城市在地区中往往是客货运集散的中心，应该把城市作为交通运输网的一个"点"，和地区交通运输的"线""面"结合起来，分析研究客货运的流向、数量及其对交通运输设施的要求，分析研究其对城市总体布局的影响。

第三是地区水利及矿产等资源的综合利用对城市总体布局的影响。水利是国民经济的宝贵资源。由于各部门对水的利用要求不同，往往相互之间有很多矛盾。地区的矿产等资源同样会对城市的发展带来影响。

明确了上述这些项目之后，对于城市本身的用地功能组织有了可靠的依据，城市总体布局中的许多问题也就比较容易解决了。

综上所述，城市规划的实践证明，城市必须与其周围影响地区作为一个整体来分析研究。这样，城市与农村、工业与农业、市区与郊区才能统一考虑、全面安排，这是合理制订城市总体布局的基本前提，是协调城市各项用地功能组织的必要依据。城市得到区域的支持，将充分发挥中心城市的作用，反过来会有力地推动城市所在区域的发展；当城市及其周围影响地区的经济发展，城市就有它的生命力，城市建设就会立于不败之地。城市的许多问题局限在城市本身这个点上，是难以得到全面解决的，结合面上的情况加以综合地考虑，才是城市发展可充分利用的外部有利条件，并且城市问题的解决也不致陷于孤立和局部的困境之中。

上述的"地区"，一般是指与城市关系比较密切的周围城镇、工矿点及广大农村。一般着重于经济、交通、环境等方面的考虑。其范围可能有大有小，小的如城市的郊县地区；稍大的可相当于地区的范围；有的则从更大经济影响范围来考虑，所以，编制市域规划显得极为重要。一般认为：鉴于市域的基础条件不同，市域规划的侧重点也会有所不同。在自然资源比较丰富，城镇经济实力尚欠强大，城镇体系不完善的地区，市域规划可以生产力布局为重点，并以此为基础，来确定城镇体系的结构和布局。而在城市经济实力比较雄厚，自然资源比较贫乏，城镇体系比较完善的地区，市域规划可以城镇体系布局为重点，通过各级城镇作用的充分发挥，带动全市和区域经济的发展。

② 功能明确，重点安排城市工业用地

工业生产是现代城市发展的主要组成部分。工业布局直接关系到城市用地功能组织的合理与否，对城市发展的规模与发展方向有重要的制约作用。合理地布置工业用地，综合地考虑与居住生活、交通运输、公共绿地等用地之间的关系，是反映城市用地功能组织的一项重要的内容。从以下不同的城市规模，分析工业布局与城市布局的关系。

一般县城和新兴工业小城镇：一般县城除了有可能布置国家计划所确定的大型工业项目外，更多的是依靠本县、本地区资源开发起来的中、小型地方工业。这些中小工业，基本上是为农业服务的，例如化肥、农机、电气及机械设备、建筑材料工业，以农、林、牧、副业资源为原料的轻工业以及为大工业、为对外贸易、为人民生活服务的工业。

近年来，乡镇企业的崛起在城镇总体布局中发挥了重要的作用。它们有的是为大工业配套，所谓"拾遗补阙"；有的是引进现代先进技术，利用农村的劳动力加工产品，行销国内外市场。这些工业的布置要依托乡镇内的劳动力资源和生活服务设施，考虑到上下班方便等因素，不宜离开旧城过远。对于占地较大或在旧城内发展受到限制需要易地扩建、新建的工厂，包括排出三废或噪声对居民有危害、需要调整用地的工厂，则应该按卫生防护和职工上下班方便等要求，组成工业区或工业片，以便合理组织交通运输、给水排水设施和生活服务设施，使城镇的总体布局能比较集中紧凑。

新兴工业小城镇往往以一些大、中型骨干企业为核心，带动一些配套企业和一般中小型企业，采取成组布置，迅速地形成综合生产能力，较快地形成了工业城镇面貌。

在中等规模的工业城市，随着工厂数量的增多，在城市总体布局中将工业成组、成区布置，将性质相同和生产协作密切的工厂相邻布置，是符合经济合理的建设要求。这样，既可避免不同性质工厂的相互干扰，又可缩短协作厂间产品和原料的运输距离，有利于生产。同时，也可以结合具体建设条件，因地制宜地做出较为理想的城市布局。

在规划布置中，要防止在工业布局和厂外工程设施建设中出现"一厂一电"、"一厂一路"、"一厂一水"和"一厂一村"的现象，这种各自为政、分散零乱的布局，不仅增加基建投资，延误建设速度，而且极不方便生产协作、经营管理以及职工生活。例如某镇工业投资由于渠道不一，工业布点分散，住宅邻近工厂，职工上下班虽然很近，但工业污染影响很大，同时对于配置生活服务设施也有困难，不便生活，带来许多弊端。

工业集中设置的大城市：作为一个大城市的工业布局，更不能局限于城市的本身，而应结合考虑它与周围城镇的关系。大城市周围的小城镇，一般都有一定的自然资源和劳动力可供利用。

对大城市，要严格控制有些占地多、能耗多和"三废"危害大的项目，以克服由于城市过大，而在生产、生活、交通运输和环境保护等方面产生的问题。必须新建的项目，应布置在远郊或附近的小城镇。

从国外来看，由于工业化带来生产高度的集中，随之而来的城市化倾向也越来越显著，尤其是大城市人口迅速地增长，许多国家正在从大城市迁出工厂、搬走不必要在城市中布置的机关和科研教育单位，以期控制城市的人口和用地规模。

工业区的合理分布往往是控制城市用地和人口规模的一个重要手段，同时也是推动城市用地发展的积极因素。

工业区与居住区之间需要有方便的联系，职工上下班要有便捷的交通条件；同时要努力排除工业区对居住区干扰，这是规划布局中常遇到的情况，要结合具体条件，区别对待，并妥善解决。

工业区中有不同类型的工业时，要使有大量劳动力的工业或妇女劳动力多的工业，接近生活居住区；而劳动力较少、占地大的工业，可以距居住区远一些。

工业区和居住区的具体布置中，应有利于职工步行上下班。在大城市中，工业区与居住区以及市中心地区之间的联系，还要考虑便于开辟公共交通路线，并使交通负荷尽量接近均衡。

有污染的工业与居住区之间要有足够的防护用地；工业对居住区的干扰，主要有烟尘、有害气体、污水、噪声以及振动、放射线等。在布置工厂时，应将产生有害气体或有噪声的发源点，设在离开居住地区较远的一端。将有排放污水的工业设置在河流的下游（经污水处理后达到排放要求），且在居住用地的一端。防护带宽度的设置应根据卫生防护的规定，并在日常用地管理中严加控制。

工业区与水陆交通系统要有良好的配合。有些工业由于原料、燃料运量大并直接来自铁路，应敷设铁路专用线；有时要在工业区内设置工业编组站，以便工业车辆的编组及铺设专用线。对于进入工业区的铁路专用线还要处理好与工业区其他主要道路的关系。铁路货场要接近工业区，有几个工业区的城市，按其需要将铁路货场可设几处，以减少中转运输，同时又可减少城市道路的交通压力。

沿江靠河布置工业，往往是工业在城市布局中常见的形式。靠近河道有利于水道运输，也便于供水和排放污水，有利于建设开展。一些与水面的关系特别密切的工厂，如造船厂、造纸厂、木材厂、化肥厂、印染厂等要求靠近河岸，但要注意岸线的合理使用。对有些交通量不大或主要以公路运输为主的工厂和仓库，可布置在离航道远一些的地段，以免占用岸线。

沿着对外交通干道布置工厂，是城市边缘地段经常见到的，在规划工作中要合理组织工厂出入口与厂外道路的交叉，避免过多地干扰对外交通。

生产上有协作的工厂，应就近布置，以减少生产过程中的转运，可降低生产成本，又可减少对城市交通的压力。旧城区有的工厂分设几个车间，分散几处，要尽量设法调整集中，或创造条件迁址另建新厂。

③ 兼顾旧区与新区的发展需要

城市是个有机体，具有不断新陈代谢的内在要求。在历史的长河中，城市的发展变化是永恒的，是不断有新的东西叠加在原有的城市结构上。只是有的时期发展速度较快，有的则因各种条件的制约影响进展滞缓甚至衰退。所以，城市在自身的发展过程中，总会遇到历史形成的旧区与拟将发展的新区；它们两者之间的相互交替、相辅相成、保存与发展、更新与完善将关系到整个城市的合理发展。

明确科学、合理的城市用地发展方向：分析城市用地发展的演变过程，不难发现城市建设的脉络，也可反映出不同时期社会经济、科学技术、政策措施对城市发展的影响。通过规划，使城市在一定的发展阶段中有其明确的城市用地发展方向，指导城市的各项建设向着共同的目标发展。在确定城市用地发展方向时，一般要注意以下几点。

作为城市发展的用地，在符合气象、水文、地质、社会、经济、环境等条件下，要立足于节省工程投资，方便建设施工。符合城市客观实际需要是最基本要求的一个方面。另一方面还要顺应城市发展趋势，满足城市长远发展的可能与需要。

新区与老区要融为一体、协调发展：城市新区的开辟意味着城市地域的扩大、空间的延伸，为调整和转移某些不适合在旧区的功能提供可能，为进一步充实和完善旧区的结构创造条件。新区和老区的协调发展，以新区与旧区的相辅相成，构成城市的整体，达到繁荣社会经济、发展科技文化和提高环境质量的需要。

妥善安置开发区与中心城区的关系。目前我国很多城市都建有各种类型和等级的开发区，正确处理开发区与中心城区的关系至关重要。技术经济开发区是一个涉外机构、资金、企业、公用设施相对比较集中的地区，类似一个新的社会生活单元。

中心城区不能因开发区的建设而妨碍其本身的发展，给城市带来新的矛盾，也不能影响开发区的建设，它们是在一定空间范畴内并存的相对独立体。开发区的选址要有利于城市原有布局结构的完善，而不是与原有良好的城市布局结构形成冲突。开发区的规模大小直接与开发区的选址、界限划分以及中心城区情况等方面有关。对一些距中心城区较近而地方财力相对薄弱的城市将其规模控制在 1km 以内，并以发展不超过 5km 为宜。对于一些远离中心城区的开发区，则应尽力使其与中心城区的交通畅通，完善投资环境，以提高吸引外部投资。

④ 规划结构清晰、内外交通便捷

城市用地结构清晰是城市用地功能组织的一个标志。结构清晰反映了城市各主要组成用地功能明确，而且各用地之间关系协调，同时有安全、便捷的交通联系。

在具体进行城市用地规划布局的过程中，要注意城市各组成部分的完整性，避免穿插。将不同功能的用地混淆在一起，容易互相干扰；可以利用各种有利的自然地形、交通干道、河流和绿地等，合理划分各区，使其功能明确、面积适当，要注意避免划分得过于分散零乱，不便于各区的内部组织。

在分析研究城市用地功能组织时，必须充分考虑使各区之间有便捷的交通联系，使城市交通有很高的使用效率。城市各功能区之间的联系，主要是通过道路来实现的，城市道路系统是联系各功能区的"动脉"，通过"动脉"的活动，强化各区的功能。

有些老市区，由于历史形成的原因，往往居住、生产、商业、文化娱乐等设施混杂在一起。这就需要根据实际情况，在符合消防、卫生等要求下，可能采取设置综合区的做法，以求居民就近上下班、方便生活，使原有的社会网络不致因拆迁、调整而受到根本性的破坏；不能机械、片面地追求单纯的功能分区，以免导致大量物质损耗的后遗症。

良好的城市干道系统实际上是由客运与货运、快速干道与一般道路甚至自行车专用道等构成的多层次、多功能的网络系统。城市和外部交通系统要有方便的衔接，便于紧急时城市向外疏散；同时，城市自身的若干主要组成部分之间要有便捷的联系。此外，各组成部分的内部也要有相应的道路沟通，有的城市设有专门的自行车系统、人行道系统，甚至高架天桥系统。

反对从形式开发，追求图面上的"平衡"。城市是一个有机的综合体，生搬硬套、任何臆想的图案是不能用来解决问题的，必须结合各地具体情况，因地制宜地探求切合实际的城市用地布局。

此外，涉及城市布局结构清晰的问题，城市活动中心的布置也起到很重要的作用。市中心区是城市总体布局的核心，它是构成城市特点的最活跃的因素。它的功能布局与空间处理的好坏，不仅影响到市中心区本身，还关系到城市的全局。文教区是指具有一定数量的大专院校和科研单位组成的区域。中、小城市，由于大专院校数量不多，不必单独设置一个区域，一般布置在城区的边缘地段。中等以上规模的城市，尤其是省会城市，这种单位和机构多，有条件的地方可以结合科研机构成组成片布置，作为城市总体布局中的一个组成部分。

⑤ 阶段配合协调、留有发展用地

一个城市从开始建设到初步形成，需要 20 年、30 年甚至更长一些时间。从历史发展的观点来看，城市需要不断地发展、改造、更新、完善和提高。在制订城市总体布局时，需要分析研究城市用地功能组织，探求城市用地建设发展的合适程序，使一个城市在开始建设的阶段就有一个良好的开端。同时，在建设发展的过程中各个阶段都能互相衔接、配合协调，这对于发展城市用地功能、节省投资，是很重要的一环。

一些城市在规划编制的过程中还进行远景规划。这是因为城市化水平达到成熟期以后，城市也从外围的扩展转向内部的更新改造。我国城市化即将进入快速增长期，不但城市数量会增加，而且城市的规模也将扩大。因此要对扩展阶段中的城市作出全面的轮廓性、结构性的布置，它是一个战略决定。

合理确定首期建设的方案：首期建设方案包括一系列问题，有关工业用地、施工基地、居住用地、对外交通与市内道路系统，以及水、电等市政设施的各种用地的选择需要同时综合进行，第一期建设范围的确定首先是应该满足城市最迫切需要解决的问题。首期建设项目的用地应力求紧凑、合理、经济、方便，并应保持最大限度的永久性，妥善处理施工用的临时性建筑，如仓库、施工棚、宿舍等。否则往往由于这些临时建筑的用地安排不当，或不能及时转移，可能成为以后实施合理规划的障碍。首期工程建设的项目要减少职工上下班往返交通的时间，并为以后的发展奠定良好的基础，以取得较好的经济效益和时间效益。首期建设的项目要尽可能接近建筑基地，使建筑材料和构件的运输短捷而方便。

对于城市各建设阶段用地选择、先后程序的安排和联系等，都要建立在城市总体布局的基础上；同时，对各阶段的投资分配、建设速度要有统一的考虑，使得现阶段工业建设和生活服务设施，符合长远发展规划的需要。

加强预见性，布局中留有发展用地。实践证明，新城市的建设发展总有一些预见不到的变化，在规划布局中需要留有发展用地，或者在规划布局中有足够的"弹性"。所谓弹性即是城市总体布局中的各组成部分对外界变化的适应能力。特别是对于经济发展的速度调整、科学技术的新发展、政策措施的修正和变更，城市总体布局要有足够的应变能力和相应措施；其次城市空间布局也要有适应性，使之在不同发展阶段和不同情况下都相对合理。城市发展总是先使用建设条件较好、收效明显的地段，然后逐步使用需要投入较多工程设施的地段。同时也可看到城市发展必须集中紧凑，各种设施要成套地配备上去。有时候对城市用地发展方向还要积极创造条件，为开拓城市新区提前做好各种准备工作。

另外，规划布局中某些合理的设想，在眼前或一时实施有困难，就要留有发展余地，并通过日常用地管理严加控制，待到适当的时机，就有实现的可能性。

（3）城市总体布局的综合比较

城市总体布局是反映城市各项用地之间的内在联系，是城市建设和发展的战略部署，关系到城市各组成部分之间的合理组织，以及城市建设投资的经济，这就必然涉及许多错综复杂的问题。所以，城市总体布局须多做几个不同的规划方案，综合分析各方案的优缺点，集思广益地加以归纳集中，探求一个经济上合理、技术上先进的综合方案。

综合比较是城市规划设计中重要的工作方法，在规划设计的各个阶段中都应该进行多次反复的方案比较。考虑的范围和解决的问题，可以由大到小、由粗到细，分层次、分系统地逐个解决。有时为了对整个城市用地布局作不同的方案比较，达到筛选优化的目的，需要对重点的单项工程，诸如道路系统、给排水系统进行深入的专题研究。总之，需要抓住城市规划建设中的主要矛盾，提出不同的解决办法和措施，防止解决问题的片面性和简单化，才能得出符合客观实际、用以指导城市建设的方案。

① 从不同角度多做不同方案

对于一个比较复杂的规划设计任务，必须多做几个不同的方案，作为进行方案比较的基础。首先要抓住问题的主要矛盾，善于分析不同方案的特点，一般是对足以影响规划布局、起关键性作用的问题，提出不同的解决措施和规划方案；在广开思路的基础上，对需解决的问题有一个明确的指导思想，使提出的方案具有鲜明的特点。其次是必须从实际出发，设想的方案可以多种多样，但真正能够付诸实践、指导城市建设的方案必须结合实际，一切凭空的设想对于解决具体实际问题是无济于事的；此外，在编制各种方案时，既要广泛考虑上面有关的问题，又要对需要解决的问题有足够的深度，做到有粗有细，粗细结合。这样，经过反复推敲，逐步形成一个切合实际、行之有效的方案。

一般地讲，新城市的规划布局，由于受现状条件的限制比较少，通过各种不同的规划构思，分别采取不同的立足点和解决问题的条件与措施，可以做出不同的规划方案。

对于原有城镇，需要充分考虑现状条件，根据实际情况，针对主要问题，也同样可以做出多种规划方案来。

② 方案比较的内容

一般是对不同方案的各种条件用扼要的数据、文字说明来制成表格，以便于比较。通常考虑的比较内容有下列几项。

a. 地理位置及工程地质等条件：说明其地形、地下水位、地基承载力大小等情况。

b. 占地、动迁情况：各方案用地范围和占用耕地情况，需要动迁的户数以及占地后对农村的影响，拟采取那些补偿措施和费用。

c. 城市总体布局：城市用地选择与规划结构合理与否，城市各项主要用地之间的关系是否协调，在处理市区与郊区、近期与远景、新建与改建、需要与可能、局部与整体等关系中的优缺点。

d. 城市中心的选择：城市中心是城市活动的集聚点，我国正处于城市快速发展过程中，很多城市的中心规模、位置都在不断扩大或迁移。合理的城市中心位置应有利于城市活动的组织，有利于城市新旧区的开发和建设，也有利于城市风貌的形成。

e. 生产协作：工业用地的组织形式及其在城市布局中的特点，重点工厂的位置，工厂之间在原料、动力、交通运输、厂外工程生活区等方面的协作条件。

f. 交通运输：可从铁路、港口码头、机场、公路及市内交通干道等方面分析比较。铁路走向与城市用地布局的关系、旅客站与居住区的联系、货运站的设置及其与工业区的交通联系情况；港口码头适合水运的岸线使用情况、水陆联运条件、旅客站与居住区的联系、货运码头的设置及其与工业区的交通联系情况；机场与城市的交通联系情况，主要跑道走向和净空等方面的技术要求；过境交通对城市用地布局的影响，长途汽车站、燃料库、加油站位置的选择及其与市内主要干道的交通联系情况；城市道路系统是否明确和完善，居住区、工业区、仓库区、市中心，车站、货场、港口码头、机场，以及建筑材料基地等之间的联系是否方便、安全。

g. 环境保护：工业"三废"及噪声等对城市的污染程度，城市用地布局与自然环境的结合情况。

h. 居住用地组织：居住用地的选择和位置恰当与否，用地范围与合理组织居住用地之间的关系，各级公共建筑的配置情况。

i. 防洪、防震、人防等工程设施：比较各方案的用地是否有被洪水淹没的可能，防洪、防震、人防等工程方面所采取的措施，以及所需的资金和材料。

j. 市政工程及公用设施：给水、排水、电力、电信、供热、燃气以及其他工程设施的布置是否经济合理，包括水源地和水厂位置的选择、给水和排水管网系统的布置、污水处理及排入方案、变电站位置、高压线走廊及其长度等工程设施逐项进行比较。

k. 城市造价：估算各方案的近期造价和总投资。

上述各点应尽量做到文字条例清楚，数据准确明了，图纸形象深刻。同时要根据各城市的具体情况加以取舍，抓住重点，区别对待，经过充分讨论，提出综合意见。最后确定以某个方案为基础，吸取其他方案的优点再进一步修改、补充和提高。

③ 方案设计要点

据一般工作经验，在制定规划方案时，应注意以下几个方面：

a. 充分掌握城市发展的内部和外部因素与条件：城市发展的内部条件主要指城市自身的资源、自然条件及限制条件，如矿藏、物产、地形、地貌、用地等。运用这些条件，可以促进城市的发展，在城市布局时充分地利用与发掘这些条件。城市发展的外部条件主要指外部的环境及因素。如有的中小城市邻近大城市及中心城市，要考虑两者的关系对城市发展的影响。另外则是上级部门对本城市的要求，在大地区或经济区中，本城市所处的地位与作用，如有无新设厂矿、机构、设施，国家或地区计划对本城的影响。

b. 抓住城市建设发展中的主要矛盾：在进行城市规划方案时，要努力找出并抓住规划期间城市建设发展的主要矛盾，作为进行总体规划的构思。如为了充分发挥城市的主要职能，对以工业生产为主的生产城市，其规划布局应从工业布局入手；交通枢纽城市则应以有关交通运输的用地安排入手；风景游览城市应先考虑风景游览用地和旅游设施的布局等。不过一个城市往往是多职能的。因此要从综合分析中，分清主次，抓住主要矛盾。

c. 进行规划布局结构分析：制定规划方案，根据城市各组成要素总的构思，明确城市主导发展和次要发展的内容，用地的发展方向及相互关系，在此基础上勾画城市规划布局结构图，为城市的各主要组成部分（工业、仓库、对外交通运输、生活居住、市中心等各部分）的用地进行合理的组织和构思，规划道路是城市布局的框架结构，是简化了各种条件（城市各物质要素）、块块（城市各地区用地）之间的关系，可在宏观关系上进行协调与综合平衡，把城市组织成一个有机的整体。

（4）城市空间布局的艺术问题

城市的规划不仅要创造良好的生产、生活环境，而且应具有优美的形态结构。城市空间布局不仅仅是要考虑城市空间组织的功能要求，要以科学技术为基础，同时，空间布局也是一项艺术创造活动。而且，城市空间布局也是城市景观形成的一个重要层面。城市空间布局艺术是在满足城市功能要求的前提下，在自然条件基础上，根据城市政治社会需要对城市所进行的艺术加工。

① 城市总体布局艺术

城市总体布局艺术是指城市在总体布局上的艺术构思及其在城市总图骨架和空间布局上的体现。城市总体布局要充分考虑城市空间组织的艺术要求，对用地的地形地势、河湖水系、名胜古迹、绿化林木、有保留价值的建筑等组织到城市的总体布局之中，并根据城市的性质规模、现状条件、城市总体布局，形成城市建设艺术布局的基本构思，强调城市建设艺术的骨架。

充分利用好各个城市独特的自然环境，如高地、山丘、河湖、水域，将其作为总体布局的视线和活动焦点，创造出平原、山地和水乡等各种城市的特色。结合城市用地的客观条件，对城市主要建筑群体组合等提出某些设想，作为详细规划和城市设计时考虑问题的基础。

在详细规划和城市设计时，要根据总体布局的要求，进行城市空间的组合，河湖水面、高地山丘的利用，绿化和风景视线的考虑，以便能全面地实现总体布局的要求。

② 城市空间布局要充分体现城市美学

无论是城市的总体布局还是详细规划中的布置处理，都要体现城市美学的要求。城市之美是城市环境中自然美与人工美的综合，如建筑、道路、桥梁等的布置能很好地与山势、水面、林木相结合，能获得相得益彰的效果。

掌握城市自身特点，探索适宜于本城市性质和规模的城市艺术风貌。在不同规模的城市中，在整个城市的比例尺度上，如广场的大小，干道的宽窄，建筑的体量、层数、造型、色彩的选择以及其与广场、干道的比例关系等均应相互协调。城市美在一定程度上要反映城市尺度的匀称、功能与形式的统一。

同时，城市中的广场、道路、建筑、绿化林木等，均需要有一定的空间地域，没有适当的空间地域的组织，它们的美便难以展现。

③ 城市空间景观的组织

在城市空间布局时，还要考虑城市整体景观的艺术要求，以此反映城市整体美及其特色。在空间布局中要加强对城市中不同地区的建筑艺术的组织，通过城市活动空间的点、线、面的组合和城市建筑物与构筑物在形式、风格、色彩、尺度、空间组织等方面的协调，形成城市文脉结构、整体的空间肌理和组织的协调共生关系，完善城市中成片街区和小街小巷体现出来的最富有生活气息的城市艺术面貌。

城市中心艺术布局和干道艺术布局都是城市布局艺术的重点。前者反映了城市意象中的节点景观，后者反映的是一种通道景观。两者都是反映城市面貌和个性的重要因素，要结合城市自然条件和历史特点，运用各种城市布局艺术手段，创造出具有特色的城市中心和城市干道的艺术面貌。

要重视城市的外缘景观和城市的鸟瞰形象，前者是通过河流、铁路、公路或大桥时所看到的城市外貌，主要表现为城市轮廓线和城市概貌；后者是指从城市制高点上所见到的城市全貌，以此体现出城市布局艺术构图的特点。这两者都能反映出城市的整体美及其特色。

④ 城市轴线艺术

城市轴线是组织城市空间的重要手段。通过轴线，可以把城市空间布局组成一个有秩序的整体，在轴线上组织布置主要建筑群的广场和干道，使之具有严谨的空间规律关系。而城市轴线本身又是城市建筑艺术的集中体现，因为在城市轴线上往往都集中了城市中主要的建筑群和公共空间。城市轴线的艺术处理也是城市建筑艺术上着力描绘的精华所在，因而也最能反映出城市的性质和特色。

⑤ 继承历史传统，突出地方特色

在城市空间布局中，要充分考虑每个城市的历史传统和地方特色，创造独特的城市环境特色、建筑形象和文化氛围。

我国不少城市中留存至今的历史遗产，在城市空间布局时应尽量将它们保留下来，并组织到城市空间结构之中，使它们成为城市历史文脉的见证，成为城市艺术面貌的点睛之笔。充分保护好有历史文化价值的建筑、建筑群或文化古迹，并通过历史街区、地段的保护规划，使其融入城市新的空间环境之中。

在空间布局中要注意发扬地方建筑布局形式，反映地方文化特质。注意吸收与气候条件和地方材料相适应的地方建筑布局形式，如南方的骑楼、江南的河街相结合的布局形式等。对富有乡土味的、建筑质量比较好的、完整的旧街道与旧民居群，应尽量采取整片保留的方法，并加以认真的维修与改善，更新它们的内部设备。新建建筑，也应从传统的建筑中吸取精华，以保持地方特色。

城市用地布局结构确定以后就可以进行城市各个专项系统的规划。

(四) 城市总体规划的编制和审定

城市总体规划应由所在城市的人民政府负责编制。因为城市总体规划牵涉城市的各个方面，为了工作的方便，一般可成立编制领导机构，有负责城市建设的主要领导参加，以协调各方面的工作。

为了使城市规划编制工作有所依据，可以先提出城市总体规划纲要，其内容为城市基本概况，原则规定城市的性质、规模和发展方向、城市总体布局和各项建设发展的原则要求，一般也需经过专家评审。然后根据纲要再进行总体规划的编制。

城市总体规划编制完成后，要报送审批。直辖市的城市总体规划，由直辖市人民政府报国务院审批。

省和自治区人民政府所在地城市、国务院指定城市的总体规划，由所在地省、自治区人民政府审查同意后，报国务院审批。其他设市城市的总体规划，报省、自治区人民政府审批。县人民政府所在地镇的总体规划，报上一级人民政府审批，其中市管辖的县人民政府所在地镇的总体规划，报所在地市人民政府审批。其他建制镇的总体规划，报县（市）人民政府审批。

城市人民政府和县人民政府在向上级人民政府报请审批城市总体规划前，须经同级人民代表大会常务委员会审查同意。在报审前应依法将草案予以公告，采取论证会、听证会或者其他方式征求专家和公众的意见。

（五）城市总体规划方案评析

在过去几年考试的内容中，关于城市总体规划方案、城市用地布局方案的分析和综合评析的考题所占的分量是最重的。在2008~2019年总共70道大题中，城镇体系规划的题目为13道，约占19%。因此可以说，关于城市总体规划方案评析的复习和准备，是城市规划实务考试复习中的重要部分。

另外，由前述介绍内容可知，总体规划的编制工作复杂，涉及的方面很多，因此这一类试题与城镇体系规划类试题的相似之处是背景材料较多，信息较杂。大家在答题时一定要抓住要点，从题目中的各种信息中抓住真正有用的东西，而不要试图面面俱到，所有题目中表现出来的内容都想分析一番。答题要以问题为纲。

1. 例题八

题八图为某县级市城市总体规划中心城区用地布局规划方案。该市位于Ⅱ类气候区，

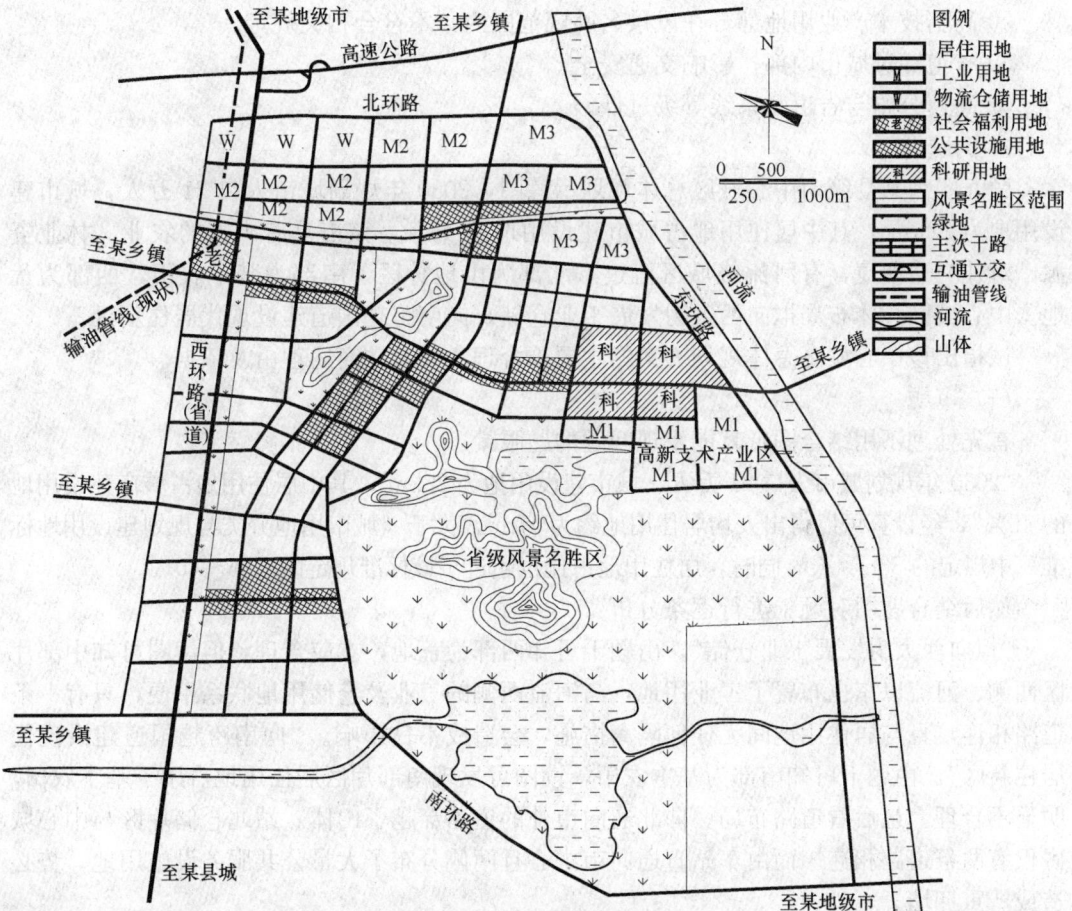

题八图　某城市总体规划示意图

规划人口 32 万人。现状人均城市建设用地 $103.5m^2$，规划人均城市建设用地为 $112m^2$。

试指出该总体规划方案的主要不当之处并说明理由。

（1）审题：

① 总规问题首先看指标，Ⅱ类气候区人均建设用地指标是一个得分点。

② 判定城市的主要经济联系方向和四周的地形要素，这对城市内部功能布局有决定性影响。

③ 具体问题具体分析，如输油管、风向等具体问题，分条答，覆盖得分点。

（2）参考答案：

① Ⅱ类气候区，现状人均用地 $103.5m^2$，规划应不超过 $110m^2$。

② 城市主导风向为西北、东南风，北侧工业用地在主导风向的上风向。

③ 北侧工业用地与周边居住和公共服务设施用地间无隔离。

④ 输油管线上不应设置社会福利、仓储或工业用地等城市用地。

⑤ 北、东、南均有发展阻隔，城市应向西发展，西环路应向更西处设置。

⑥ 作为连接某地级市与某县城的主要经济联系线，西环路沿线应设置更多的公共设施用地。

⑦ 科研用地与高新技术产业区应布置于城市西侧，与主要经济联系方向相吻合。

⑧ 高新技术产业用地部分在风景名胜区范围内，不符合相关规定。

⑨ 省道穿过城市内部，影响交通安全。

⑩ 高速公路与省道联系线等级过低。

2. 例题九

题九图为某县级市中心城区总体规划示意图，2030 年规划城市人口 21 万人，城市建设用地为 $22km^2$，其中居住用地占城市建设用地的 45%，该市具有丰富的农业、林业资源，对外交通便捷，有河流绕城区流过，北部为山地林区，南部为基本农田，西部为荒地。中心城区总体布局拟向西大力发展工业仓储，向南跨越国道建设现代居住新区。

试指出该中心城区总体规划方案的主要不合理之处，并简述理由及依据。

（1）审题

首先处理不用结合图纸就能发现问题的题眼：

"2030 年规划城市人口 21 万人，城市建设用地为 $22km^2$，其中居住用地占城市建设用地的 45%"，经计算可以得出人均居住用地约为 $47m^2$，大于《城市用地分类与规划建设用地标准》中规定的 $38m^2$/人。同时，居住用地占比也超过了该标准规定的25%~40%。

然后结合题图对题干进行逐条分析：

"拟向西大力发展工业仓储"，由题干可知西部为荒地，本应合理，但读图可知中部片区西侧、河流以东也布置了工业用地，与河流西侧的工业及仓储用地联系不便，只有一条道路相连，且与居住用地间无任何隔离措施，会造成不良影响。"向南跨越国道建设现代居住新区"，由题干可知南部为基本农田，读图可发现南部片区居住用地占用了基本农田，明显不合理。最后看道路布局。向北通向市外的道路穿越了山体。站北仓储片区与中心城区仅有两条道路相连。而由车站直通向市中心且两侧分布了大量公共服务设施用地，势必造成严重拥堵。

（2）参考答案

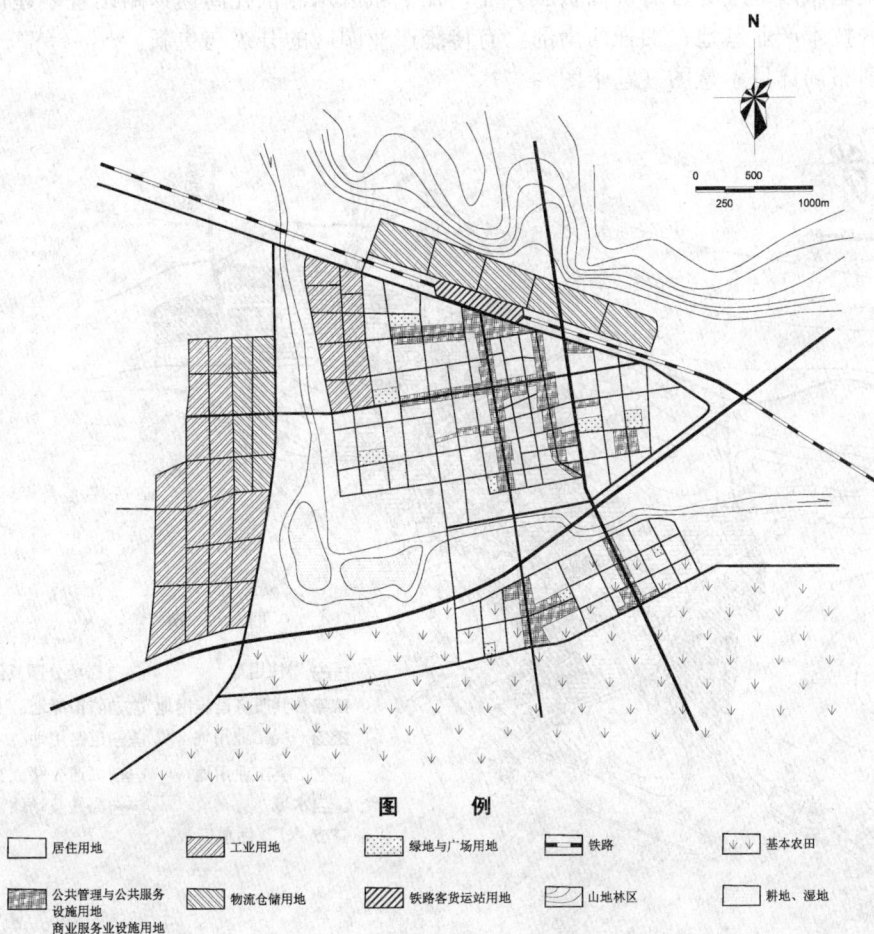

题九图

① 规划人均居住用地面积为 $47m^2$ 不合理，超出了标准规定的 $38m^2$ /人最大值；

② 规划居住用地占城市建设用地的 45% 不合理，超出了标准规定的 40% 最大值；

③ 中心片区西侧工业用地布局不合理，与居住用地之间无隔离，会对市民生活造成干扰，且与河流西侧的工业与仓储用地联系不便；

④ 南部规划的居住用地不合理，占用了基本农田；

⑤ 北部的对外联系道路走线不合理，直穿山体；

⑥ 西侧工业仓储片区与中心城区只有单条道路联系不合理，易造成钟摆式交通；

⑦ 车站向南主要道路直通市中心，且两侧布置了大量公共服务设施用地不合理，会造成严重拥堵。

3. 例题十

北方某县生态环境良好、资源丰富，随着高速公路、高速铁路的规划建设，为该县产业升级、发展商贸物流创造了条件。县城位于县域中部的山间盆地。2012 年底，县城常住人口 14.7 万人，城市建设用地 $15.6km^2$，人均建设用地 $106.1m^2$；经规划预测到 2030 年人口规模达 25 万人左右，建设用地为 $27km^2$，人均 $108m^2$。

县城老城区继续完善传统商贸服务业；在老城区东侧依托高速铁路站规划建设高铁新区及高铁技术产业基地；加强西南部已有传统产业园区的升级与更新。

规划布局详见示意图（题十图）。

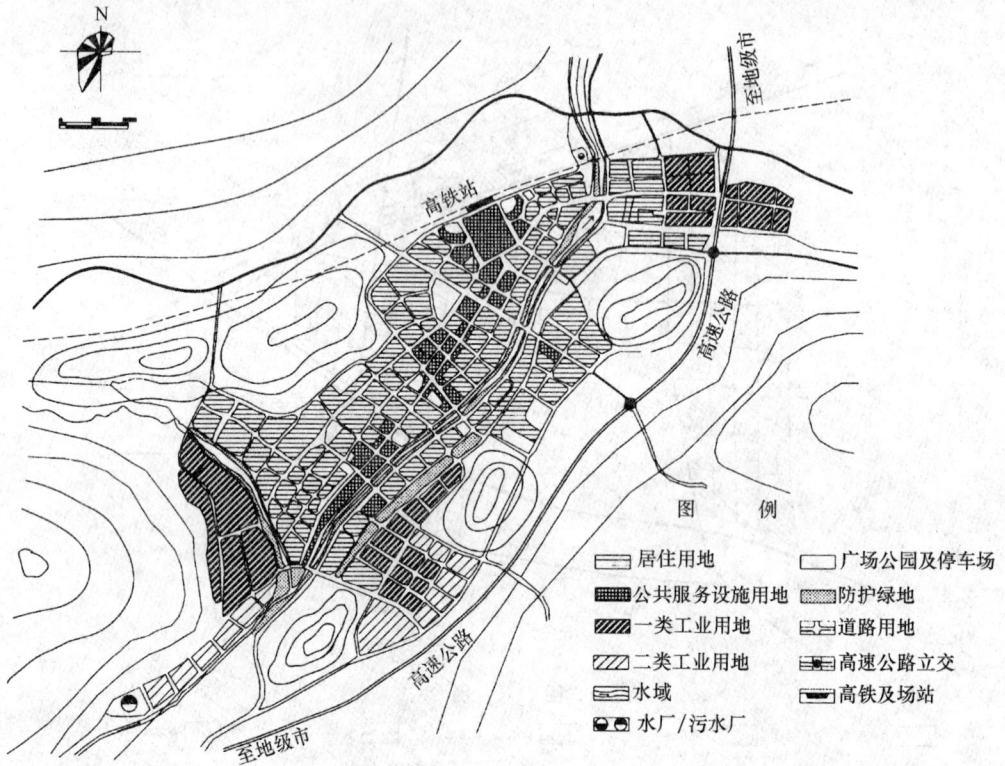

题十图

请指出该总体规划在城镇规模、规划布局、道路交通等方面存在的主要问题并阐明原因。

（1）审题

题目最后明确指出考查的是该总规方案在城镇规模、规划布局及道路交通方面存在的问题及原因，因此在答题时应从这三个方面分别进行针对性的回答。

在城镇规模方面，题目给出了地理区位、现状及规划人均建设用地规模。此时应回忆"用地标准"中关于建设用地人均指标的规划调整范围，对规划人均指标作出相应判断。

在规划布局方面，应对照题目给出的文字及图面要素——仔细审题。首先，题目开头给出了该县的发展背景是环境良好、资源丰富，且高速交通线已建设完毕，而后文又给出了县城各片区的主导产业，应审查各片区产业与背景是否有不恰当之处。此外，在图面要素上，还应注意风玫瑰、地形、工业及其他用地、水厂及河流流向、交通线与发展用地之间的关系，争取做到不丢项。

在道路交通方面，应重点注意道路系统结构、道路与地形、高速下口与城市道路的联系，道路间距、高铁线及广场布置是否有不当之处。

（2）参考答案

城市规模方面：

规划用地规模不符合规范要求。城市为北方城市，对应国家气候区划属Ⅰ、Ⅱ气候区，根据《城市用地分类与规划建设用地标准》（2011 版）中相关规定，现状人均城市建设用地在 105.1～115.0m² 之间的，根据规范允许调整的幅度为 −15.0～0.1m²。本规划由原来的 106m² 增加到 108m²，不减反增，不符合规划技术标准的规定。

人口规模由 14.7 万增长为 25 万，年均增长近 7%，没有论证理由，无法判断是否合理。

规划布局方面：

① 在城市南面还有建设发展余地的情况下，跨越高速公路发展东北角的城市建设用地不合理。

② 根据城市风玫瑰图，西南部二类工业地处山谷之中，且位于城市主导风向之上风向不合理，污染将影响城市生活。

③ 污水厂位于河流上游，水厂布置在河流下游，不合理。

④ 依托高铁建设高新技术基地不当，且规划用地性质不符合高新产业用地需求。县城无高校、科研机构，高铁站与高新产业无直接关系，规划用地上亦无符合要求用地匹配。

道路交通方面：

① 城市整体道路结构层级不清晰，级配不合理，干道密度低。

② 东南面城市干道部分路段穿越山体增加工程建设投资，不合理。

③ 居住区局部路网错位严重，形成许多丁字路口。

④ 高速公路进城道路等级太低不符合规定；高速公路进出城连接口两位置、间距设置不合理，南侧接口应往西南移动，北侧立交应设置于出入城干道和高速公路的交叉处。

⑤ 跨河道路等级、间距设置不合理。部分跨河道路等级低，且间距过小或过大。

⑥ 高铁站与广场被城市道路分割，易形成客流人员和城市交通的相互干扰。

4. 例题十一

某城市人口 25 万，中间高、四周低，南、西北侧均有河流通过，西侧有铁路客运站和货运站，南侧有一条一级公路（题十一图）。规划向南发展，并在铁路东西侧规划了工业用地和仓储用地，结合北侧水系规划湿地公园，并建有 15hm² 的广场用地。

请论述规划存在的问题，为什么？

（1）审题

题目第一句介绍了该市的人口规模、地形地势及主要交通要素。后一句介绍了规划设想。审题时应针对规划内容逐项对照图纸及现状情况进行审视，找出不恰当之处。例如城市向南发展是否有足够空间？工业用地及仓储用地是否布置恰当？湿地公园是否合适？15hm² 的广场是否适合 25 万现状人口的城市？此外，还应仔细审查图面上所出现的各项要素之间是否有矛盾。例如水厂与河流流向、车站与主城区联系、不同功能用地布局及占比等是否有明显问题。

（2）参考答案

① 规划向南发展不合理。南侧有一级公路、河流及基本农田限制，发展受限。

② 仓储用地布局不合理，应相对集中布置在货运站两侧；铁路两侧用地联系不便，

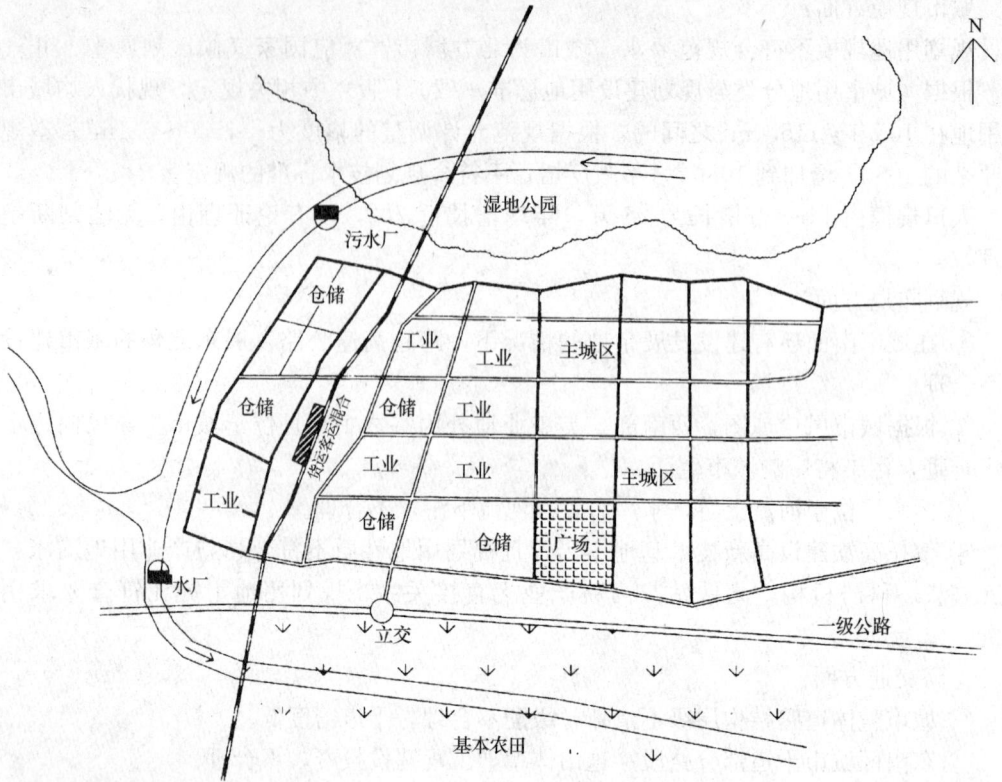

题十一图

应增加两侧用地交通联系。

③ 铁路客运站布置线路西侧，为主城区反向一侧，且与客流集中的主城区交通联系不便，为单一通道，不合理。

④ 15hm² 广场面积过大，不符合政策规范（建规〔2004〕29 号文件规定，小城市和镇不得超过 1hm²，中等城市不得超过 2hm²，大城市不得超过 3hm²）。广场偏置于城区南侧，不方便居民使用。

⑤ 不清楚该城市的气候区划及水文地质情况，规划建设大面积湿地公园没有可行性依据支撑。

⑥ 工业用地太大，超过了总用地的 30%。

⑦ 对于 25 万人的城市，铁路两侧控制用地太大，城市路网间距不合理，缺少支路，路网密度太低。

⑧ 污水处理和净水厂布置与河流流向相反，不合理，应相互对调。

5. 例题十二

A 市为某省一地级市，地处该省最发达地区与内陆山区的缓冲地带，是国家历史文化名城、水陆空交通枢纽，和临近的 B 市、C 市共同构成该省重要的城镇发展组群，经相关部门批准，目前要对 A 市现行总体规划进行修编。

试问，在新版城市总体规划编制过程中，分析研究 A 市城市性质时应考虑哪些主要因素？

（1）审题

该题没有图面内容，旨在考查考生对城市性质的理解。城市性质是指城市在一定地区、国家以至更大范围内的政治、经济与社会发展中所处的地位和担负的主要职能，由城市形成与发展的主导因素的特点所决定，由该因素组成的基本部门的主要职能所体现。城市性质应该体现城市的个性，反映其所在的区域的政治、经济、社会、地理、自然等因素特点。因此，城镇体系规划是确定城市性质的主要依据。

城市性质的定性分析一般从三方面入手：①起主导作用的行业（或部门）在全国或地区的地位和作用；②分析主要部门经济结构的主次，采用同一经济技术标准，从数量上分析其所占比重；③分析用地结构以用地所占比的大小表示。

题目给出了该市的地理位置、称号、交通以及与周边城市的关系等内容。在答题时除一一对应解答外还需适当补充城市性质的确定要素。

（2）参考答案

① 省域城镇体系规划对 A 市的职能分工定位和规模控制。

② 与 B、C 共同构成的城镇发展组群中 A 城市的职能分工和主导产业。

③ 作为省最发达地区及辐射内陆山区应承担的产业转移发展方向。

④ 分析作为水陆空交通枢纽的自身性质。

⑤ 考虑作为国家历史文化名城的特点。

⑥ 规划的城市规模、为市域服务的职能、产业发展重点等。

6. 例题十三

图（题十三图）为某县级市中心城区和总体规划示意图，规划人口为 36 万人，规划

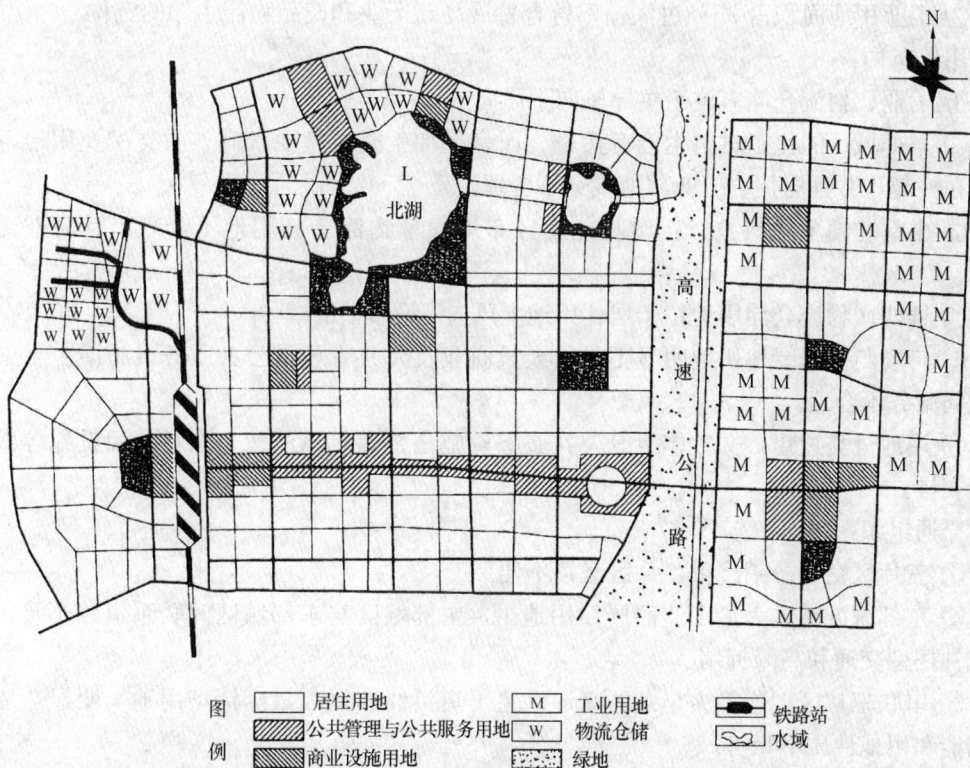

题十三图

城市建设用地面积为 43km²。该市确定为以发展高新技术产业和产品物流为主导的综合性城市，规划工业用地面积占总建设用地面积的 35%。铁路和高速公路将城区分为三大片区，即铁西区、中部城区、东部城区。铁西区主要规划为产品物流园区和居住区；中部城区包括老城区和围绕北湖规划建设的金融、科技、行政等多功能的新城；东部城区规划为高新化工材料生产、食品加工为主导的工业组团。

试问，该总体规划在用地规模、布局和交通组织方面存在哪些主要问题，为什么？

（1）审题

该题最后明确指出考查的是该方案在用地规模、布局和交通组织方面存在的问题，在答题时应一一作答。在用地规模方面，题目给出了规划人口、规划建设用地面积及工业用地比重。除需计算规划人均建设用地面积是否符合用地标准要求外，还应思考工业用地比重与规划主导产业是否匹配。在用地布局上，图面给出了风玫瑰，应注意工业与城市生活区的上、下风位置关系。同时，题目给出了三个片区的主要功能，应仔细检查其内部功能以及与其他片区功能的布局是否有矛盾之处。此外，题文中没有提到但图面却给出的要素也应仔细审视，例如绿地是否足够等。在交通组织方面，应重点检查片区之间的联系，以及与交通站场相关要素的布局是否合理。

（2）参考答案

用地规模：

① 规划人口 36 万人，城市建设用地 43km²，人均建设用地达 119m²，对照规范要求指标偏大。

② 工业用地面积占 35% 过大，不符合发展高新产业和产品物流主导的定位。

用地布局：

① 工业、物流仓储应位于主导风向下风向。

② 东部城区的化工材料生产有污染，而食品加工时环境要求高，两类工业用地不应布置在一起，并且居住、工业用地混杂不合理。

③ 中部北湖金融科技、行政功能新区布局大量物流仓储用地不合理，且对外交通不便。

④ 铁西区物流仓储用地位于居住用地上风向不合理。

⑤ 广场与公园绿地用地明显不足，大量商业及公共管理与公共服务设施沿主干道集中布局服务不合理。

⑥ 用地分类过粗，文教体卫等公共服务设施是否满足不清楚，未对公用设施等做出布局安排。

交通组织：

① 三片区交通分割严重，片区联系不便。

② 东部城区布置大量工业而居住用地少，中部城区与东部城区间联系道路不足，易造成钟摆型交通和高峰拥堵。

③ 串联三片区，连接火车站的交通性主干道沿线布局大量生活型用地，明显造成道路功能和用地性质不相符。

④ 大量商业及公共管理与公共服务设施沿主干道集中布局对交通造成影响。

7. 例题十四

某镇位于我国西部某大河沿岸，邻近国家重要的高山林业水源涵养区。该镇对外交通便捷、旅游资源丰富。作为传统的农业城镇，近年来在国家扶贫开发、生态移民、重点培育旅游服务基地等政策的支持下，经济社会发展迅速。该镇近期拟依托水电资源优势，发展电解铝等产业。

镇区 2009 年现状人口 2860 人，建设用地 49.2hm²，人均 172m²。规划预测到 2020 年人口达到 6000 人左右，建设用地为 89.4hm²，人均 149m²。镇区空间发展主要向东、西两翼拓展，规划布局简图如题十四图所示。

试指出该镇总体规划中在城镇规模、产业发展及其布局、道路、市政设施等方面存在的主要问题并阐明理由。

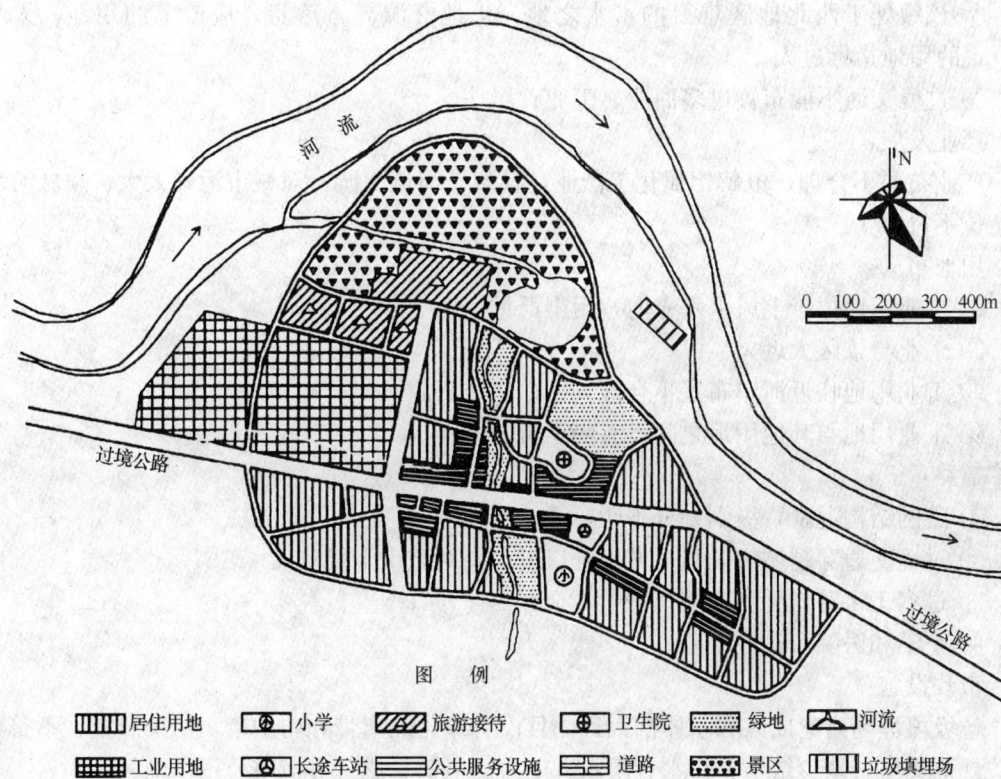

题十四图

（1）审题

该题目指出要考生从规模、产业及布局、道路、市政方面阐述规划方案的问题，涵盖内容较多，做题时要沉着下来一一应对。

在城镇规模方面，包括人口规模和用地规模两个范畴。人口规模上应结合题文中给出的城镇背景考查所给出的规划人口是否符合实际情况；用地规模上则应检查人均用地的变化是否符合用地标准的相关规定。

在产业发展及布局方面，题文指出规划以电解铝作为该镇重点发展方向。应比照前文给出的发展背景看其是否相符。同时还应从图面上观察其布局是否有违背专业常识之处。

例如应多注意与风玫瑰、景区、接待用地、岸线以及与其他图面及周边要素是否有明显矛盾。

在道路方面，应重点从路网系统的整体结构、通达性、主要交通线及其周边用地的关系等方面对图面要素进行仔细检查。

在市政设施方面，图面仅给出了垃圾填埋场的位置，除对其进行审查外，还应补充其他市政设施内容。

(2) 参考答案

城镇规模：

① 该镇处于水源保护区，一直执行生态移民政策，且是传统农业镇，11 年的时间，人口从 2800 多人增加到 6000，明显不合理。

② 该镇处于西北地区难得的富水之地，土地资源异常珍贵，应该节约用地，人均 149m² 的用地指标过大。

③ 过境交通不能布置过多商业、工业、居住。

产业发展：

产业布局不合理，电解铝属化工产业，且位于河流上游，对城市污染太大，与旅游城市定位不符。

用地布局：

① 工业用地位于上风上水方向，污染严重。

② 工业与景区太近。

③ 工业用地临近河岸布置不合理，占据岸线资源。

④ 工业用地与其他用地之间没有隔离带。

道路：

① 路网结构混乱，级别划分不明，系统性太差。

② 过境交通穿越城市，且对城市开口过多，对城市干扰较大。

③ 过多丁字路口和斜交路口。

④ 小学和医院可达性太差。

市政设施：

垃圾填埋场离建成区和水体都太近，且没有绿化隔离带和防护带，污染严重，不符合相关规范要求。缺少给水、污水、雨水、电力、电信、燃气等市政公用设施。

四、近期建设规划的编制

(一) 考试大纲的要求

大纲要求：掌握城市、镇近期建设规划方案的评析。

(二) 近期建设规划的有关要求

此次近期建设规划的内容列入了新的考试大纲，十分重要。2002 年 5 月国务院发出《国务院关于加强城乡规划监督管理的通知》，要求"行政区划调整的城市，应当及时修编城市总体规划和近期建设规划"、"城市规划区内的建设项目，都必须严格执行《中华人民共和国城市规划法》。各项建设的用地必须控制在国家批准的用地标准和年度土地利用计划的范围内。凡不符合上述要求的近期建设规划，必须重新修订"。2002年8月，建设部等九部委发出《关于贯彻落实〈国务院关于加强城乡规划监督管理的通知〉的通知》，要求抓紧编制和调整近期建设规划，并规定："自2003年7月1日起，凡未按要求编制和调整近期建设规划的，停止新申请建设项目的选址，项目不符合近期建设规划要求的，城乡规划部门不得核发选址意见书，计划部门不得批准建设项目建议书，国土资源主管部门不得受理建设用地申请。"随后，建设部发出《关于印发〈近期建设规划工作暂行办法〉、〈城市规划强制性内容暂行规定〉的通知》，对近期建设规划的编制和审批工作提出了较为详细的规定。

《城乡规划法》对近期建设规划的任务、内容和审批程序都作出了规定。目前全国各城市均按照国务院与住房和城乡建设部的要求，抓紧编制、调整近期建设规划。

（三）近期建设规划的编制

1. 近期建设规划的主要任务和内容

近期建设规划是落实城市总体规划的重要步骤，是城市近期建设项目安排的依据。

近期建设规划的基本任务是：根据城市总体规划、镇总体规划、土地利用总体规划和年度计划、国民经济和社会发展规划以及城镇的资源条件、自然环境、历史情况、现状特点，明确城镇建设的时序、发展方向和空间布局，自然资源、生态环境与历史文化遗产保护目标；提出城镇近期内重要基础设施和公共设施的建设时序和选址，保障性住房的布局和用地。

其具体内容是：依据总体规划，遵循优化功能布局，促进经济社会协调发展的原则，确定城市近期建设用地的空间分布，重点安排城市基础设施、公共服务设施用地和中低收入居民住房建设用地以及涉及生态环境保护的用地，确定经营性用地的区位和空间分布；确定近期建设的重要的对外交通设施、道路广场设施、市政公用设施、公共服务设施、公园绿地等项目的选址、规模，以及投资估算与实施时序；对历史文化遗产保护、环境保护、防灾等方面，提出规划要求和相应措施；依据近期建设规划的目标，确定城市近期建设用地的总量，明确新增建设用地和利用存量土地的数量。

2. 编制近期建设规划必须遵循的原则

（1）处理好近期建设与长远发展，经济发展与资源环境条件的关系，注重生态环境与历史文化遗产的保护，实施可持续发展战略。

（2）与城市国民经济和社会发展规划相协调，符合资源、环境、财力的实际条件，并能适应市场经济发展的要求。

（3）坚持为最广大的人民群众服务，维护公共利益，完善城市综合服务功能，改善人居环境。

（4）严格依据城市总体规划，不得违背总体规划的强制性内容。

3. 近期建设规划的期限

近期建设规划的期限为5年，原则上与城市国民经济和社会发展计划的年限一致。

城市人民政府依据近期建设规划，可以制定年度的规划实施方案，并组织实施。

4. 近期建设规划的内容

近期建设规划必须具备的内容分为两类：强制性内容和指导性内容。其中，强制性内容包括：

（1）确定城市近期建设重点和发展规模。

（2）依据城市近期建设重点和发展规模，确定城市近期发展区域。对规划年限内的城市建设用地总量、空间分布和实施时序等进行具体安排，并制定控制和引导城市发展的规定。

（3）根据城市近期建设重点，提出对历史文化名城、历史文化保护区、风景名胜区等相应的保护措施。

指导性内容包括：

（1）根据城市建设近期重点，提出机场、铁路、港口、高速公路等对外交通设施，城市主干道、轨道交通、大型停车场等城市交通设施，自来水厂、污水处理厂、变电站、垃圾处理厂以及相应的管网等市政公用设施的选址、规模和实施时序的意见。

（2）根据城市近期建设重点，提出文化、教育、体育等重要公共服务设施的选址和实施时序。

（3）提出城市河湖水系、城市绿化、城市广场等的治理和建设意见。

（4）提出近期城市环境综合治理措施。

城市人民政府可以根据本地区的实际情况，决定增加近期建设规划中的指导性内容。

近期建设规划成果包括规划文本，以及必要的图纸和说明。

（四）近期建设规划的审批和执行

城乡规划主管部门负责组织编制，经专家进行论证后报城市人民政府审批。城市人民政府批准近期建设规划前，必须征求同级人民代表大会常务委员会意见。

批准后的近期建设规划应当报总体规划审批机关备案，其中国务院审批总体规划的城市，报全国城乡主管部门备案。

城市人民政府应当通过一定的传媒和固定的展示方式，将批准后的近期建设规划向社会公布。

近期建设规划一经批准，任何单位和个人不得擅自变更。

城市人民政府调整近期建设规划，涉及强制性内容的，必须按照规定的程序进行。

调整后的近期建设规划，应当重新向社会公布。

城乡规划主管部门向规划设计单位和建设单位提供规划条件，审查建设项目，核发建设项目选址意见书、建设用地规划许可证、建设工程规划许可证，必须符合近期建设规划。城市人民政府应当建立行政检查制度和社会监督机制，加强对近期建设规划实施的监管，保证规划的实施。

五、控制性详细规划编制

（一）考试大纲的要求

考试大纲要求：掌握城市、镇控制性详细规划方案的评析。

详细规划分为控制性详细规划和修建性详细规划两个层面，控制性详细规划主要为规划管理和修建性详细规划的编制提供控制依据；修建性详细规划主要为单体建筑的设计和道路、管线的实施提供控制依据。

（二）控制性详细规划的作用和地位

《城乡规划法》要求，控制性详细规划应覆盖城市总体规划期限内确定的建设用地。控制性详细规划是近年来出现的，反映了我国城市规划理论及实践的变革。控制性详细规划代表了一种新的规划理念，表明城市规划的作用从终极形态管理走向建立过程机制；并通过对地块和基础设施的定性、定量的控制要求，加强了城市规划的法制化。城市规划是立足于城市的发展，是向着预定的规划目标不断渐进的决策过程。其次，与以形体设计为特征的传统修建性详细规划相比，它还代表了一种新的技术手段，也是规划管理上的一大进步。具体地说，它在规划过程中起到的作用如下。

1. 深化总体规划、指导修建性详细规划

在整个城市规划的体系中，控制性详细规划具有特殊的地位。其上有总体规划（包括分区规划），其下有修建性详细规划。总体规划是一定时期内城市发展的整体战略框架，由于它描绘的是城市在未来某个时间的理想状态，规划期限往往较长，是一种粗线条的框架规划。而我国一直处于一种高速增长的发展态势中，面临的不可预测因素很多，因此总体规划很大程度上不能够适应发展的形势需要，需要有下一层次的规划将其深化，并且缩短编制周期、滚动编制，才能真正发挥作用，指导城市建设。修建性详细规划是对小范围内城市开发建设活动进行总平面布局和空间形体组织，需要上一层次的规划对用地性质和开发强度进行控制，对开发模式和城市景观进行引导。因此，控制性详细规划是两者之间有效的过渡与衔接，起到深化前者和控制后者的作用，确保规划体系的完善和连续。

2. 管理的依据、建设的引导

城市规划编制与规划实施工作相脱节制约了城市规划对城市发展的调控和引导作用。加强城市规划管理要从两方面入手：一方面是健全规划管理法制化制度，提高规划管理人员专业素养和职业道德；另一方面即提供事先确定的、公开的、适当的城市规划作为管理的依据和建设的指导。由于控制性详细规划的层次、深度适宜，同时又是采用规划管理语言表述规划的原则和目标，因此它是规划管理的科学依据和城市建设的有效指导。控制什么，怎么控制都有章可循，避免了主观性和盲目性。同时，控制性详细规划自身的法律效力及其相应公平的长期实行，使规划管理的权威性得到了充分保证。它提供的依据和指导将保证规划原则的具体实行，使不同的机构、组织和个人能够获得理想和协调的整体框架，从而有利于社会整体的持续发展。

3. 建设发展政策的载体

建设发展政策是一定时期内为实现城市建设发展的某种目标而采取的特别措施，相对于城市规划原则来说，建设发展政策更为现实，针对性也更强。

控制性详细规划的编制和实施过程中都包含着诸如城市产业结构、城市用地结构、城市人口空间分布、城市环境保护、鼓励开发建设等各方面广泛的建设发展政策的内容。例如，适当放宽规划地区土地使用强度控制，可以更多地吸引开发者的投资意向，从而带动地区发展；而对开发建设项目的多种选择，则可以实现城市产业结构的合理调整。

作为建设发展政策的载体，控制性详细规划通过传达城市公共政策方面的信息，在引导城市社会、经济、环境协调发展方面具有综合能力。市场运作过程中各类经济组织和个

人可以通过规划所提供的政策以及社会经过充分协调的关于城市未来发展的政策和相关信息来消除这些组织在决策时所面对的未来不确定性，从而促进资源的有效配置和合理利用。

（三）控制性详细规划的内容

控制性详细规划的主要任务是：以总体规划或分区规划为依据，详细规定建设用地的各项控制性指标和其他规划管理要求，强化规划的控制功能，并指导修建性详细规划的编制。具体地说，控制性详细规划的内容有以下几点。

（1）确定规划范围内不同性质用地的界线，确定各类用地内适建，不适建或者有条件地允许建设的建筑类型。

（2）确定各地块建筑高度、建筑密度、容积率、绿地率等控制指标；确定公共设施配套要求、交通出入口方位、停车泊位、建筑后退红线距离等要求。

（3）提出各地块的建筑体量、体型、色彩等城市设计指导原则。

（4）根据交通需求分析，确定地块出入口位置、停车泊位、公共交通场站用地范围和站点位置、步行交通以及其他交通设施。规定各级道路的红线、断面、交叉口形式及渠化措施、控制点坐标和标高。

（5）根据规划建设容量，确定市政工程管线位置、管径和工程设施的用地界线，进行管线综合。确定地下空间开发利用具体要求。

（6）划定规划范围内的"六线"位置和范围。

（7）制定相应的土地使用与建筑管理规定。

（四）控制性详细规划的编制方法

1. 基础资料的收集

控制性详细规划至少应收集以下基础资料：

（1）已经批准的城市总体规划及分区规划对本规划地段的规划要求，相邻地段已批准的规划资料。

（2）土地利用现状资料，包括准确反映近期现状的地形图（1/2000～1/1000），规划范围内划拨用地、已批在建用地，现有重要公共设施、城市基础设施、重要企事业单位、历史保护、风景名胜等资料。

（3）规划范围内人口详细资料，包括人口密度、人口分布、人口构成等。

（4）道路交通现状资料及相关规划资料，包括道路定线、交通设施、公共交通、步行交通等。

（5）建筑物现状，包括房屋用途、产权、建筑面积、层数、建筑质量、保留建筑等。

（6）公共设施规模及分布。

（7）市政工程设施及管网现状。

（8）公共安全及地下空间利用现状资料。

（9）土地经济分析资料，包括地价等级类型、土地级差效益、有偿使用状况、地价变化、开发方式等。

（10）所在城市及地区历史文化传统、建筑特色等资料。

2. 控制性详细规划的用地分类和地块划分

控制性详细规划的用地按照《城市用地分类及规划建设用地标准》GB 50137—2011

进行分类。控制性详细规划的地块划分可按规划和管理的需要分划为区、片、块几级，块是控制性详细规划的基本单元，其划分的原则为：

（1）应保证地块性质单一，避免不相容使用性质用地之间的干扰。

（2）严格遵守城市总体规划或分区规划及其他专业规划的要求。

（3）尊重现有用地产权或使用权边界。

（4）考虑土地价值的区位级差。

（5）兼顾基层行政管辖界线，便于现状资料的收集与统计。

地块划分可根据开发方式和管理变化，在规划实施中进一步重组（块合并成大块或细分为小块）。

地块划分规模可按新区和旧城改建区两类区别对待，新区的地块规模可划分得大些，面积控制在 $0.5\sim3hm^2$，旧城改建区地块可在 $0.05\sim1hm^2$。

3. 控制性详细规划的控制体系

控制性详细规划的控制体系的内容可分为以下几类。

（1）用地控制指标：用地性质、用地面积、土地使用兼容性规定。

（2）环境容量控制指标：容积率、建筑密度、绿地率、人口容量。

（3）建筑形态控制指标：建筑高度、建筑间距、建筑后退红线距离、沿路建筑高度、相邻地段的建筑规定。

（4）交通控制内容：交通出入口方位、停车位。

（5）环境保护和其他控制要求：环境保护规定、六线控制、竖向设计、城市安全综合防灾、地下空间综合利用、相关奖励与补偿的引导控制等。

（6）城市设计引导及控制：对城市重要地段的地块，需对地块内建筑的形式、色彩、体量、风格提出设计要求。

（7）配套设施控制：生活服务设施布置，市政公用设施、交通设施和管理要求。

在以上控制内容中的前五项属地块控制指标可分为规定性和指导性两类。规定性指标是必须严格遵照的指标；指导性指标是参照执行的指标，其目标是贯彻发展规划和开发控制的意图，将控制要素具体为布局引导。为修建性详细规划与建筑设计提供依据，引导城市建议有序进行。

地块规定性指标一般为以下各项。

（1）用地性质：规划用地的使用功能，可根据用地分类标准进行标注。

（2）用地面积：规划地块划定的面积。

（3）土地使用兼容：即确定主导用地属性，在其中规定可以兼容、有条件兼容、不允许兼容的设施类型，一般通过用地与建筑兼容表实施控制。

（4）建筑密度：即规划地块内各类建筑基底占地面积与地块面积之比，通常以上限控制。

（5）建筑控制高度：即由室外明沟面或散水坡面测量至建筑物主体最高点的垂直距离。

（6）建筑红线后退距离：即建筑相对于规划内道路红线后退的距离，通常以下限控制。

（7）容积率：即规划地块内各类建筑总面积与地块面积之比。容积率可根据需要制定上限和下限。容积率下限保证地块开发的效益，可综合考虑征地价格与建筑租金的关系，根据不同的用地性质来决定，防止无效益或低效益开发造成的土地浪费。容积率上限防止过度开发带来的城市基础设置超负荷运行。

（8）绿地率：规划地块内各类绿地面积的总和占规划地块面积的比率。通常以下限控制。这里的绿地包括公共绿地、宅旁绿地、公共服务设施所属绿地（道路红线内的绿地），不包括屋顶、露台的人工绿地，公共绿地内占地面积不大于1％的雕塑、水池、亭榭等绿化小品建筑可视为绿地。

（9）交通出入口方位：规划地块内允许设置出入口的方向和位置。具体可分为以下几个指标：机动车出入口方位：尽量避免在城市主要道路上设置车辆入口，一般情况下，每个地块应设1~2个出入口；禁止机动车开口地段：为保证规划区交通系统的高效安全运行，对一些地段禁止机动车开口，如主要道路的交叉口附近和商业步行街等特殊地段；主要人流出入口方位：为了实现高效、安全和舒适的交通体系，可能会有必要将人车进行分流，为此规定主要人流出入口方位。

（10）停车泊位及其他需要配置的公共设施。停车泊位指地块内应配置的停车车位数，通常按下限控制。其他设计的配置包括：居住区服务设施（中小学、幼托、居住区级公建），环卫设施（垃圾转运站、公共厕所），电力设施（变电站、配电所），电信设施（电话局、邮政局），燃气设施（煤气调气站）。

指导性指标一般为以下各项：

（1）人口容量：即规划地块内部每公顷用地的居住人口数，通常以上限控制。

（2）建筑形式、体量、色彩、风格要求：对规划区重点地段的建筑形体和布局应进行特别控制，（包括广场控制线、绿地控制线、裙房建筑控制线、主体建筑控制线、建筑架空控制线、建筑高度控制范围、建筑颜色等具体指标）。

（3）其他环境要求。

（五）控制性详细规划的成果要求

控制性详细规划成果包括规划文本、图件和附件。图件由图纸和图则两部分组成，规划说明、基础资料汇编和研究报告收入附件。

1. 文本内容

控制性详细规划的文本应包括土地使用与建设管理细则，以条文形式重点反映规划地段各类用地控制和管理原则及技术规定，经批准后纳入规划管理法规体系。具体内容如下：

（1）总则：制定规划的目的、依据及原则，主管部门和管理权限。

（2）各地块划分及规划控制的原则和要求。

（3）各地块使用性质划分和适建要求（适建、不适建、有条件适建建筑类型）。

（4）各地块控制指标一览表。

（5）建筑物后退红线距离的规定。

（6）相邻地段的建筑规定。

（7）公共设施、市政公用设施、交通设施的配置和管理要求。

（8）其他通用性规定：六线的控制以及一般管理规定，历史文化保护要求及一般管理规定；竖向设计以及一般管理规定，地下空间利用要求及一般管理规定等。

（9）城市设计系统控制与引导。

（10）奖励和惩罚。

（11）附则和附表。

2. 图纸内容（图纸比例为 1/2000～1/1000）

（1）规划图纸

① 位置图：反映规划范围及位置，与城市重要功能片区、组团之间的区位关系，周围城市道路走向，毗邻用地关系等。

② 用地现状图：土地利用现状，建筑物现状、人口分布现状、市政公用设施现状（必要时可分别绘制）。

③ 用地规划图：规划各类用地的界线，规划用地的分类和性质、道路网布局，公共设施位置。

④ 地块指标控制图：用表格形式标出地块编号、地块面积、用地性质、主要出入口方位、建筑密度、容积率及地块内有特殊需要的控制指标。

⑤ 道路交通及竖向规划图：确定道路走向、线型、横断面，各支路交叉口坐标、标高，停车场和其他交通设施位置及用地界线，各地块室外地坪规划标高，必要时可分别绘制。

⑥ 绿地景观规划图：标明不同等级和功能的绿地、开敞空间、公共空间、视廊、景观节点、特色风貌区、景观边界、地标、景观要素控制等内容。

⑦ 六线控制图：根据相关标准与规范绘制红线、绿线、紫线、蓝线、黄线等控制界线总图。

⑧ 工程管网规划图：各类工程管网平面位置、管径、控制点坐标和标高，必要时可分别绘制，分为给排水、电力电信、燃气、管线综合等。

⑨ 地块划分图：标明地块划分具体界线和地块编号（和文本中控制指标相对应）。标高内容可视具体情况区别对待，旧城改造区可不设此项内容。

⑩ 其他相关规划图纸：根据具体项目要求和控制必要性，可增绘其他相关规划图纸，如开发强度区划图、建筑高度区划图、历史保护规划图、竖向规划图、地下空间利用规划图等。

（2）分图图则：规划范围内针对街坊或地块分别绘制的规划控制图则，应全面系统地反映规划控制内容，并明确区分强制性内容。分图图则的图幅大小、格式、内容深度、表达方式应尽量保持一致。

3. 附件

（1）规划说明书：对规划背景、规划依据、原则与指导思想、工作方法与技术路线、现状分析与结论、规划构思、规划设计要点、规划实施建议等内容做系统详尽的阐述。

（2）相关专题研究报告：针对规划重点问题、重点区段、重点专项进行必要的专题分析，提出解决问题的思路、方法和建议，并形成专题研究报告。

（3）相关分析图纸：规划分析、构思、设计过程中必要的分析图纸，比例不限。

（4）基础资料汇编：规划编制过程中所采用的基础资料整理与汇总。

4. 用地分类和代号

控制性详细规划城市用地分类和代号，可以以《城市用地分类及规划建设用地标准》

GB 50137—2011 中的中类为主，局部特殊情况以中类为辅。

（六）控制性详细规划的计算规则

各地对于控制性详细规划的有些控制指标的解释不尽相同，以下内容仅供参考。

1. 建筑占地面积

建筑占地面积为建筑物的垂直投影面积，但不包括雨篷、外挑阳台、檐口、连接两座建筑物的架空通道、玻璃拱顶下的天井、室外楼梯或坡道和街坊内连接建筑物之间的过街楼，以及仅一面有围护结构、面积大于基地空地面积（即基地面积减建筑占地面积）10％的基地附属建筑面积。

2. 建筑总面积

建筑总面积的计算应按照《建筑工程建筑面积计算规范》GB/T 50353—2013 的规定进行计算，但不包括围护结构净高在 1.20m 以下的部位，以及：与建筑物内不相连通的建筑部件；骑楼、过街楼底层的开放公共空间和建筑物通道；舞台及后台悬挂幕布和布景的天桥、挑台等；露台、露天游泳池、花架、屋顶的水箱及装饰性结构构件；建筑物内的操作平台、上料平台、安装箱和罐体的平台；勒脚、附墙柱、垛、台阶、墙面抹灰、装饰面、镶贴块料面层、装饰性幕墙，主体结构外的空调室外机搁板（箱）、构件、配件，挑出宽度在 2.10m 以下的无柱雨篷和顶盖高度达到或超过两个楼层的无柱雨篷；窗台与室内地面高差在 0.45m 以下且结构净高在 2.10m 以下的凸（飘）窗，窗台与室内地面高差在 0.45m 及以上的凸（飘）窗；室外爬梯、室外专用消防钢楼梯；无围护结构的观光电梯；建筑物以外的地下人防通道，独立的烟囱、烟道、地沟、油（水）罐、气柜、水塔、贮油（水）池、贮仓、栈桥等构筑物。

3. 建筑高度

在核算建筑间距时，建筑高度按以下规定计算：①平屋面算至女儿墙顶，无女儿墙算至檐口，面积小于标准层面积 10％的屋顶附属建筑物高度不计；②坡屋面坡度不大于 35°时，高度算至檐口；大于 35°时，屋脊线平行于相关建筑的算至屋脊线，垂直于相关建筑的算至山墙斜坡高度的中点。

六、修建性详细规划编制及方案评析

修建性详细规划的对象是城市中功能比较明确和地域空间相对完整的区域。按功能可以分为居住区、工业区和商贸区修建性详细规划等。修建性详细规划以上一个层次规划为依据，将城市建设的各项物质要素在当前拟建设开发的地区进行空间布置。

（一）考试大纲的要求

考试大纲的要求主要包括如下两个方面：

1. 掌握修建性详细规划方案的评析

因城市居住区的修建性详细规划内容较为重要，我们在后面单列一节专门讲述。

2. 修建性详细规划

修建性详细规划主要包括如下 7 个方面内容：

（1）建设条件分析和综合技术经济论证；

（2）建筑和绿地的空间布局、景观规划设计，布置总平面图；

（3）道路系统规划设计；

（4）绿地系统规划设计；

（5）工程管线规划设计；

（6）竖向规划设计；

（7）估算工程量、拆迁量和总造价，分析投资效益。

（二）修建性详细规划的编制方法

1. 收集资料

除控制性详细规划的基础资料外，还应增加控制性详细规划对本规划地段的要求，工程地质、水文地质等资料，各类建设工程造价等资料。

2. 方案比较

对多个方案进行平面布局、工程技术、空间安排、经济性等方面的比较。

3. 成果制作

将文本、图纸等编绘、整理、制作。

（三）修建性详细规划的成果

1. 规划说明书

（1）现状条件分析；

（2）规划原则和总体构思；

（3）用地布局；

（4）空间组织和景观特色要求；

（5）道路和绿地系统规划；

（6）各项专业工程规划及管网综合；

（7）竖向规划；

（8）主要技术经济指标，一般应包括以下各项：总用地面积、总建筑面积、住宅建筑总面积、平均层数、容积率、建筑密度、绿地率；

（9）工程量及投资估算。

2. 图纸

（1）规划地段位置图：标明规划地段在城市的位置以及和周围地区的关系。

（2）规划地段现状图：标明自然地形地貌、道路、绿化、工程管线及各类用地和建筑的范围、性质、层数、质量等，图纸比例为 1/2000～1/500。

（3）规划总平面图：标明地形地貌、规划道路、绿化布置及各类用地的范围和建筑的轮廓线、用途、层数等，图纸比例为 1/2000～1/500。

（4）道路交通规划图：标明道路控制点坐标，道路断面、交通设施，图纸比例为 1/2000～1/500。

（5）竖向规划图：用等高线法或标注法表示规划后的地形地貌等，图纸比例为 1/2000～1/500。

（6）市政设施规划图：标明市政设施的走向、容量、位置，相关设施和用地，图纸比例为 1/2000～1/500。

（7）绿化景观规划图：标明植物配置的种类、景点的名称，图纸比例为 1/2000～1/500。

（8）表达规划意图的透视图或鸟瞰图。

（四）修建性详细规划方案评析

1. 例题十五

根据相关规划，某大城市在市郊的地铁站点附近选址新建一处以汽车客运站（一级）为主的客运枢纽。客运站用地临近城市主干路，主要承担长途和城乡客运，客运站旅客到发以轨道和地面公交出行方式为主；枢纽规划要求配置公交停靠站、出租车上（下）客区和社会车辆停放场地等各类换乘设施。

枢纽规划布局方案如题十五图所示。

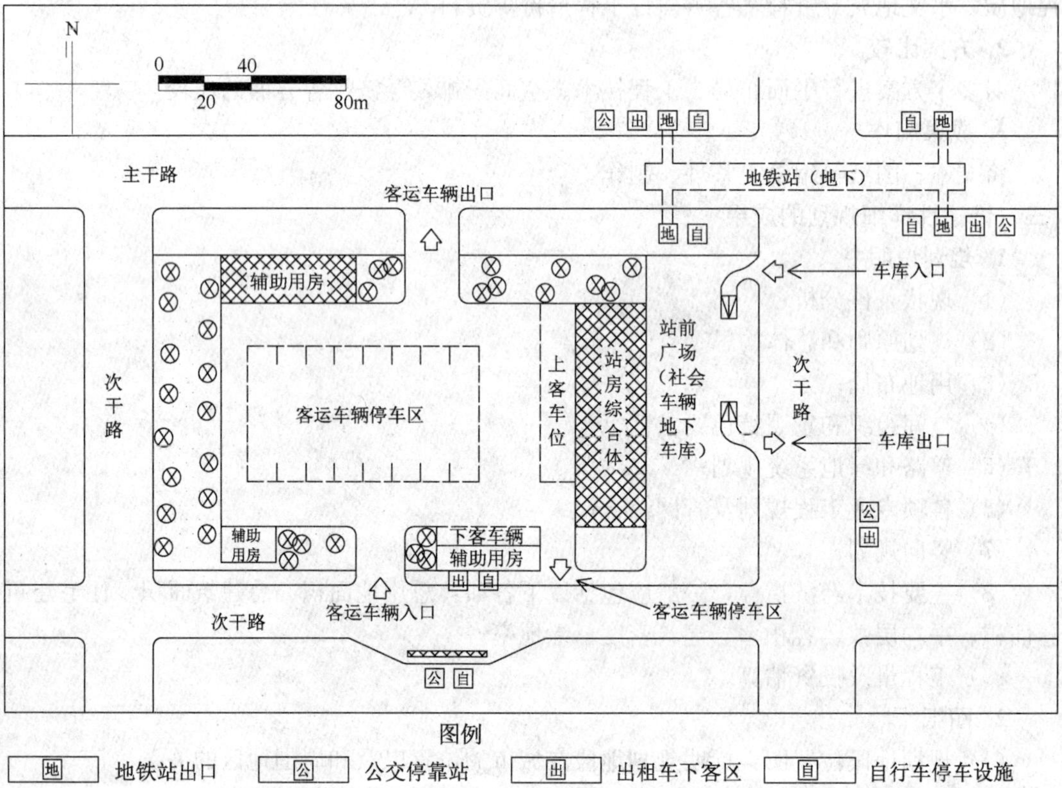

题十五图　某城市客运枢纽规划布局方案图

试指出该客运枢纽方案存在的不足之处（不涉及道路交通标志、信号控制、渠化设计、标线和周边用地出入交通等内容）。

（1）审题：

① 客运枢纽的规划重点在于换乘是否便捷，对周边区域的交通负面影响是否为最低。

② 题目给的影响因素不多，把地铁、公交车停靠站、出租车下客区、站前广场和社会车辆出入口等要素均涵盖到即可。

（2）参考答案：

① 客运车辆出口应设置在次干路。

② 旅客出站口不应布置在南侧，应与地铁靠近，方便换乘。

③ 公交车停靠站、出租车下客区应与站前广场和社会车辆出入口合并设置。

④ 客运车辆入口处不应设置出租车下客区，容易造成拥堵。

⑤ 地下车库出入口不应设置在站前广场，影响安全。

⑥ 公交站和出租车下客区应布置在东侧次干路。

2. 例题十六

某晚清时期著名私家宅院，坐落于省会城市的中心区，占地约 5hm²。宅院的花园部分，采用巧妙的虚实组合的手法，使远处古塔成为园林的借景。目前，该私家宅院周边还分布着一些传统建筑。现省人民政府根据该宅院的历史文化价值及现状保存情况已将其公布为省级文物保护单位。根据《文物法》要求，应对其划定必要的保护范围与建设控制地带。

划定该私家宅院保护范围与建设控制地带时需要考虑哪些内容？

（1）审题：

本题初看没有头绪，但实际却仅考查的是风貌保护的基本控制要素。

（2）参考答案：

划定保护范围应考虑以下内容：

① 需要划入本私家宅院；

② 划入周边传统建筑；

③ 划入与宅院形成视线通廊的古塔及建筑；

④ 划入与宅院能够形成整体风貌的相关自然景观。

划定建设控制地带应考虑以下内容：

① 控制宅院周边建筑的用途、高度、体量、色彩及形式；

② 控制视线通廊上建筑的用途、高度、体量、色彩及形式；

③ 控制保护周边与宅院相协调的自然景观；

④ 控制能够影响宅院整体风貌的其他要素。

七、城市居住区详细规划编制及方案评析

（一）考试大纲的要求

考试大纲的要求是：

（1）掌握修建性详细规划方案的评析；

（2）掌握建设项目总平面图的评析。

（二）居住区详细规划的任务和内容

1. 居住区详细规划的任务

居住区详细规划的任务是创造一个满足日常物质和文化生活需要的舒适、方便、卫生、安宁和优美的环境。在居住区内，除了布置住宅外，还须布置居民日常生活所需的各类公共服务设施、绿地和活动场地、道路广场、市政工程设施等。城市居住区规划设计应遵循创新、协调、绿色、开放、共享的发展理念，营造安全、卫生、方便、舒适、美丽、和谐以及多样化的居住生活环境。

居住区详细规划应符合城市总体规划及控制性详细规划，在符合所在地气候特点与环

境条件、经济社会发展水平和文化习俗的情况下遵循统一规划、合理布局，节约土地、因地制宜，配套建设、综合开发的原则，为老年人、儿童、残疾人的生活和社会活动提供便利的条件和场所。同时，规划应延续城市的历史文脉、保护历史文化遗产并与传统风貌相协调，采用低影响开发的建设方式，并应采取有效措施促进雨水的自然积存、自然渗透与自然净化。此外，还应符合城市设计对公共空间、建筑群体、园林景观、市政等环境设施的有关控制要求。

(1) 使用要求

为居民创造生活方便的居住环境是居住区规划最基本的要求。居民的使用要求是多方面的，例如为适应住户家庭不同的人口组成和气候特点，选择合适的住宅类型；为了满足居民生活的多种需要，必须合理确定公共服务设施的项目、规模及其分布方式，合理地组织居民室外活动场地、绿地和居住区的内外交通等。

(2) 卫生要求

为居民创造卫生、安静的居住环境，要求居住区有良好的日照、通风等条件，以及防止噪声的干扰和空气的污染等。

(3) 安全要求

为居民创造一个安全的居住环境。居住区规划除保证居民在正常情况下，生活能有条不紊地进行外，同时也要考虑防范那些可能引起灾害发生的特殊和非常情况，如火灾、地震等。

(4) 经济要求

居住区的规划与建设应与国家经济发展水平、居民的生活水平相适应，也就是说在确定住宅的标准，公共建筑的规模、项目等均需考虑当时当地的建设投资及居民的经济状况。

(5) 施工要求

居住区的规划设计应有利于施工的组织与经营。特别是当成片居住区进行施工时，更应注意各建设项目的布置适应施工要求和建设程序。

(6) 美观要求

要为居民创造一个优美的居住环境。居住区是城市中建设量最多的项目，因此它的规划与建设对城市的面貌起着很大的影响。在一些老城市，旧居住区的改建已成为改善城市面貌的一个重要内容。一个优美的居住环境的形成不仅取决于住宅和公共建筑的设计，更重要的取决于建筑群体的组合，建筑群体与环境的结合。

2. 居住区详细规划的内容

居住区详细规划主要包括如下 9 方面内容：

(1) 选择、确定用地位置、范围（包括改建范围）；

(2) 确定规模，即人口数量和用地的大小（或根据必建地区的用地大小来决定人口的数量）；

(3) 拟定居住建筑类型、层数比例、数量、布置方式；

(4) 拟定公共服务设施的内容、规模、数量（包括建筑和用地）、分布和布置方式；

(5) 拟定各级道路的宽度、断面形式、布置方式；

(6) 拟定公共绿地的数量、分布和布置方式；

(7) 拟定有关的工程规划设计方案；

（8）拟定各项技术经济指标和造价估算；

（9）对住宅、医院和幼托等建筑进行日照分析。

（三）居住区的构成和规模

1. 居住区的构成

居住区的用地根据不同的功能要求，一般可分为以下四类：

（1）住宅用地：指居住建筑基底占有的用地及其前后左右必须留出的一些空地（住宅日照间距范围内的土地一般都列入居住建筑用地），其中包括通向居住建筑入口的小路、宅旁绿地和杂务院等。

（2）配套设施用地：指居住区各类生活服务设施建筑物基底占有的用地及其周围的专用地，包括专用地中的通路、场地和绿地等。

（3）城市道路用地：指居住区范围内的不属于上两项道路的路面以及小广场、停车场、回车场等。

（4）公共绿地：为居住区配套建设、可供居民游憩或开展体育活动的公园绿地。

2. 居住区的规模

居住区按照居民在合理的步行距离内满足基本生活需求的原则，可分为十五分钟生活圈居住区、十分钟生活圈居住区、五分钟生活圈居住区及居住街坊四级，其分级控制规模应符合下表的规定。

距离与规模	十五分钟生活圈居住区	十分钟生活圈居住区	五分钟生活圈居住区	居住街坊
步行距离（m）	800～1000	500	300	—
居住人口（人）	50000～100000	15000～25000	5000～12000	1000～3000
住宅数量（套）	17000～32000	5000～8000	1500～4000	300～1000

居住区分级以人的基本生活需求和步行可达为基础，充分体现以人为本的发展理念。居住街坊是居住区构成的基本单元；结合居民的出行规律，在步行五分钟、十分钟、十五分钟可分别满足其日常生活的基本需求，因此形成了居住街坊及三个等级的生活圈居住区；根据步行出行规律，三个生活圈居住区可分别对应在 300m、500m、1000m 的空间范围内，该空间范围同时也是主要配套设施的服务半径。据此，新的居住区规划标准将居住区划分为居住街坊、五分钟生活圈居住区、十分钟生活圈居住区及十五分钟生活圈居住区四个层级，综合考虑土地开发强度的差异，四个层级对应的居住人口规模分别为 1000～3000 人、5000～12000 人、15000～25000 人、50000～100000 人。

（四）居住区的规划结构

居住街坊是组成各级生活圈居住区的基本单元；通常 3～4 个居住街坊可组成 1 个五分钟生活圈居住区，可对接社区服务；3～4 个五分钟生活圈居住区可组成 1 个十分钟生活圈居住区；3～4 个十分钟生活圈居住区可组成 1 个十五分钟生活圈居住区；1～2 个十五分钟生活圈居住区，可对接 1 个街道办事处。城市社区可根据社区的实际居住人口规模对应本标准的居住区分级，实施管理与服务。

（五）住宅及其用地的规划布置

住宅及其用地的规划布置是居住区规划设计的主要内容。住宅及其用地不仅量多面广

（住宅的面积约占整个居住区总建筑面积的80％以上，用地则占居住区总用地面积的50％左右），而且在体现城市整体风貌方面起着重要作用。因此，在进行规划布置前，首先要合理地选择和确定住宅的类型。

住宅选型是一个很重要的环节，为了合理地选择住宅类型，必须从城市规划的角度来研究和分析住宅的类型及其特点，住宅的建筑经济和用地经济的关系等问题。

1. 住宅的类型及其特点

现代住宅如按使用对象不同，基本上可分为两大类。第一类是供以家庭为居住单位的建筑，一般称为住宅；另一类是供单身居住的建筑，如学校的学生、工矿企业的单身职工等居住的建筑，一般称为单身宿舍或宿舍。

第一类以户为基本组成单位的住宅主要有以下几种类型。

住宅类型 （以户为基本组成单位）

编号	住 宅 类 型	用 地 特 点
1 2	独 院 式 并 联 式	每户一般都有独用院落，层数1～3层
3 4 5	梯 间 式 内 廊 式 外 廊 式	三层及以上住宅建设中最常见的形式，用地比较经济
6	内天井式	第3、4类住宅的变化形式，由于增加了内天井，住宅进深加大，对节约用地有利，一般多见于较低的多层住宅
7	点 式	第3类住宅独立式单元的变化表式，适用于多层和高层住宅，由于体形短而活泼，进深大，故具有布置灵活和能丰富群体空间组合的特点，也有利于节约建设用地
8	跃 廊 式	第4、5类住宅的变化形式，一般适用于高层住宅

2. 住宅建筑经济和用地经济的关系

住宅建筑经济直接影响用地的经济，而用地的经济往往又影响对住宅建筑经济的综合评价。分析住宅建筑经济的主要依据是每平方米建筑面积造价，平面利用系数等指标；而用地经济的主要依据则为每公顷居住面积密度。下面就住宅建筑经济和用地经济比较密切相关的几个因素分别加以分析。

（1）住宅层数：就住宅建筑本身而言，低层住宅一般比多层造价经济，而多层又比高层经济，但低层占地大，如平房与5层楼房相比要大3倍左右。对于多层住宅，提高层数能降低住宅建筑的造价。

（2）进深：住宅进深加大，外墙相应缩短，对于采暖地区外墙需要加厚的情况下经济效果更好。至于与节约用地的关系，一般认为住宅进深在11m以下时，每增加1m，每公顷可增加建筑面积1000m² 左右；在11m以上时，效果相应减少。

（3）长度：住宅长度在30～60m时，每增长10m，每公顷可增加建筑面积700～1000m² 左右，在60m以上时效果不显著。住宅长度也直接影响建筑造价，因为住宅单元拼接越长，山墙也就越省。根据分析，四单元长住宅比二单元长住宅每平方米居住面积造价省 2.5%～3%，采暖费省 10%～21%。但住宅长度不宜过长，过长就需要增加伸缩缝和防火墙等，且对通风和抗震也不利。

（4）层高：住宅层高的合理确定不仅影响建筑造价，也直接和节约用地有关，据计算，层高每降低 10cm，能降低造价 1%，节约用地 2%。但层高不应降得过低。

（5）平面系数（K）：在住宅建筑面积相同的情况下，提高 K 值能增加居住面积，K 值每提高 1%时，如果建筑面积单位造价不变，以居住面积平均计算，投资可减少 1.4%。

3. 合理选择住宅类型

合理地选择住宅的类型一般考虑以下几个方面。

（1）户室比：应满足不同人口组成的家庭对住宅的需要，也就是要满足户室比的要求。户室比的确定，在新建地区主要参照当地的人口结构。在改建区，要考虑改建地区拆迁户人口的组成来确定适当的户室比。

户室比的平衡一般有两种方法。一是选用多种户型的住宅，户室比在一个单元或一幢住宅内进行平衡；二是选用单一户型住宅，在几幢住宅或更大范围内进行平衡。一般来讲，在小范围内平衡时，可采用多种户型住宅，而当成片大量建造或在较大范围内进行平衡时，可采用多种户型住宅，也可采用单一户型住宅。

（2）建筑层数：住宅建筑层数的确定要综合考虑用地的经济、建筑造价、施工条件、建筑材料的供应、市政工程设施、居民生活水平、居住方便程度的因素。

（3）气候特点：我国幅员广大，全国自然气候条件相差甚大。例如南方地区，气候比较炎热，在选择住宅时，首先应考虑满足居室有良好的朝向和获得较好的自然通风；而在北方地区，气候严寒，主要矛盾是冬季防寒，防风霜。居民的生活习惯也必须充分考虑，如有的居民喜欢南廊，而有的则相反；又如在北方有的地区居民用火炕采暖等。

住宅用地的经济性已在前面有所分析，这里不再重复。除此以外，还可利用住宅单元在开间上的变化达到户型的多样化和适应基础的各种不同情况。

（六）配套设施及其用地的规划布置

配套设施是居住区规划设计的一个重要组成内容，它不仅与居民的生活密切相关，而且在体现居住区的面貌方面也起着很重要的作用。

1. 配套设施的分类

居住区的配套设施主要是满足居民基本的物质和精神生活方面的需要，并主要为本居住区的居民所使用。与居住区的分级相对应，各级生活圈和居住街坊配套建设的生活服务设施的总称为配套设施。其中包括城市公共管理与公共服务设施（A）、商业服务施（B）、市政公用设施（U）、交通场站（S4），也包括居住用地内的服务设施（服务五分钟生活圈范围、用地性质为居住用地的社区服务设施，以及服务居住街坊的用地性质为住宅用地的便民服务设施）。

2. 配套设施控制指标的制定

配套设施控制指标包括建筑面积和用地面积两项。为促进公共服务均等化，配套设施配置应对应居住区分级控制规模，以居住人口规模和设施服务范围（服务半径）为基础分级提供配套服务，这种方式既有利于满足居民对不同层次公共服务设施的日常使用需求，体现设施配置的均衡性和公平性，也有助于发挥设施使用的规模效益，体现设施规模化配置的经济合理性。配套设施应步行可达，为居住区居民的日常生活提供方便。结合居民对各类设施的使用频率要求和设施运营的合理规模，配套设施分为四级，包括十五分钟、十分钟、五分钟三个生活圈居住区层级的配套设施和居住街坊层级的配套设施。

3. 配套设施的规划布置

居住区配套设施是为居住区居民提供生活服务的各类必需的设施，应以保障民生、方便使用、有利于实现社会基本公共服务均等化为目标，统筹布局，集约节约建设。居住区各项配套设施还应坚持开放共享的原则，例如中、小学的体育活动场地宜错时开放，作为居民的体育活动场地，提高公共空间的使用效率。配套设施布局应综合统筹规划用地的周围条件、自身规模、用地特征等因素，并应遵循集中和分散布局兼顾、独立和混合使用并重的原则，集约节约使用土地，提高设施使用便捷性，并应符合下列规定：

① 十五分钟和十分钟生活圈居住区配套设施，应依照其服务半径相对居中布局；

② 十五分钟生活圈居住区配套设施中，文化活动中心、社区服务中心（街道级）、街道办事处等服务设施宜联合建设并形成街道综合服务中心，其用地面积不宜小于 $1hm^2$；

③ 五分钟生活圈居住区配套设施中，社区服务站、文化活动站（含青少年、老年活动站）、老年人日间照料中心（托老所）、社区卫生服务站、社区商业网点等服务设施，宜集中布局、联合建设，并形成社区综合服务中心，其用地面积不宜小于 $0.3hm^2$；

④ 旧区改建项目应根据所在居住区各级配套设施的承载能力合理确定居住人口规模与住宅建筑容量；当不匹配时，应增补相应的配套设施或对应控制住宅建筑增量。

（七）居住区道路的规划布置

居住区内道路的规划设计应遵循安全便捷、尺度适宜、公交优先、步行友好的基本原则，并应符合现行国家标准《城市综合交通体系规划标准》GB/T 51328 的有关规定。同时，规划布置时应考虑如下的功能要求：

① 居住区的路网系统应与城市道路交通系统有机衔接；

② 居住区内各级城市道路应突出居住使用功能特征与要求；

③ 居住街坊内附属道路的规划设计应满足消防、救护、搬家等车辆的通达要求；

④ 居住区道路边缘至建筑物、构筑物的最小距离。

居住区道路应尽可能连续顺畅，以方便消防、救护、搬家、清运垃圾等机动车辆的通达。居住区中内的道路设置应满足防火要求，其规划设计应符合现行国家标准《建筑设计防火规范》中对消防车道、救援场地和入口等内容的相关规定。同时，居住区道路规划要与抗震防灾规划相结合。在抗震设防城市的居住区道路规划必须保证有通畅的疏散通道，并在因地震诱发的如电气火灾、水管破裂、煤气泄漏等次生灾害时，能保证消防、救护、工程救险等车辆的通达。

① 根据其路面宽度和通行车辆类型的不同，居住街坊内的主要附属道路，应至少设置两个出入口，从而使其道路不会呈尽端式格局，保证居住街坊与城市有良好的交通联系，同时保证消防、救灾、疏散等车辆通达需要。但两个出入口可以是两个方向，也可以在同一个方向与外部连接。主要附属道路一般按一条自行车道和一条人行带双向计算，路面宽度为 4.0m，同时也能满足现行国家标准《建筑设计防火规范》对消防车道的净宽度

要求。其他附属道路为进出住宅的最末一级道路，这一级道路平时主要供居民出入，基本是自行车及人行交通为主，并要满足清运垃圾、救护和搬运家具等需要，按照居住区内部有关车辆低速缓行的通行宽度要求，轮距宽度为2.0~2.5m，其路面宽度一般为2.5~3.0m。为兼顾必要时大货车、消防车的通行，其他附属道路路面两边应各留出宽度不小于1m的路肩。

②《中共中央国务院关于进一步加强城市规划建设管理工作的若干意见》中明确要求"我国新建住宅要推广街区制，原则上不再建设封闭住宅小区"。对人行出入口间距的规定是为了提升住宅小区的开放性，强调住区与城市的联系，同时也是为了保证人行出入的便捷，以及紧急情况发生时的疏散要求。如果居住街坊实施独立管理，也应按规定设置出入口，供应急时使用。

③ 对居住区道路最大纵坡的控制是为了保证车辆的安全行驶，以及步行和非机动车出行的安全和便利。机动车的最大纵坡值8%是附属道路允许的最大数值，如地形允许，要尽量采用更平缓的纵坡。山区由于地形等实际情况的限制，确实无法满足标准要求时，经技术经济论证可适当增加最大纵坡，在保证道路通达的前提下，尽可能保证道路坡度的舒适性。非机动车道的最大纵坡根据非机动车交通的要求确定，对于机动车与非机动车混行的路段，应首先保证非机动车出行的便利，其纵坡宜按非机动车道要求，或分段按非机动车道要求控制。设计道路最小纵坡是为了满足路面排水的要求，附属道路不应小于0.3%。

④ 道路边缘至建筑物、构筑物之间应保持一定距离，主要是考虑在建筑底层开窗开门和行人出入时不影响道路的通行及行人的安全，以防楼上掉下物品伤人，同时应有利设置地下管线、地面绿化及减少对底层住户的视线干扰等因素而提出的。对于面向城市道路开设了出入口的住宅建筑应保持相对较宽的间距，从而使居民进出建筑物时可以有个缓冲地段，并可在门口临时停放车辆以保障道路的正常交通。

（八）居住区绿地的规划布置

1. 居住区绿地系统的组成

公共绿地是指为居住区配套建设，可供居民游憩或开展体育活动的公园绿地。其为各级生活圈居住区配建，对应城市用地分类G类用地（绿地与广场用地）中的公园绿地（G1）及广场用地（G3），不包括城市级的大型公园绿地及广场用地，也不包括居住街坊内的绿地。

2. 居住区绿地的标准

各级生活圈居住区的公共绿地应分级集中设置一定面积的居住区公园，形成集中与分散相结合的绿地系统，创造居住区内大小结合、层次丰富的公共活动空间，设置休闲娱乐体育活动等设施，满足居民不同的日常生活需要。

3. 居住区绿地的规划建设要求

① 居住区的绿化景观营造应充分利用现有场地自然条件，宜保留和合理利用已有树木、绿地和水体。

② 考虑到经济性和地域性原则，植物配置应选用适宜当地条件和适于本地生长的植物种类，以易存活、耐旱力强、寿命较长的地带性乡土树种为主。同时，考虑到保障居民的安全健康，应选择病虫害少、无针刺、无落果、无飞絮、无毒、无花粉污染、不易导致

过敏的植物种类，不应选择对居民室外活动安全和健康产生不良影响的植物。

③ 绿化应采用乔木、灌木和草坪地被植物相结合的多种植物配置形式，并以乔木为主，群落多样性与特色树种相结合，提高绿地的空间利用率，增加绿量，达到有效降低热岛强度的作用。注重落叶树与常绿树的结合和交互使用，满足夏季遮阳和冬季采光的需求。同时也使生态效益与景观效益相结合，为居民提供良好的景观环境和居住环境。

④ 居住区用地的绿化可有效改善居住环境，可结合配套设施的建设充分利用可绿化的屋顶平台及建筑外墙进行绿化。居住区规划建设可结合气候条件采用垂直绿化、退台绿化、底层架空绿化等多种立体绿化形式，增加绿量，同时应加强地面绿化与立体绿化的有机结合，形成富有层次的绿化体系，进而更好地发挥生态效用，降低热岛强度。

⑤ 居住区绿地内的步行道路、休闲休息场所等公共活动空间，应符合无障碍设计要求，并与居住区的无障碍系统相衔接。步行道经过车道以及与不同标高的步行道相连接时应设路缘坡道；坡道坡度不宜大于 2.5%，当大于 2.5% 时，变坡点应予以提示，并宜在坡度较大处设扶手。

⑥ 为减少雨水径流外排，居住区可以合理利用绿地，设计雨水花园、下凹式绿地、景观水体以及干塘、树池、植草沟等绿色雨水设施，对区内雨水进行有序汇集、入渗控制径流污染，起到调蓄减排的作用。

（九）居住区详细规划的技术经济分析

居住区是城市的重要组成部分，在用地上、建设量上都占有很大的比重，因此研究居住区规划和建设的经济性对充分发挥国家投资的效果，节约城市用地具有十分重要的意义。对居住区的规划的技术经济分析，一般包括用地分析、技术经济指标及造价估算等几个方面。

1. 用地平衡表

用地平衡表的作用：与土地使用现状情况进行比较分析，作为调整用地和制定规划的依据之一；进行方案比较，检验用地分配的经济性和合理性审批居住区规划设计方案的依据之一。居住区用地平衡表见下表：

居住区用地平衡表

项　目		现状			规划		
		面积 （hm²）	每人平均 （m²/人）	比重 （%）	面积 （hm²）	每人平均 （m²/人）	比重 （%）
总用地							
其中	住宅用地						
	配套设施用地						
	城市道路用地						
	公共绿地						

2. 技术经济指标

居住区综合技术指标

项　目			计量单位	数值	所占比例（%）	人均面积指标（m²/人）
各级生活圈居住区指标	居住区用地	总用地面积	hm²	▲	100	▲
		其中 住宅用地	hm²	▲	▲	▲
		其中 配套设施用地	hm²	▲	▲	▲
		其中 公共绿地	hm²	▲	▲	▲
		其中 城市道路用地	hm²	▲	▲	▲
	居住总人口		人	▲	—	—
	居住总套（户）数		套	▲	—	—
	住宅建筑总面积		万 m²	▲	—	—
居住街坊指标	用地面积		hm²	▲	—	▲
	容积率		—	▲	—	—
	地上建筑面积	总建筑面积	万 m²	▲	100	—
		其中 住宅建筑	万 m²	▲	▲	—
		其中 便民服务设施	万 m²	▲	▲	—
	地下总建筑面积		万 m²	▲	▲	—
	绿地率		%	▲	—	—
	集中绿地面积		m²	▲	—	▲
	住宅套（户）数		套	▲	—	—
	住宅套均面积		m²/套	▲	—	—
	居住人数		人	▲	—	—
	住宅建筑密度		%	▲	—	—
	住宅建筑平均层数		层	▲	—	—
	住宅建筑高度控制最大值		m	▲	—	—
	停车位	总停车位	辆	▲	—	—
		其中 地上停车位	辆	▲	—	—
		其中 地下停车位	辆	▲	—	—
	地面停车位		辆	▲	—	—

住宅建筑平均层数：指各种住宅层数的平均值。一般按各种住宅层数建筑面积与基底面积之比进行计算。其计算公式如下：

$$住宅建筑平均层数 = \frac{住宅总建筑面积}{住宅基底总面积}（层）$$

（十）居住区详细规划方案评析

考试大纲要求掌握修建性详细规划方案的评析。从历年考试的试题里来看，居住区详细规划的内容既涉及规划评析，又涉及规划设计条件的拟定，相关题目出现的频率很高，分值也很重。在2008～2019年中，除2010年涉及居住区详细规划的题目为两道外，其余每年平均有一道。可以说，居住区详细规划的复习是一个重点内容，由于居住区规划与控制性详细规划密不可分，两者有相互融合的趋势，在最近几年的考题中有所体现。

居住区详细规划的评析试题，往往题目给出的图内容较为丰富细致，看似头绪很多，其实也有规律可循。大家在熟练掌握有关居住区规划设计知识的基础上，对方案的评析可着重从以下几个方面入手：

（1）总体布局：包括与周边环境的协调、居住区的总体结构是否合理，整体空间形态是否优美、有序等。

（2）住宅布置：包括住宅的间距、朝向、消防问题等。

（3）居住公共服务设施：主要有三类，包括公共管理设施，如街道办事处、派出所、居委会、绿化环卫管理站等；商业服务设施，包括综合百货商场、综合食品商场、集贸市场等；教育、卫生、养老等公共服务设施，包括中小学、幼儿园、卫生站、门诊部、医院、养老院等。居住公共服务设施的评析要按照不同居住公共服务设施的设置要求，从内容、位置、面积三个方面来审核。

（4）道路交通：包括道路结构、居住区出入口、停车场的停车数量及位置等。

（5）绿化系统：包括绿地率、集中绿地、绿地布置与景观创造等。

（6）市政设施：由于考试题目的篇幅限制，不可能考大家各类市政管线的具体规划设计，但居住区中必要的一些市政设施的基本要求和特点大家还是应该掌握的，如锅炉房、煤气调压站、变电室等。

1. 例题十七

题十七图为中国北方某城市一个居住区规划，用地东临主干路，北临次干路，南侧和西侧均为支路。用地北侧和东侧均为已建成居住区，西侧用地为高速公路隔离绿化带，南

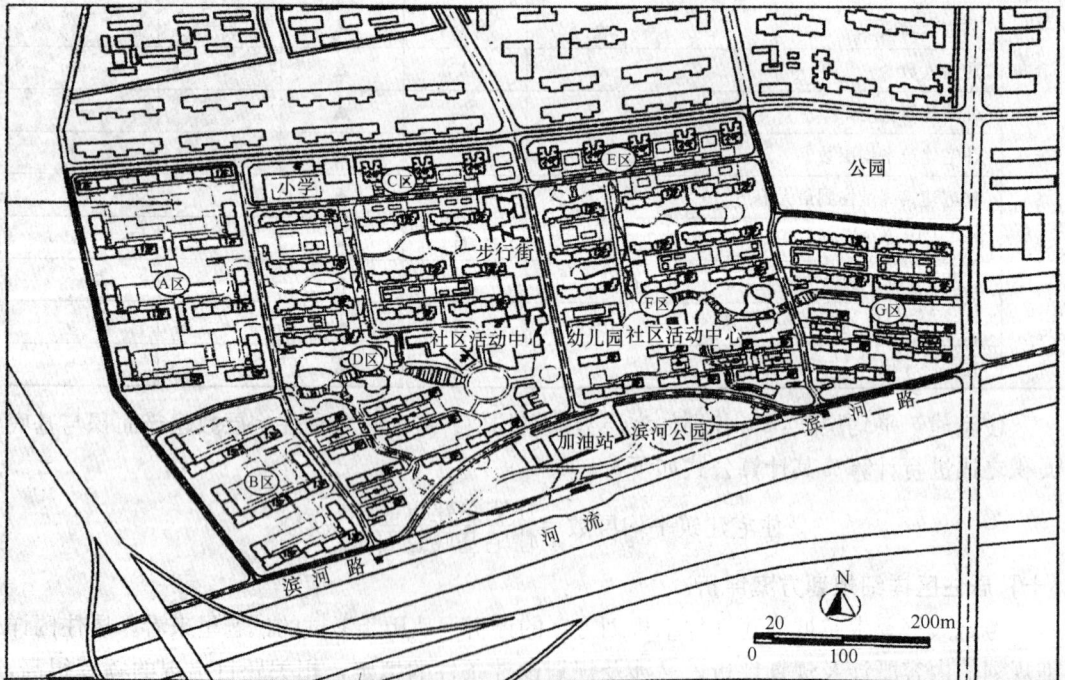

题十七图　某居住区规划总平面图

侧用地为滨河绿化带。基地面积共计 40hm^2。控制性详细规划给定的指标为容积率 2，限高 70m，当地住宅日照间距系数为 1.6。按照控规要求，地段内需要设置一处加油站。

居住区内规划多层和高层住宅，沿居住区中部南北向道路设置商业配套设施，另设片区中心小学和全日制幼儿园各一所。规划采用地下停车，出入口分布在各组团，出入口和车位数量符合有关规范。市政设施均能满足规范。

试分析该方案存在的主要问题并说明理由。

（1）审题

① 四周道路等级是重要信息，配合周围的用地关系，可以和诸如出入口、学校幼儿园等公共服务设施选址，以及图上体现出来的加油站、公园等相对位置关系，产生得分点。

② 基地面积对应服务设施规模，限高与日照需要在图上根据层高、楼间距信息详细判断是否有得分点。

（2）参考答案

① 加油站应临次干路布置，目前的选址会给支路带来很大的交通压力，并对滨河公园的功能产生不利影响。

② AB 区建筑向北围合不妥，影响采光，应向南围合。

③ 小学位置较偏且未设置操场，应选址 B 区并与周边住宅楼有绿化隔离并增设操场。

④ 居住区中部南北向道路不应与城市道路直通。

⑤ 幼儿园应靠近小区出入口布置。

⑥ 幼儿园活动场地应布置在南侧。

⑦ 幼儿园服务半径过大，应分为东西两个幼儿园设置。

⑧ C 区、E 区与北侧已建成居住区距离过近，不满足住宅日照间距系数要求。

⑨ 24 层建筑超过了 70m 限高。

⑩ 配套商业沿南北向道路设置影响道路功能，应结合社区活动中心布置。

2. 例题十八

题十八图为北方某城市一老旧居住小区改造方案，总规划面积 25hm^2，主要规划条件及方案布局如下：①地段南侧和东、西两侧为城市次干路，地段北侧为城市支路；②依据项目策划建议，小区中心保留四栋 18 层塔式住宅，其他居住组团可适当采用围合式布局；③小区北侧中部布置有幼儿园和文化活动中心，西南角布置小学，东南角是为小区及周边地区服务的商业综合体，在其北侧和东侧设置地下停车库出入口；④小区设置地下停车库，停车位数量符合规划配置标准。

试分析该方案存在的主要问题及理由？

（1）审题

本题较为简单，考点明确，逐项检视题干中提及的要素及其与图上相邻要素间的关系即可。

由于本考题在出题时新版《城市居住区规划设计标准》GB 50180—2018 尚未颁布，因此依照《城市居住区规划设计规范》（2016 年版）进行作答。请考生参考解题思路，规范已更新的内容请考生自行掌握。

（2）参考答案

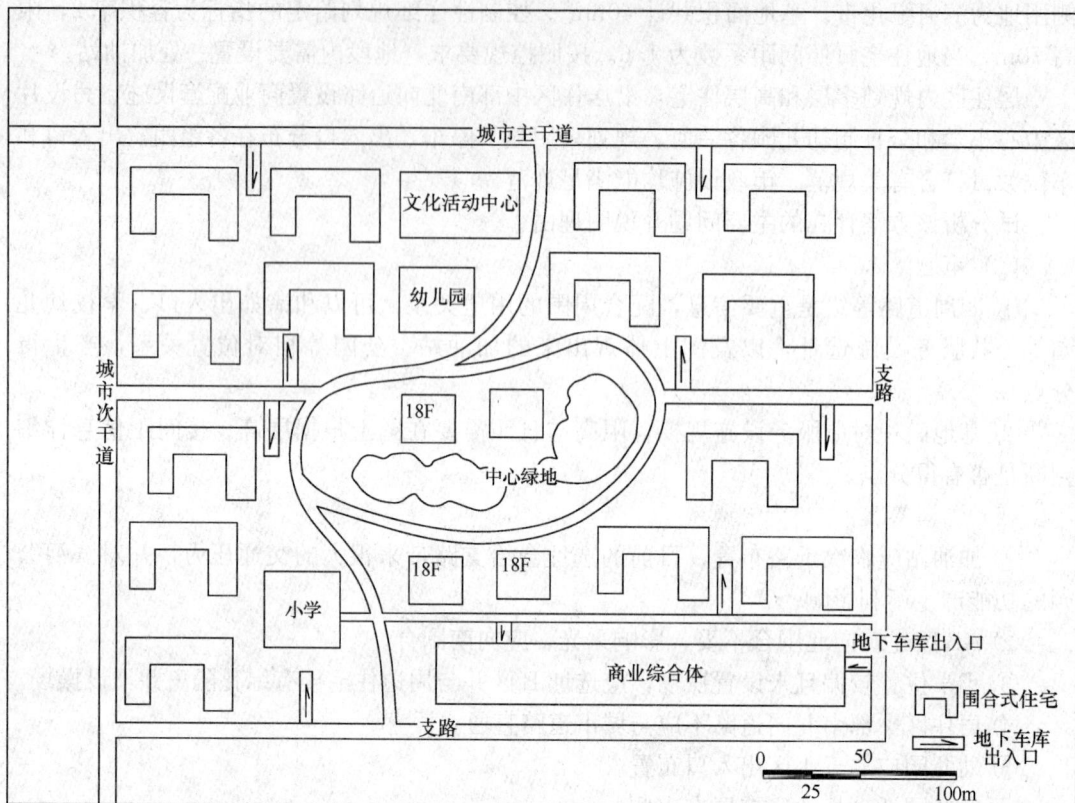

题十八图

① 围合式在北方不宜采用，部分房间不能满足日照和通风要求，而部分房间西晒严重；

② 中心 18 层住宅会对北边的幼儿园日照形成遮挡；

③ 文化活动中心应结合中心绿地布置；

④ 小区出入口过多过近，无法满足《城市居住区规划设计规范》中"机动车道对外出入口间距不应小于 150m"的要求；

⑤ 东南部出入口距城市道路交叉口过近，小于《民用建筑设计通则》（注：规范已更新为《民用建筑设计统一标准》GB 50352—2019）中规定的 70m；

⑥ 西侧部分建筑间距没有达到 14m，无法满足居住区规范中规定的"建筑控制线之间的宽度，需敷设供热管线的不宜小于 14m"的要求；

⑦ 地下车库出入口过多，且中心左侧两地库入口过近；

⑧ 商业综合体长度过长，未设置消防通道。无法满足居住区规范中"沿街建筑物长度超过 150m 时，应设不小于 4m×4m 的消防车通道"的要求；

⑨ 小学开口距商业综合体过近，会相互影响。

3. 例题十九

题十九图为北方某城市一个居住小区规划，基地面积含代征道路用地共 15hm²。用地西侧为主干道，北侧为次干道，南侧和东侧为支路。用地内为高层住宅；沿东侧支路设置

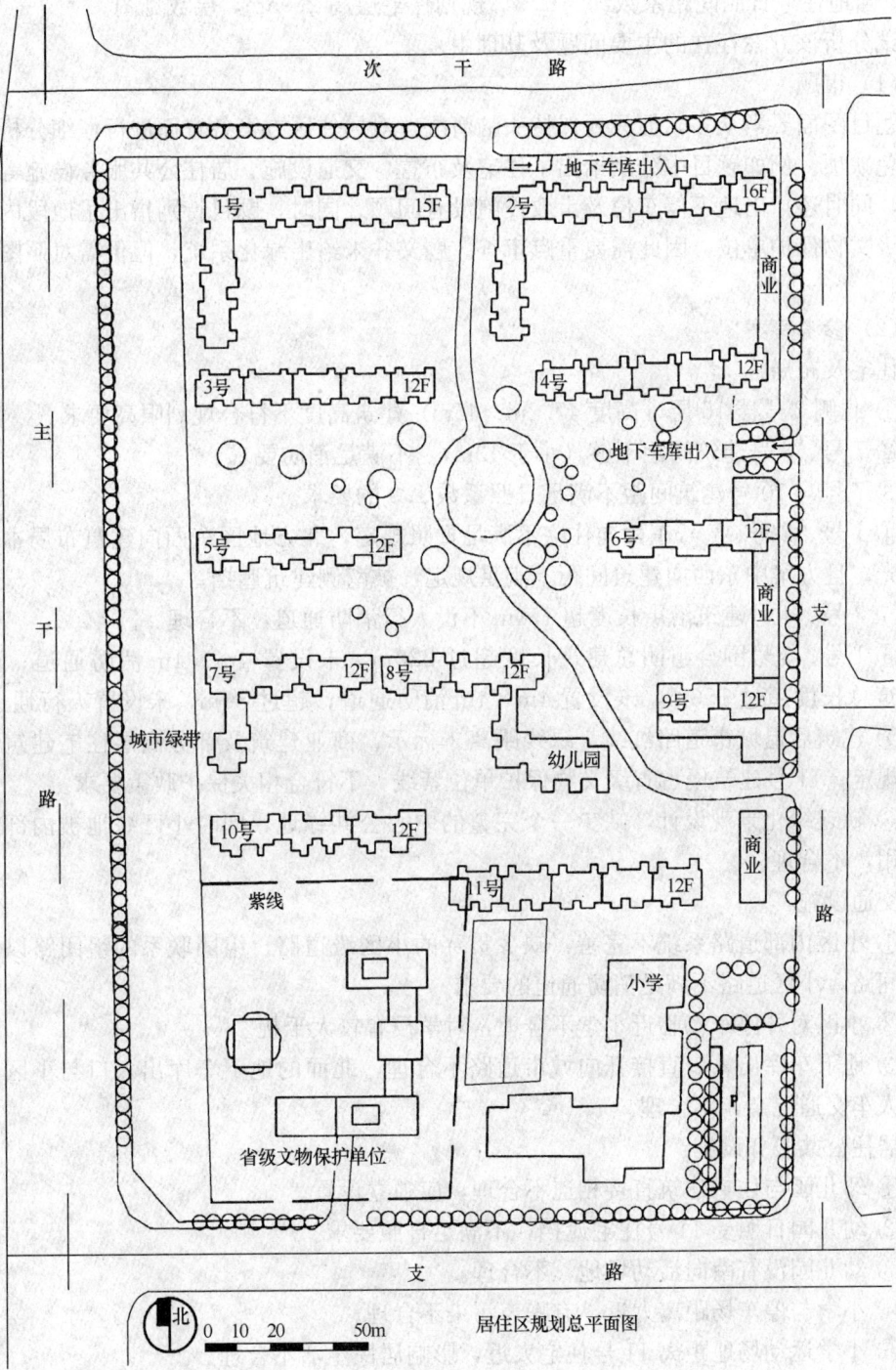

次 干 路

1号 15F   2号   16F
地下车库出入口

商业

3号 12F   4号 12F

主

干

路

城市绿带

地下车库出入口

5号 12F   6号 12F

商业

支

7号 12F 8号 12F   9号 12F

路

幼儿园

10号 12F   商业

紫线   11号 12F

省级文物保护单位   小学   P

支 路

北   0 10 20   50m   居住区规划总平面图

题十九图

81

商业设施；另设片区中心小学一所和全日制幼儿园一所，市政设施齐全；地段内还有一处省级文物保护单位。居住小区采用地下停车，车位符合相关规范。地段规划建设限高45m。当地住宅日照间距系数约为1.3。规划住宅层高2.95m，层数见图。

试分析该方案存在的主要问题及其理由。

（1）审题

题目图面要素众多，但只要保持头脑清醒，对居住区方案各方面进行仔细分析，就可以避免缺项。例如题目中分别给出了住宅及布置、交通设施、居住公共服务设施等方面的内容，同时还指出地下停车位及市政设施没有问题。同时，题目特别指出了地段内还有一处省级文物保护单位，因此需要重点审查。题文并未给出绿化系统，但仍需对照图面进行补充。

（2）参考答案

住宅及布局：

① 北侧2号楼16层（高度47.2m＞45m）建筑高度不符合规划限高要求。

② 7号、8号建筑间距不够（小于13m），不满足消防要求。

③ 7号与10号建筑间距不满足日照系数1.3的要求。

④ 1号、2号、7号东西向住宅不满足日照规定，北方地区东西向建筑布局本就不利于采光，且方案中东西向建筑间距不满足规定，被南侧建筑遮挡。

⑤ 2号、4号建筑沿街长度超150m不设人行消防通道，不合理。

⑥ 1号、3号围合组团总建筑长度超过220m，未设置4m×4m消防通道；西侧临街建筑总长度超过150m，未设置4m×4m消防通道，超过80m，未设置人行通道。

⑦ 建筑后退城市道路红线、绿线距离未标示，商业建筑及部分高层住宅建筑退界不符合规定；11号建筑侵占省级文物保护单位紫线，不符合相关保护政策要求。

⑧ 缺乏绿化景观设计，缺少一个完整的中心公共绿地，同时小区绿地被内部道路影响使用，不合理。

交通设施：

① 小区内部道路系统不完善，缺少贯穿的小区级道路、组团联系的组团路以及进户的宅间路，小区道路不满足消防通道的要求。

② 小区对外停车场临近小学不合理，对学校有较大干扰。

③ 地下车库出入口直接开向城市道路不合理，北面的地下车库出入口与小区出入口存在人车交通混杂，不合理。

居住公共服务设施：

① 幼儿园与住宅建筑直接相连不合理，应独立设置。

② 幼儿园日照受11号住宅遮挡，不满足日照要求。

③ 幼儿园没有南向活动场地，不合理。

④ 小学与停车场距离太近，有噪声污染不合理。

⑤ 小学运动场地距离11号住宅太近，影响居民生活不合理。

⑥ 小学没有200m田径运动场。

4. 例题二十

题二十图为某市大学科技园及教师住宅区详细规划方案示意图。规划总占地面积

51hm²。地块西边为城市主干道。道路东侧设置 20m 宽城市公共绿带。地段中部的东西向道路为城市次干道，道路的北侧为大学科技园区，南侧为教师住宅区。

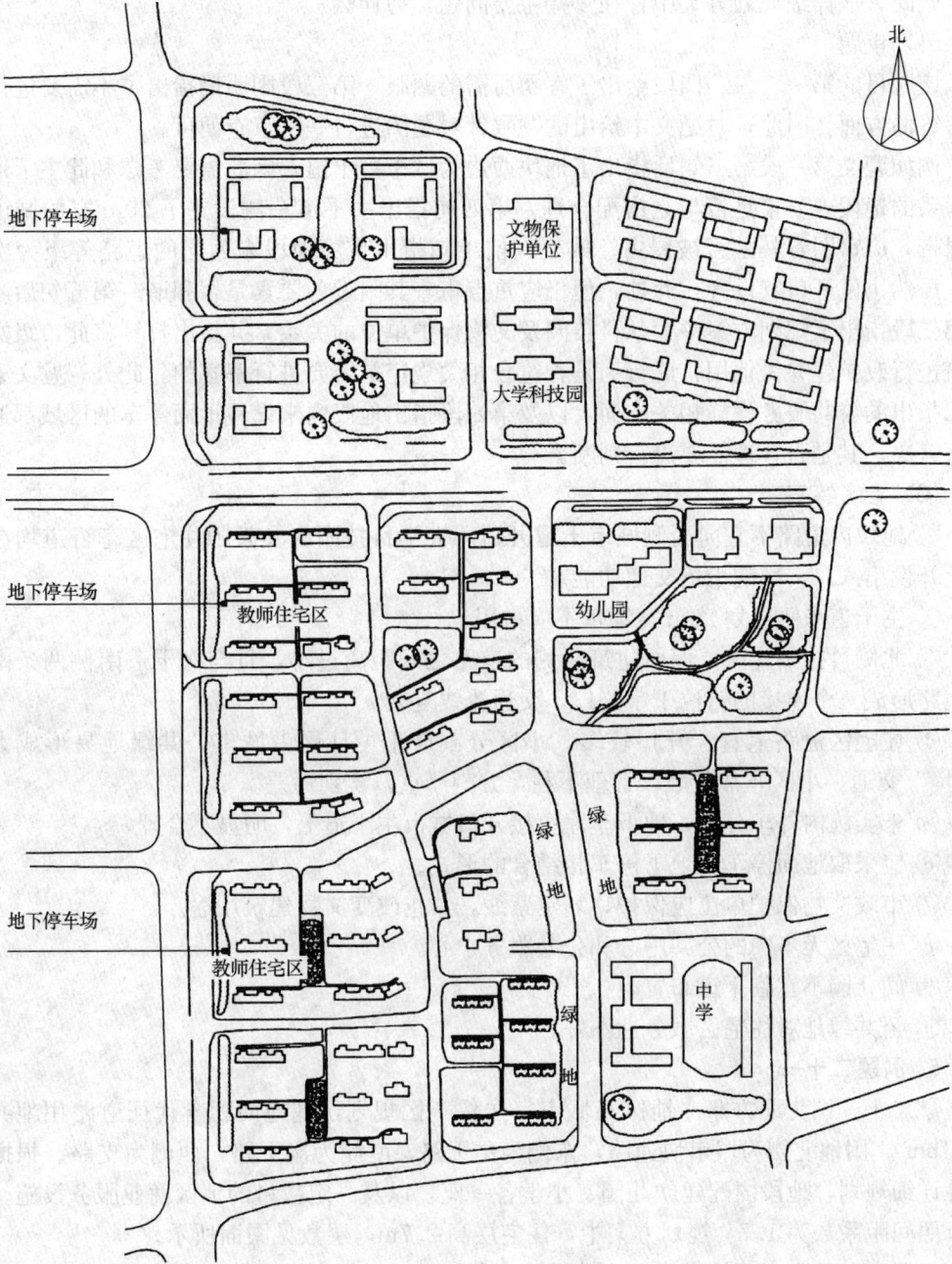

题二十图

科技园区内保留有市级文物保护单位一处，结合周边广场绿地，拟通过文物建筑修缮和改扩建作为园区的综合服务中心。

教师住宅区的居住建筑均能符合当地日照间距的要求。设置的小学、幼儿园以及商业中心等公共服务设施和市政设施均能满足小区需要。

在规划建设用地范围内未设置机动车地面停车场的区域均通过地下停车场满足停车要求。

试问，该详细规划方案中存在哪些主要问题，为什么？

（1）审题

该题目的第一、二、四段给出了答题所需的题眼，第三段则明确指出了不需要进行分析解答的方面。因此，对题文中给出的题眼针对题图进行一一审查便可。

例如题文第一段第三句话指出了地块西边为城市主干道，因此需要考虑和此主干道具有联系的地段内要素是否与之搭配合理。第四句指出主干道东侧设置了20m宽的城市公共绿带，应审图看其是否被侵占。第五句前半句指出贯穿地段东西向的道路等级为次干道，虽然小区开口宜设置在此处，但仍应重点审查其附近各要素是否和谐。第五句后半句及第二段指出了规划方案中大学科技园及文物保护单位的关系，并指出打算将此市级文物建筑进行改扩建并做他用，此行为是否符合相关规定是需要进行解答的。此外，题文第三段未指出的公共服务设施相关方面，以及第四段指出地段内未设置地面停车的区域都通过地下解决，其是否合理需要进行判断。

（2）参考答案

① 地块内道路不宜向西侧城市干道开口。大学科技园区及教师住宅区车行道均在干道上开设出入口，影响干道交通功能。

② 主干道东侧规划20m宽绿带不应占用。

③ 北侧科技园片区，保留建筑两侧的道路之间距离过小，且与次干道南侧两条南北向道路形成三个连接的错位丁字路口，交通流线复杂。

④ 住宅区道路笔直，开口较多，小区分割严重，且侵占城市公共绿地易形成大量"过境"交通，小区非常开敞，管理不利，分割严重，辨别性差。

⑤ 未实施内外车分离，地下车库直接开口城市主干道上，明显不合理。

⑥ 应采取地面停车与地下停车相结合的形式。

⑦ 市政文物保护单位应保护，划定紫线，禁止改变文物建筑用途。

⑧ 住宅区无集中的公共中心和公共服务中心。

⑨ 幼儿园不宜临干道布置。

⑩ 公共绿地对住宅区服务性不好。

5. 例题二十一

题二十一图为北方寒冷地区某城市一居住小区规划，基地面积含代征道路用地共计15.1hm²。用地北侧为城市快速路，东侧为主干路，南侧为次干路，西侧为支路。根据控制性详细规划，地段内配建幼儿园、小学各一座，以及一定数量的地区商业服务设施。当地日照间距系数为1.7。规划方案中，住宅层高2.7m，层数见图面所示。

经评审，该方案环境良好、市政设施齐备。

试分析该方案存在哪些主要问题，并简述其理由。

（1）审题

题目第二句话介绍了地段四周的道路情况，涵盖了城市道路的所有分类。查看图面，可以发现地段西侧还有一处立交和丁字路口，由此可见地段要素与周边道路的关系是本题的重要得分点之一。题目第三句指出了地段内的公共服务设施，第四句和第五句指出了层

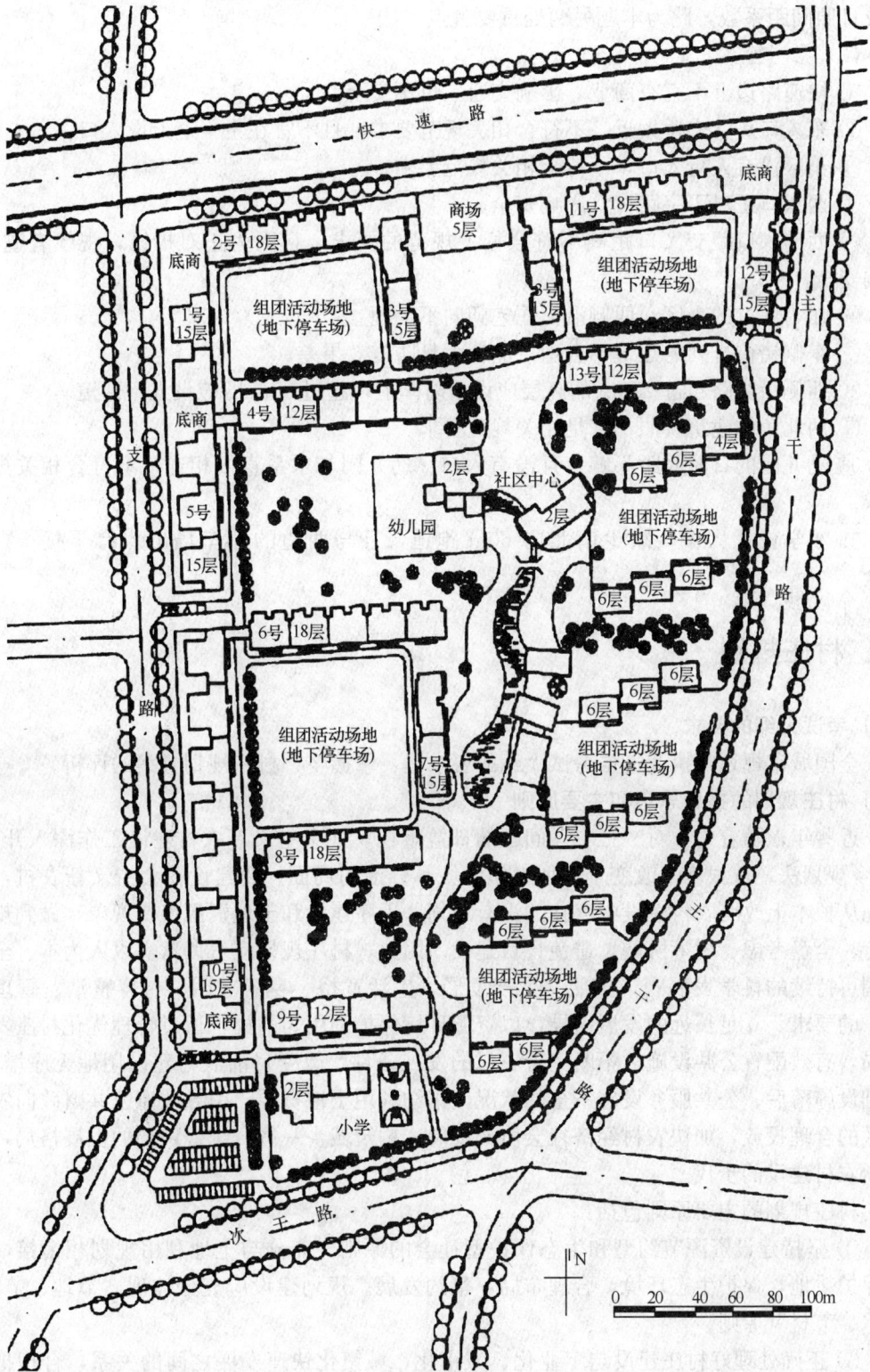

快　速　路

商场
5层

11号 18层

底商

2号 18层

底商

组团活动场地
(地下停车场)

组团活动场地
(地下停车场)

1号
15层

3号
15层

12号
15层

底商

3号
15层

主

4号 12层

13号 12层

5号
15层

幼儿园

2层

社区中心

2层

6层

4层

组团活动场地
(地下停车场)

6层

千

支

6层

6层

路

6号 18层

6层

6层

组团活动场地
(地下停车场)

6层

7号
15层

6层

6层

组团活动场地
(地下停车场)

路

8号 18层

6层

6层

10号
15层

6层

6层

底商

9号 12层

6层

6层

组团活动场地
(地下停车场)

主

2层

小学

6层

6层

六

路

次　王　路

N

0　20　40　60　80　100m

题二十一图

高及日照间距系数,此为本题另两处重要考点。

(2) 参考答案

① 快速路边上不宜有商业,影响交通,也不安全。

② 东入口离立交桥太近,不符合相关规范要求,且不宜在主干道上设入口。

③ 小区没有人行入口,不符合相关规范要求。

④ 西入口正对丁字路口,影响安全。

⑤ 西南入口距交叉口距离不符合相关规范的要求,且因为正对折线,视线有遮挡,影响安全。

⑥ 作为北方的小区,西侧沿街住宅朝向不合理。

⑦ 东侧错位排列的建筑不合理,能耗大且防震效果差。

⑧ 西侧沿支路超过 150m 的高层应设消防车道,超过 80m 的应设人行通道。

⑨ 西北角的建筑日照不满足相关规范要求。

⑩ 幼儿园的日照间距不够,且没有入口。幼儿园与水系直接相连,不符合相关规范要求。

⑪ 小学位置太偏,缺少南北向 60m 跑道,且与西边的停车场出入有干扰,影响安全。

八、村庄规划

(一) 考试大纲的要求

全国城市规划师执业资格考试大纲的要求是:掌握乡、村庄规划方案的评析。

(二) 村庄规划的指导思想和主要原则

近些年,随着中央对"三农"问题的日益重视,社会主义新农村建设工作深入开展。《城乡规划法》从根本上改变了规划工作中城乡分治的局面。要建设社会主义新农村,必须先从根本上改变农村建设中存在的没有规划、无序建设和土地资源浪费现象,做到规划先行、全盘考虑、统筹协调,避免盲目建设。因此,村庄规划应贯彻落实以人为本、全面协调可持续的科学发展观,按照"生产发展、生活宽裕、乡风文明、村容整洁、管理民主"的要求,立足长远的发展引导,以资源环境保护利用为前提,通过合理优化村庄发展布局,有效配置公共设施,不断完善农村的发展条件,改变目前农村建设用地无序增长、基础设施落后、公共服务设施不全的状况,集约利用土地资源,引导政府公共财政向农村地区的合理投放,加快农村经济社会协调发展,构筑城乡一体、统筹协调的发展格局,推动新农村建设的步伐。

村庄规划的主要原则包括:

① 坚持建设资源节约型和生态保护型社会的原则。充分与土地利用规划相衔接,严格保护耕地,保护生态环境,合理布局,集约发展。规划建设应充分体现"节地、节能、节水、节材"原则。

② 正确处理好村庄建设与工业化、城市化、城镇化快速发展之间的关系,合理把握新农村建设时代发展的特征和规律。

③ 尊重村庄发展实际,注重实效,量力而行,突出乡村特色、地方特色和民族特色。

④ 正确处理好新农村建设中农民的主体地位与政府服务引导作用的关系，本着农民自愿的原则，充分考虑农民的切身利益和发展要求。大力发展宜农产业，促进农民增收。

⑤ 统筹城乡发展，与城市规划近远期发展相协调，因地制宜，量力而行，避免投资浪费。结合各地区实际情况，有计划、有步骤、分阶段进行。

（三）村庄规划的主要内容和编制要求

1. 村庄规划应主要包括以下五个方面的内容

（1）村庄现状调研

对村庄人口、耕地、建设用地、基础设施、产业发展、公共服务、住房等方面进行现状调查，并通过分析发现村庄发展建设中存在的问题，为村庄规划提供基础资料。

（2）村域和村庄规划

村域规划主要解决村域范围的土地使用、对外交通和产业发展空间布局问题，村庄用地规划应本着集约利用土地的原则，在村庄范围内对建设用地进行合理规划布局，重点做好公共服务设施、市政基础设施的规划。

（3）村庄产业规划

对村庄的产业发展方向、目标提出近远期的发展策略以及具体落实措施，并与空间布局进行有效的衔接。村庄产业规划应在规划成果中单独成章。

（4）近期建设项目规划

本着农民自愿的原则，以满足多数农民合理的实际需求为目的，加大各级政府的投入力度，并与当地经济发展水平相适应，对涉及村庄近期建设的道路、市政、环境绿化等项目进行总体合理选址布局，协调相关专项规划设计。

（5）农村住宅设计

根据各村情况和发展需要，设计符合农民需求、有地方特色的多样化农村住宅。

2. 村庄规划的工作底图要求

村域范围的用地规划图纸比例视具体情况，根据规模大小可在 $1:25000 \sim 1:5000$ 之间选择，村庄范围的用地规划和近期建设项目规划的图纸比例应为 $1:2000$ 或 $1:1000$。根据实际情况，除地形图外也可使用较新的航空影像图作为辅助工作底图。

3. 现状调查与分析的要点

现状调查与分析是村庄规划的基础工作和重要环节，该阶段的工作将直接影响到最后的规划成果质量。对村庄的现状调研应深入基层，与当地村民充分交流，切实掌握一手资料，科学做好调查、分析和统计工作。

（1）现状调查

充分调查了解村庄的基本情况，主要包括人口、经济、产业、用地布局、配套设施、历史文化等内容。必须进行现场踏勘，同时可采取专题座谈、入户访谈、发放问卷等具体调查方式，应充分与村庄规划的内容相结合。

（2）问题分析

以问题为导向，分析农村最急迫解决的发展矛盾，注意结合当地的经济社会现实情况，重点放在产业发展、配套公共服务设施和市政基础设施、用地布局等方面。

（3）规划构想

在现状调查与分析之后，提出解决问题的规划框架，与当地干部群众和有关政府部门充分交换意见，听取各方意见修改完善规划构想。

4. 现状调查与分析的具体内容（可根据村庄具体情况参考选用）

（1）村庄背景情况：周围关系，自然条件，地质条件，历史沿革等。

（2）社会经济发展：产业发展，人均年收入，收入构成，村集体企业，出租土地厂房，解决本村劳动力情况，村民福利（对儿童、老人、五保户的特殊照顾等措施）。

（3）人口劳动力：人口数量，人口结构，劳动力，就业安置，教育，人口变化情况等。

（4）用地及房屋：村域用地现状（包括村庄建设用地和各种农用地），村庄建设用地现状，闲置地情况，房屋建筑质量（建筑年代）、建筑高度，空置房屋情况等。

（5）道路市政：现状道路情况，机动车、农用车普及情况，停车管理，饮用水达标，黑水（厕所冲水）、灰水（洗漱污水）和雨水的收集处理，供电，电信，网络，有线电视，采暖方式，燃料来源，垃圾收集处理。

（6）公共服务配套：商业设施，文化站，阅览室，医疗室，中小学、托幼，敬老院，公共活动场所，公园，健身场地，公共厕所，公共浴室等。

（7）历史文化保护：历史文化和地方特色（古建筑、近现代建筑等文物古迹、古树、民俗文化等非物质文化遗产）。

（8）其他：村民住房形式和施工方式、室内装修、家电设备、建设成本，村风民俗，民主管理公共事务，村民合作组织等。

（9）现状照片：除拍摄上述场地、建筑、设施的照片外，还应拍摄村民活动、民风民俗、座谈访谈会、入户调查、现场工作场景等。

（10）相关规划情况：乡镇域规划，村庄体系规划，村庄发展规划设想，有关的专项规划，历史上进行过的村庄改造项目等。

5. 村庄规划编制的要点

（1）村庄规划应主要以行政村为单位编制，范围应包括整个村域，如按照村庄体系规划需要合村并点的多村规划，其规划范围也应包括合并后的全部村域。

（2）村庄规划应在新城规划、乡镇域规划、土地利用规划等有关规划的指导下，对村庄的产业发展、用地布局、道路市政设施、公共配套服务等进行综合规划，规划编制要因地制宜，有利生产，方便生活，合理安排，改善村庄的生产、生活环境，要兼顾长远与近期，考虑当地的经济水平。

（3）统筹用地布局，积极推动用地整合。村庄规划人口规模的增加应以自然增长为主，人口机械增长不能作为核定规划建设用地的依据。用地布局应以节约和集约发展为指导思想，村庄建设用地应尽量利用现状建设用地、弃置地、坑洼地等，远期规划农村人均综合建设用地控制在 150m² 以内。

（4）村庄规划重点规划好公共服务设施规划、道路交通规划、市政基础设施规划、环境卫生设施规划等内容。

（5）合理保护和利用当地资源，尊重当地文化和传统，充分体现"四节"原则，大力推广节能新技术。

6. 村庄总体规划编制的具体内容

（1）人口及产业发展：人口规模预测，建设用地规模，宜农产业发展规划，劳动力安置计划。

（2）用地布局规划：村域范围的用地规划，产业发展空间布局和自然生态环境保护，村庄范围的建设用地规划，居住区、产业区、公共服务设施用地布置。

（3）道路交通规划：村庄道路系统和道路宽度，停车设施，公交车站布置等。

（4）市政规划：供电，电信，上水，下水（雨水管沟，小型污水处理设施），冲水厕所、三格式雾化处理厕所，燃气（煤气、沼气、秸秆气化）解决方案，供暖节能方案等。

（5）公共服务设施规划：行政管理，教育设施，医疗卫生，文化娱乐，商业服务，集贸市场。

（6）绿化景观规划：村庄景观（对景）、景点规划，保护有历史文化价值的建筑物、历史遗存和古树名木。

（7）防灾及安全：针对可能出现的灾害提出可行的安全防范措施。

7. 村庄产业规划编制原则

（1）因地制宜，分析村庄发展的现实条件，预测村庄宜农产业发展前景。

（2）确定村庄发展的主导产业和辅助产业，做出多种可行性方案比较。

（3）对一些村庄不适宜发展的产业，提出限制性布局措施。

（4）提出规划实施的多种参考方案，包括明确资金投入的方向、重点、绩效和时序等。

8. 近期建设项目规划原则

为指导村庄在近期解决当前面临的急迫问题，在充分调研和尊重农民意愿的基础上编制近期建设项目规划。

（1）优先解决农村最急迫要求改善的方面，区分轻重缓急，突出建设重点。

（2）重点加强农村基础设施建设和完善公共服务配套设施。

（3）在政府投入和村集体经济可以承受的范围内，不搞形象工程，防止大拆大建。

（4）考虑近远期建设结合，避免与今后城市建设矛盾造成投资浪费。

（5）应是近期能够完成的项目。

（6）近期建设项目规划应落实建设的场站用地、主干管网大致走向、站点分布，配合必要的图纸表示，以表格汇总量化结果并估算投资，其中重点项目之外的投资（如产业项目、大型交通市政设施等）可以单独列出并分类标识，区分政府主导投入与市场引资投入的项目。

9. 近期建设项目规划的具体内容

（1）产业发展。

（2）道路交通。

（3）安全饮用水。

（4）排污和改厕。

（5）垃圾收集处理。

（6）公共服务设施。

（7）绿化美化环境。

（8）其他项目。

10. 农村住宅设计原则

（1）农村住宅设计应在现有宅基地面积标准下，充分考虑农村生活习惯，提高土地使用效率，设计出功能合理的院落空间和房屋功能布局。

（2）农村住宅设计应尽量采用当地材料，建筑形式应与地区环境和村庄现状面貌相互协调。

（3）农村住宅设计应考虑当地现有成熟的施工做法，采取科学合理的工程措施以保证房屋安全。

（4）在外墙保温、室内供暖、照明通风、水电布线等方面提供科学合理、节能环保的做法。

（5）农村住宅设计应考虑现实需要、经济水平和未来发展，预留用地并留有建筑分期实施的条件，避免大拆大建带来的浪费。

11. 农村住宅设计的具体内容

（1）住宅设计。

（2）院落设计。

（3）建筑构造设计：外墙屋顶保温、吊炕等。

（4）新能源使用：太阳能、沼气、生物质等。

12. 村庄规划编制过程中的沟通和协调

在规划编制过程中，应自始至终充分尊重农民意愿，充分学习和吸取当地干部、群众关于发展经济、村庄建设、风俗习惯的有益做法和经验。按照有关工作计划，分阶段向村、乡、县各级政府进行汇报、听取意见，并由政府有关主管部门组织与其他相关专业部门的沟通与协调，综合各方意见进行修改完善。

13. 村庄规划的公示

（1）规划方案完成后，规划编制单位应以简单明了的表达方式将村庄规划向村民进行公示，可以以展板等形式，内容通俗易懂，听取村民的意见，便于村民理解。

（2）村庄规划最终成果应根据大多数村民的合理意见进行修改完善，并最终取得村民代表大会的同意。最终上报的规划成果必须附有加盖村集体公章的书面意见。

（3）为便于今后编制完成村庄规划的村民对规划成果和地形图的使用，须向村委会提供最终规划成果。

14. 图纸要求

（1）现状和分析图。包括：

村庄区位图；

相关上位规划图（如乡镇域总体规划）；

村域土地使用现状图（1∶25000～1∶5000）；

村庄土地使用现状图（1∶2000）。

（2）规划图。包括：

村域发展规划图（应结合产业发展布局）（1∶10000）；

村庄建设规划图（1∶2000）；

村域道路交通规划图（可结合村庄道路交通规划图）；

村庄公共服务设施规划图（包括行政管理、文化体育、教育科技、医疗卫生、邮电金融、商业服务、市政公用、集贸市场等。重点保障公益型公共设施，指行政管理、文化体育、教育科技、医疗卫生、市政公用等。可根据实际情况选取有关内容）；

村庄市政设施规划图（包括供水、排水、供电、电信、广电、能源利用、环境卫生、防灾减灾、竖向等，重点为供水、排水、环境卫生、防灾减灾等，可根据实际情况选取有关内容）；

村庄绿化景观规划图；

历史文化保护规划图。

（3）近期建设项目有关规划图纸。包括：

近期产业发展规划图；

近期村域用地发展规划图（可与上图合并）；

近期村庄建设用地规划图；

近期道路建设规划图；

近期供水规划图；

近期排水规划图；

近期垃圾收集规划图；

近期环境整治规划图；

近期公共服务设施规划图。

（4）农村住宅设计有关图纸，包括：

① 庭院平面（1：100）；

② 住宅平面（1：50）；

③ 住宅立面（1：50）；

④ 住宅剖面（1：50）；

⑤ 建筑局部构造大样图（可根据实际情况选画）；

⑥ 表现院落与住宅的透视图（表现形式不限）。

（5）附表要求

① 村庄现状、规划、近期规划土地使用平衡表；

② 近期改造及新建项目及造价估算表；

③ 现状情况调查表。

第三章　城乡规划实施管理及例题解析

一、城乡规划管理概述

(一) 城乡规划管理的概念

城乡规划管理是指城市人民政府的城市规划行政主管部门通过行政手段，使城乡的各项建设纳入科学合理的轨道，保证城乡规划的顺利实施，合理地利用城市土地，保障城市安全，减少环境污染，协调城乡各项功能的正常发挥。《城乡规划法》规定，我国城镇规划管理实行"一书两证"（选址意见书、建设用地规划许可证和建设工程规划许可证）的规划管理制度，我国乡村规划管理实行乡村建设规划许可证制度。城乡规划管理中的管理者是城市规划管理人员，被管理者是城市规划的编制者和建设活动的实施者。管理对象是城乡规划区内的土地使用和各项建设活动。在规划管理活动中，规划管理者通过管理对象作用于被管理者，从而达到预期的管理目标。为了使规划管理结果能够实现管理目标，规划管理者要充分认识规划管理的地位和作用，充分认识规划管理的目的和任务。在城乡规划管理活动中，研究详细规划与总体规划的关系，与有关其他城市规划的关系，建设用地与周围环境的关系，与城市合理布局的关系，建设工程与左邻右舍的关系，与城乡发展的关系，与城市景观的关系等，都是城市规划管理的内容。在这些管理活动中，城乡规划管理者要充分认识管理对象的特点和要求，充分注意管理活动与管理环境的相互作用。在规划管理活动中，管理者和被管理者的关系不是一种直接的关系，而是经过许多中间环节作用于被管理者。这些中间环节就是规划管理的依据和手段，如管理法规、技术规范、管理程序、管理措施和管理方法等。规划管理者只有熟练地掌握这些管理依据和手段，才能很好地实施管理。

(二) 城乡规划管理的基本特征

城乡规划管理具有很多特征，如综合性、整体性、系统性、时序性、地方性、政策性、技术性、艺术性等。但要注意的还是下面五个方面的特征。

1. 具有服务和制约的双重性特征

这是从管理职能来说的。城乡规划管理的目标是为社会主义现代化建设服务，为人民服务，但为了城市的公共利益需要采取控制措施，也就是制约，使各项建设不影响城市根本的、长远的利益。

2. 具有宏观管理和微观管理的双重性

这是从管理对象来说的。城乡规划管理的对象是整个城市，但面对的却是具体的建设工程，既有宏观对象、又有微观对象；既要有政策观念、法制观念和全局观念，又要正确处理局部与整体、需要与可能的关系；既要从大处着眼，又要从小处着手，把每项规划或每项建设工程放在城市大范围内考察，不能只是就事论事地处理问题。

3. 具有专业和综合的双重性

这是从管理内容来说的。城乡规划管理是一项专业性很强的技术行政管理，但它与城乡管理中的其他管理又有着广泛的联系，在处理许多实际问题时具有综合性，需要规划管理部门作系统分析和综合平衡，作为牵头单位往往需要进行协调和综合。

4. 具有管理阶段性和长期连续性的双重性

这是从管理过程来说的。通过建设和改造来改变城市的布局和形态，需要一个历史发展过程，但它的建设和改造速度又要与当时、当地的经济、社会状况相适应，而一项项建设用地和建设工程的审批积累起来又会对城市的未来发展产生影响。这种阶段性和长期连续性的特征，要求城乡规划管理在处理具体问题时要留有余地，能灵活应变，同时要有立足当前、放眼长远、远近结合、慎重决策的思想。

5. 具有规律性和能动性的双重性

这是从管理方法来说的。城乡规划管理既要按照城市规划理论，即认识城市发展规律作为指导，又要在具体问题的处理中同时注意新情况、新问题。如产业结构调整引起的土地调整、布局调整进行创造性（即能动性）的工作，其取得成功的范例，又可能是城乡规划理论的发展。

（三）城乡规划管理的基本原则

1. 系统管理的原则

在城乡规划管理工作中，将系统的思想和方法作为研究、分析和处理城乡规划管理问题的准则。在贯彻这个原则时需要注意以下几个问题。

（1）强调城乡规划管理的整体效应。要树立整体观念和全局观念，不要只注意一些专门领域的特殊职能而忽视更大系统的总目标，也不能忽视该系统在更大系统的地位和作用。应该从城市系统的整体出发，研究规划管理系统中各子系统之间的关系，作出正确决策、组织、协调、综合系统内一切活动和工作，有效地达到总目标。

（2）加强规划管理系统内部的协调性。在规划管理系统内部，既要注意纵向的组织关系，也要注意子系统之间的横向联合，共同为总目标服务，提高管理的综合功能和整体效益。

（3）注重城乡系统对外界的适应性。必须研究和掌握城市的人员流、物质流、能源流、资金流和信息流及其在时间上的变化规律、动态过程和如何才能加强城市的运行效益。

（4）建立城乡规划管理系统的信息反馈网络。这对城乡规划管理系统的有序运行有着重要意义，应该迅速、有效地收集、储存、加工、传送和利用大量信息，同时对管理控制结果的信息正常地反馈回来。只有这样，规划管理水平才能不断提高。

2. 集中统一管理的原则

一个城市要实行统一规划和统一规划管理。因为城市是一个完整的系统，要求城市建设和发展要按照经法定程序批准的城乡总体规划逐步实施，而有局部调整和重大变化更要经原批准机关备案和批准。同时，城乡规划应由城市政府集中统一管理，不得下放规划审批权。否则，社会各自为政，难以协调各种关系，总体规划的实施就将落空。

3. 依法行政的原则

依法行政是依法治国方略的一个重要和具体的体现。城市规划和规划管理是政府职能，必须体现政府意志和意图，运用法律手段实施有效的管理。我们的法律、法规体现了人民群众的根本利益和意志，严格依法行政就是保障人民的法定权利，城乡规划管理为使已有的法律、法规得到切实的实施，就要保障人民参与城市规划和规划管理的权力。依法行政可完善和加强党对城市规划工作的领导，因为党的方针和政策，通过立法程序变成国家意志以法律的形式表现出来，规范人们的行为，并要求公民普遍遵守。因此，依法行政能够促进城乡规划事业不断发展和提高。

4. 政务公开的原则

近年来，城市规划行政主管部门为依法行政、勤政廉政、改善形象采取了一系列改革措施，对增强服务意识，提高工作效率，提高执法水平，完善城市规划管理监督机制，防止腐败，都有积极意义。主要是公开办事依据、办事程序、办事机构和人员、办事结果、办事纪律和投诉渠道。公开的形式是公告或登报。在政务公开原则中还有一个"公众参与"问题，在城乡规划和规划管理过程中听取社会公众的意见，是保障社会公众利益和保护相关方面的合法权益的有力措施。"公众参与"近几年在各地实行了一些。要使这项制度实行得更好，还需具备一些条件，如法制健全，制度完善，全社会法制意识普遍提高；"公众参与"中的不同意见如何协调要有法律、法规依据；对难以协调的意见要有仲裁机构裁决，并为公众接受。对于公开办事依据，也有一个城乡规划和规划管理的法规体系还不完善的问题，城乡规划编制也需要进一步完善和规范。此外，城乡规划中的一些保密内容也需要慎重处理。

（四）城乡规划管理的一般工作原则

1. 先规划后审批的原则

（1）应根据经过法定程序批准的城市总体规划、分区规划、乡镇域规划、小城镇规划等规划编制控制性详细规划。

（2）应依据经法定程序审定的城市总体规划、分区规划、控制性详细规划、乡镇域规划、专题规划等规划进行选址。凡未按要求编制和调整近期建设规划的，停止新申请建设项目的选址。因特殊情况，选址与城市总体规划不一致的，必须经过专门论证，如论证后认为确需按所选址进行建设的，必须先按法定程序调整规划，并将建设项目纳入规划中，一并报原规划批准机关审定。在城镇地区未编制控制性详细规划的应先编制控制性详细规划并经审定后方可安排当前建设项目。

（3）各项建设工程应根据经过法定程序批准的控制性详细规划进行审批。没有编制控制性详细规划或控制性详细规划超过有效期限的，应重新编制控制性详细规划，并经过法定程序批准后，再依据控制性详细规划审批修建性详细规划或单项建设工程的设计方案。

（4）在单位自有用地内进行建设的项目，没有编制修建性详细规划或需要对修建性详细规划进行调整的，应重新编制大院规划。单项建设工程的设计方案应符合大院规划的要求。

（5）需要新征（占）建设用地的建设项目，应先编制规划布局方案、经济测算方案和建设实施方案，并经过规定程序审查同意后，方可办理规划意见书。危改项目在编制三个方案前，应先进行房屋质量调查、具有保留价值建筑的调查、现状树木调查和居民危改意向调查，旧城范围内的危改项目的规划布局方案应经过有关专家论证后（历史文化保护区内的建设项目除需经专家论证外，还应对社会进行公示，广泛听取公众意见），报请有关部门批准后，再核发规划条件。

2. 先研究后办理的原则

（1）应先调查了解建设项目的有关情况，研究确定建设项目的规划审批意见后，再着手办理有关规划审批手续。

（2）需要与城乡规划行政主管部门内部或外部有关部门进行研究的建设项目，接收案件后应优先安排有关会议或与有关部门进行研究。

（3）需要依程序请示市政府或需要将有关情况报告市政府的建设项目，接收案件后应优先书面请示上级部门。

（4）需要优先研究办理的案件应按如下顺序排列：当日必须完成的案件，领导交办件，政协提案件和人大建议案件，申报案件，公函，群众信访案件，违法建设补办规划审批手续的案件。

（5）需要优先研究办理的申报案件应按如下顺序排列：当日必须完成的案件，领导交办件，涉及民主党派、宗教、民族问题的建设项目，重大建设项目，市属行政单位的建设项目，非经营性项目，经营性项目。

3. 先内部协调后对外发表意见的原则

（1）各级城乡规划管理工作人员应从全局出发考虑问题，积极支持本单位其他部门和其他行政主管部门的工作，应与有关单位经常进行联系，交换信息，沟通情况，以便互相促进，协调管理。

（2）对于非本人审批权限范围内的建设项目可以依照相关规定阐述原则性的规划意见。

（3）对于需要与本部门有关人员或城乡规划行政主管部门内部其他部门共同进行研究的建设项目，应先与有关人员或部门统一意见后，再发表规划审批意见。

（4）对于需要请示上级确定规划意见的建设项目，应在得到上级指示后再发表规划审批意见，如来不及请示上级，应按照一般性规划管理原则发表意见。

（5）对于下级审批权限范围内的建设项目，上级在非下级询问的情况下，如没有与下级进行沟通的情况下，一般不宜对外发表具体规划审批意见。

4. 依法行政的原则

（1）规划审批的目的之一是依法调整社会各阶层的利益，避免引发社会矛盾；合理利用城乡资源，坚持可持续发展，因此，规划审批行为应符合有关法律、法规、规章、规定、规范、标准的要求。

（2）规划审批行为在法律、法规、规章、规定、规范、标准、规划没有明确规定的前提下，应体现公平、公正的原则，采取对比、类比有关相同情况案例的办法，先统一规划审批标准，再进行具体建设项目的规划审批。

（3）规划审批应做到顾全大局，有利团结，保障稳定，尽量避免引发社会矛盾。

（4）对于一切违背城乡规划和有关城乡规划管理法规的违法行为，都应当依法追究当事人应承担的法律责任。

5. 行政行为连续性的原则

（1）规划审批应保持行政行为的连续性，维护规划管理的权威。

（2）原先做出的规划审批行政行为与现行法律、法规、规章、规定、规范、标准、规划的规定不一致时，原做出规划审批行政行为的部门应首先明确是按照现行法律、法规、规章、规定、规范、标准、规划的规定执行，还是报请批准现行法律、法规、规章、规定、规范、标准、规划的部门修改相应的规定。

（3）未经充分研究论证或没有明确的法律、法规、规章、规定、规范、标准、规划作为依据，一般不应提出与原规划审批行政行为相悖的规划审批意见。

6. 先用地后建筑的原则

（1）建设项目应确定选址或明确用地权属后，再研究规划审批意见。

（2）需要新征（占）建设用地的建设项目应先取得项目批准文件或其他法定文件后，再办理规划条件或选址意见书。

（3）建设项目应先办理选址意见书或规划条件后，再办理建设用地规划许可证。

（4）建设项目应先办理建设用地规划许可证后，再办理建设工程规划许可证。

二、建设项目选址的管理

（一）考试大纲的要求

考试大纲的要求是：

（1）掌握建设项目用地规划选址方案的评析。

（2）掌握建设项目选址意见书核发程序和要求。

（二）建设项目选址规划管理的概念

按照《城乡规划法》的规定，建设项目选址规划管理是按照国家规定需要有关部门批准或者核准的建设项目，以划拨方式提供国有土地使用权的，建设单位在报送有关部门批准或核准前，应当向城乡规划主管部门申请核发选址意见书。城乡规划行政主管部门根据城市规划及有关法律、法规对建设项目地址进行确认或选择，保证各项建设按照城市规划安排，并核发建设项目选址意见书。选址是城市规划实施的首要环节；是建设用地规划管理的前期工作；是建设项目是否可行的必要条件之一。

（三）建设项目选址规划管理的目的和任务

建设项目选址规划管理的目的是保证建设项目的布点符合城市规划；对经济、社会发展和城市建设进行宏观调控；综合协调建设选址中的各种矛盾，促进建设项目的前期工作顺利进行。

（四）建设项目选址规划管理的内容和依据

1. 建设项目选址规划管理的内容

建设项目选址规划管理的内容有选择建设用地地址（需考虑建设项目的基本情况；建设项目与城市规划布局协调；建设项目与城市交通、通信、能源、市政、防灾规划和用地现状条件的衔接与协调；建设项目配套的生活设施与城市居住区及公共服务设施规划的衔接和协调；建设项目对城市环境可能造成的污染和破坏，以及与城市环境保护规划和风景名胜、文物古迹、历史风貌保护规划相协调；交通和市政设施选址的特殊要求；珍惜土地资源，节约使用土地；综合有关部门对建设项目的意见和要求）；核定土地使用性质；核定容积率（需考虑建设活动的经济性要求，城市人工环境容量的限制，城市总体规划的要求和其他因素；核定建筑密度；核定土地使用其他规划设计要求)。

建设项目选址类的问题应从性质、规模、布局、经济、社会、实施、主体、运营等八个方面进行研究。

性质特指用地性质，即土地使用性质。确定土地的使用性质是为了保证城市各类用地的合理布局，满足城市发展的需要。建筑性质是实现规划确定的土地使用性质的具体体现和保证。研究单一建设项目的用地性质，应从该项目所处区域所担负的城市功能出发，参照周边用地的性质，确定该建设项目的用地性质。研究区域用地的性质，应从该区域所担负的城市功能出发，按照平衡各类城市用地、与相邻用地性质协调互补的原则，确定区域用地的性质。确定土地使用性质的同时，应确定可兼容的土地使用性质。确定可兼容的土地使用性质，是为了在保证城市各类用地合理布局的前提下，提高城市土地的利用率，增强城市规划的弹性，以适应不同时期城市发展的需要。

规模指用地规模和建设规模，即建设用地面积和总建筑面积。确定用地规模是为了合理使用城市土地资源，避免土地闲置和浪费。确定建设规模是为了适度开发城市土地，保证城市各项功能的顺利运行。新选址的单一建设项目应根据项目的性质、使用需求和建设规模确定用地规模。已确定用地规模的单一建设项目，应根据项目的性质和用地规模确定合理建设规模。研究城市功能区的用地规模，应根据城市的性质、发展的预测和该功能区的性质，结合当前建设项目，按照规模适度、留有余地的原则确定用地规模。确定城市功能区用地规模的同时，应根据该功能区的性质和环境、交通和城市基础设施的承载能力，确定该功能区的总建设规模。

布局专指各类不同性质用地的平面位置和相对关系。应根据城市规划的基本原理对城市用地进行合理布局。建筑布局是规划管理审批的内容，在建设项目选址阶段可不对建筑布局进行深入研究。

经济指经济可行性研究。经济基础是保证规划能够顺利实施的前提。在建设项目选址阶段进行经济可行性研究，是规划合理性和可行性的重要保证。建设项目应根据有关法律、法规、规章、政策和国家标准编制经济测算方案。资金来源不明确落实、经济测算不准确、投资回报率不合理的建设项目不能为选址提供科学的依据。

实施指建设实施方案，包括拆迁安置方式、分期建设方案、市政基础设施建设等内容的具体规划实施措施和预案。实施方案是编制经济测算的依据之一，是规划可行性的重要保证。实施方案应符合国家有关法律、法规、规章、政策的规定。如建设项目在实施时会引发社会矛盾，应再重新调整选址方案。

由于城市规划实务考试的性质，以往试题中一般不会涉及比较复杂的经济问题，一般从性质、规模、布局和实施等四个方面来分析试题。但近几年的考试中开始关注项目的经济合理性、项目可行性等问题，因此答题中要从性质、规模、布局、经济、社会、实施、主体、运营这八个方面综合考虑，另外也要特别注意建设项目的性质应符合规划用地的性质；用地的规模应与建设规模相匹配；应在整个城市的范围内考虑建设项目布局的问题；应避免引起交通、安全等方面的问题。

2. 建设项目选址规划管理的依据

建设项目选址规划管理的依据有城市规划、城乡规划法、建设项目选址规划管理办法、城市国有土地使用权出让规划管理办法、土地管理法、环境保护法、文物保护法、水法、森林法、军事设施保护法、基本农田保护条例、风景名胜区管理暂行条例、城市用地分类与规划建设用地标准、居住区规划设计规范等。其中《中华人民共和国城乡规划法》第三十六条规定："按照国家规定需要有关部门批准或者核准的建设项目，以划拨方式提供国有土地使用权的，建设单位在报送有关部门批准或核准前，应当向城乡规划主管部门申请核发选址意见书。"《建设项目选址规划管理办法》（国家计委、建设部于 1991 年 8 月发布）第四条规定："城市规划行政主管部门应当了解建设项目建议书阶段的选址工作。各级人民政府规划行政主管部门在审批项目建议书时，对拟安排在城市规划区内的建设项目，要征求同级人民政府城市规划行政主管部门的意见。"第五条规定"城市规划行政主管部门应当参加建设项目设计任务书"阶段的选址工作，对确定在城市规划区内的建设项目从城市规划方面提出选址意见书。设计任务书报请批准时，必须附有城乡规划行政主管部门的选址意见书。

（五）建设项目选址规划管理的程序和操作

1. 建设项目选址规划管理程序

以行政划拨征（占）用土地方式取得土地使用权的，建设单位向城乡规划行政主管部门提出建设项目选址的申请。对于尚无选址意向的建设项目，城乡规划行政主管部门根据城市规划和土地现状条件选择建设地点，并核定土地使用规划要求；对于已有选址意向的建设项目，城乡规划行政主管部门根据城市规划予以确认或重新为建设项目选择建设地点，并核定土地使用规划要求。城乡规划行政主管部门在确定建设项目的选址后，向建设单位核发建设项目选址意见书及其附件。

根据《国务院办公厅关于加强和规范新开工项目管理的通知》（国发办〔2007〕64号）中强调的规范和加强新开工项目管理，实行审批制的政府投资项目，项目单位应首先向发展改革等项目审批部门报送项目建议书，依据项目建议书批复文件向城乡规划管理部门申请办理规划选址意见书。完成相关手续后，项目单位根据项目论证情况向发展改革等项目审批部门报送可行性研究报告，并附规划选址意见书。

实行核准制的企业投资项目，项目单位向城乡规划部门申请办理规划选址意见书。完成相关手续后，项目单位向发展改革等项目核准部门报送项目申请报告，并附选址意见书。项目单位依据项目核准文件再向城乡规划部门申请办理用地规划许可证。

实行备案制的企业投资项目，项目单位必须首先向发展改革等备案管理部门办理备案手续，备案后，向城乡规划部门申请办理规划选址等审批手续。

此外，以有偿出让方式获得土地的项目，需要由规划管理部门出具选址文件，附带规划条件，项目建设单位依据规划条件编制详细规划后送交规划主管部门审查，并申请办理用地规划许可证和建设工程规划许可证。

2. 建设项目选址操作要求

（1）建设项目选址需要报送的文件和图纸

①建设项目选址意见书申请表。

②比例为 1/1000～1/500，盖有原勘测单位的出图章的现状地形图。

③大中型建设项目应附送具有相应资质的规划设计单位作出的选址论证报告。

④建设项目建议书批复文件（按国家投资管理规定需发展改革等部门批准的）。

⑤经环保行政主管部门审批通过的环境影响评价文件（法律、法规要求的）。

⑥重大项目需附专家咨询会意见。

⑦法律、法规规定的其他材料。

⑧其他需要说明的图纸和文件。

（2）建设项目选址意见书审批权限

县级人民政府发展和改革主管部门审批的建设项目，由县级人民政府城乡规划行政主管部门核发选址意见书。

地级、县级市人民政府发展和改革主管部门审批的建设项目，由该市人民政府城乡规划行政主管部门核发选址意见书。

直辖市、计划单列市人民政府发展和改革行政主管部门审批的建设项目，由直辖市、计划单列市人民政府城乡规划行政主管部门核发选址意见书。

省、自治区人民政府规划行政主管部门审批的建设项目，由项目所在地县、市人民政府城乡规划行政主管部门提出审查意见，报省、自治区人民政府城乡规划行政主管部门核发选址意见书。

中央各部门、公司审批的小型和限额以下的建设项目，由项目所在地县、市人民政府城乡规划行政主管部门提出审查意见，报省、自治区、直辖市、计划单列市人民政府城乡规划行政主管部门核发选址意见书。

国家审批的大中型和限额以上的建设项目，由项目所在地县、市人民政府城乡规划行政主管部门提出审查意见，报省、自治区、直辖市、计划单列市人民政府城乡规划行政主管部门核发选址意见书，并报国务院城乡规划行政主管部门备案。

（六）建设项目选址意见书的审核内容

（1）应依据经法定程序审定的城市总体规划、分区规划，控制性详细规划、乡镇域规划、专题规划等规划进行选址。凡未按要求编制和调整城市总体规划的，停止新申请建设项目的选址。因特殊情况，选址与城市总体规划不一致的，必须经过专门论证，如论证后认为确需按所选址进行建设的，必须先按法定程序调整规划，并将建设项目纳入规划中，一并报原规划批准机关审定。在城镇地区未编制控制性详细规划的应先编制控制性详细规划并经审定后方可安排当前建设项目。

（2）应先编制规划布局方案、经济测算方案、建设实施方案，并经过规定程序审查同意后，方可办理规划条件。危改项目在编制三个方案前，应先进行房屋质量调查、具有保留价值建筑的调查、树木调查和居民危改意向调查（公房需 80％以上居民同意参加危改，私房应全部居民同意参加危改，不同意参加危改的居民应划出危改区）。旧城范围内的危改项目的规划布局方案应经有关专家论证后，报请上级有关部门批准。

（3）申报建设项目应经过环境保护行政主管部门审核环境影响评价和交通主管部门的交通影响评价以及其他相关主管部门的审查意见。

（4）申报建设项目相邻的城市道路红线未定线的，应先按有关规定确定红线。

（5）申报建设项目的用地性质应符合城市总体规划、控制性详细规划、土地利用总体规划规定的用地范围及性质或包含在兼容性质内。

（6）申报建设项目的建筑高度应符合城市控制性详细规划、高度控制方案和微波通道、机场净空控制要求。

（7）申报建设项目与周围建筑应满足建筑间距要求。

（8）申报建设项目应考虑地震、洪水、泥石流、山体滑坡等因素，应符合地质条件的要求。

（9）申报建设项目建筑容积率应符合控制性详细规划要求。

（10）申报建设项目建筑密度应符合控制性详细规划要求。

（11）申报建设项目绿地率应符合有关城市绿化法规的要求，申报建设项目的位置距古树名木和规定不可砍伐树木的距离应符合有关城市绿化法规和古树名木保护的要求。

（12）申报建设项目应按规定保证消防距离和防火通道。

（13）申报建设项目与城市规划道路相邻的，应按规定代征道路用地，并退后道路红线建设。

（14）申报建设项目与城市规划绿地相邻的，应按规定代征绿地。

（15）申报建设项目位于文物保护单位周围的，应在形式、高度、色彩、性质、建筑密度、体量上符合文物保护范围及其建设控制地带管理规定。

（16）申报建设项目相邻高压走廊的应退后城市电力规范所要求的距离。

（17）申报建设项目位于历史文化名城、历史文化保护区的应符合相应的规划要求。

（18）申报建设项目相邻城市干道、铁路干线、河道两侧隔离带的应符合市政府关于划定上述道路、河道隔离带的要求退后建设。

（19）在城镇地区未编制控制性详细规划的，应先编制控制性详细规划并经法定程序审定后方可安排当前建设项目。

（20）申报建设项目应按要求设置停车位。

（21）申报建设项目（居住区含居住小区、居住组团）的公共服务设施应符合有关居住区公共服务设施配套建设实行指标管理要求。

（22）申报建设项目的用地范围内生产与生活区之间应保持必要的卫生防护距离。

（23）申报建设项目位于或邻近水源保护区的应根据性质满足《水源保护管理条例》的要求。

（24）申报建筑项目的色彩、形式应与城市景观、城市设计要求相协调。

（25）申报建设项目应有水、电、气、热等市政条件保证或有投资解决方案。

（26）申报建设项目位于或邻近风景名胜区的应符合风景名胜区管理规定的要求。

（27）申报建设项目应按人防工程建设要求配建地下人防工程。

（28）申报建设项目涉及林地的应征求林业管理部门意见。

（29）申报建设项目涉及消防、防灾、园林、文物、交通、环保、人防、保密、涉外安全、河湖等须按法规要求征求相关部门意见。

（30）申报建设项目应符合其他有关法律法规和地方政府的政策要求。

（七）建设项目选址例题解析

1. 例题二十二

A市三面环山，是某大城市主城区周边的县级市，有一条干路与大城市主城区直接连接，南北分别有公路向西联系山区和乡镇，紧邻A市东侧有大城市主城区的绕城高速公路，规划一条从大城市主城区进入A市的轨道交通客运线，贯穿A市城区南北，现要结合轨道交通站点，选址一处A市的客运交通枢纽。

试问：①请简述A市城市道路与对外交通衔接中存在的主要问题？②请在甲、乙、

A市道路交通规划示意图

图例

▦	道路
▓	拟建客运轨道交通线路
甲	轨道交通线路站点
●	高速路出入口设立交桥区
▒	拟建轨道交通枢纽
▦	中心区
∴	公园绿地

题二十二图

丙三个位置中确定最佳的客运交通枢纽的选址，并说明理由。

（1）审题

① 回答题目第一问时，应将焦点集中于题干要求的"与对外交通衔接"上作答。

② 在回答第二问时，应首先回答确定的选址，再说明理由。有些考生作答时只顾论述，最后却忘记明确选址，实属可惜。

③ 在选定最佳选址时，应从以下几方面判别：首先看站点设置和图面整体规划方案有无冲突之处。甲站点布置在城市中心区内，上下人流易造成此处拥堵。而丙站点区位过偏，旅客不方便到A市中心；其次，在对外联系方面，甲虽比乙更接近大城市主城，但却无可以便捷连接大城市主城绕城高速公路的通道，不方便换乘。而丙至大城市主城区也并不方便，需要穿过A市中心区。虽然至山区、乡镇较为方便，但却并非A市的主要联

101

系方向。由此可知，站点乙为最优选，既便于市外联系，也方便到达疏散及换乘。

（2）参考答案

① A 市城市道路与对外交通衔接中存在的主要问题如下：

a. 南部道路与至乡镇公路的交叉口过密；

b. 至大城市主城区的道路仅有 1 条，极易拥堵。

② 最佳客运交通枢纽选址为乙，理由如下：

a. 甲站点布置在城市中心区内，上下人流易造成此处拥堵。而丙站点区位过偏，旅客不方便到 A 市中心。乙在中心区边缘，方便旅客向市内各方向疏散且不易造成拥堵。

b. 甲虽比乙更接近大城市主城，但却无可以便捷连接大城市主城绕城高速公路的通道，也不方便换乘。而丙至大城市主城区也并不方便，需要穿过 A 市中心区。丙虽然至山区、乡镇较为方便，但却非 A 市的主要联系方向。乙向大城市或各处换乘都较为方便。

2. 例题二十三

某市政府拟出资与其所辖百年名校在校内共建一所兼具城市功能的 5000 个座位的体育馆。该校位于城市中心区，校区东、南两侧为城市湖泊及支路，其北侧紧邻城市主干路，西侧为城市次干路。该校用地布局分明：北为教学区、南为生活区，其校区东部环境良好，大部分建筑为国家和地方级文保单位及优秀历史建筑，已被该市公布为历史风貌保护区。校区西部为 20 世纪 70 年代后所拓展区域，该校现为新建体育馆提出了三处选址方案。

试问：请就三处选址方案逐一进行优缺点分析，并选一处为推荐选址。

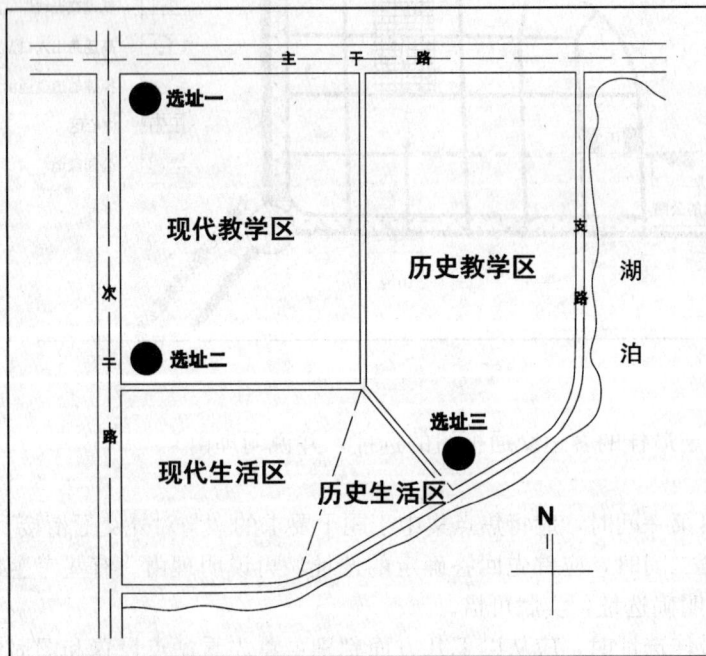

题二十三图

（1）审题

题目第一句指明了该体育馆兼具城市功能，因此应结合场地的区位及周边条件（本题图给出的城市道路等级）进行分析。其中选址一距交叉口过近易造成拥堵，而选址三则在支路上进出不便；同时，为方便服务学校内部，学校各区到达选择二的距离都较为平均，因此这里选址二较优。

题目后文给出了考量拆除成本的要素：东部为历史风貌保护区，西部为 20 世纪 70 年代左右建筑。由此判断选址在学校西部的拆除成本较低。而东部环境良好则为次要因素，可以视作干扰项。

由此可知应推荐选址二。

（2）参考答案

选址一：处于西部，建筑建于 20 世纪 70 年代，拆除成本较低；但由于学校处于城市中心区，体育馆布置在主干路交叉口处将严重影响城市交通。

选址二：处于西部，建筑建于 20 世纪 70 年代，拆除成本较低；选址在距城市主干路一段距离的次干路上，既方便市民使用又能兼顾校内教学和生活区。

选址三：位于历史风貌保护区，大部分建筑为国家和地方级文保单位及优秀历史建筑，难以拆除。

综上所述，选址二为推荐选址。

3. 例题二十四

某建制镇，地理位置优越，对外交通便利，离省城 80km、县城 50km，距邻市 20km。镇域现状人口 2 万，镇区人口 1.5 万，规划到 2030 年，镇域人口达 3.5 万，镇区人口 2.3 万。

该镇有一个四级公路客运站（题二十四图中的站址 A），目前日输送旅客量 500 人，占地 $0.5hm^2$，位于老镇区中心位置，周围为商业用地，再外围是居住用地。公路穿过镇区。拟将现状客运站搬迁新建，理由是该公路客运站用地规模偏紧、秩序混乱、影响镇的形象。预测到 2020 年日发送旅客 1000 人左右。拟建新站如题二十四图中的站址 B，规划仍为四级站，占地 $1.5hm^2$。

试问：①分析该公路客运站主要客流方向。②该公路客运站搬迁理由是否充分？③拟建新站有什么问题？

（1）审题

该题考查公路客运站选址的相关知识，题文最后明确给出了答题方向。首先，分析客运站主要客流方向，应重点分析该镇周边相邻行政建制单位的规模、等级、距离以及交通条件，依次排序便可得出结论；其次，搬迁是否合理，应从题文所给出理由逐条进行判断；最后，问拟建新址选址是否合理，需从题文给出的等级及面积信息，以及图面上的区位和上文分析出的主要客流方向进行判断。

（2）参考答案

该公路客运站旅客客流主要方向为南北向，原因为：

① 镇离邻市距离最近，距县城 50km，省城 80km，临市 20km。

② 镇与邻市交通最便利，镇与县城和省城主要为公路连接，而与邻市既有公路又有高速公路连接，且连接出入口方便。

客运站搬迁理由不充分，主要原因为：

① 规划四级客运站，规划期末日发送 1000 旅客，用地规模 $0.5hm^2$ 仍能满足用地

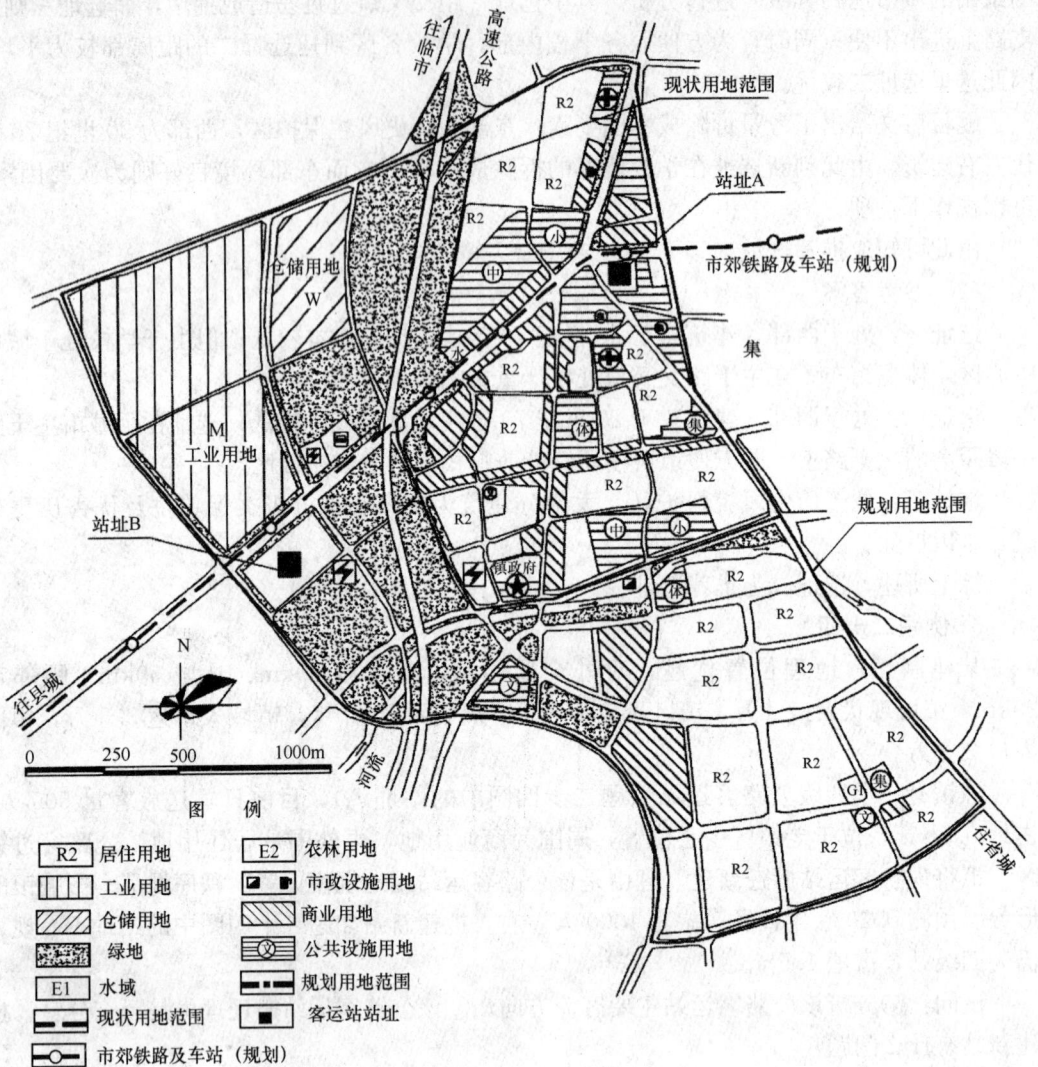

图例

R2	居住用地	E2	农林用地
	工业用地		市政设施用地
	仓储用地		商业用地
	绿地		公共设施用地
E1	水域		规划用地范围
	现状用地范围		客运站站址
	市郊铁路及车站（规划）		

题二十四图

需求。

② 秩序混乱、影响形象均可通过交通管理和建筑修新完成。

③ 车站现址位置好，对外交通与客流方向一致，且连接便利，对内临近客源区，与城内交通联系方便，服务性好。

拟建新址存在问题：

① 距离主要客流方向距离过远，不合理。

② 远离城区客源密集区，服务性差。

③ 用地规模按四级标准建设，用地规模偏大。

4. 例题二十五

某大城市在城市中心区外围规划有一处独立建设组团，主要功能为居住和公共服务。可容纳居住人口约 4 万人。组团整体地势北高南低，南临城市主要行洪河道，北倚山地林区，有东西方向的轻轨和干道向北通往山地林区，其中，中间的南北向干道是通往市级风景名胜区的主要通道。

根据市卫生主管部门的要求，为完善城市中心区现状综合医疗中心的功能，在该组团选址建设一处综合医疗中心分院，服务人口约6万人，满足该组团及部分中心区居住人口就医需求，设置标准按40床/万人，用地规模按115m²/床。

医院建设单位提出如下选址方案：拟建设综合医疗中心分院占地约5hm²，将原规划居住、绿化调整为医疗卫生用地，保留地块内的行洪河道要求，具体位置如题十四图所示。

试分析该选址方案的不合理之处。

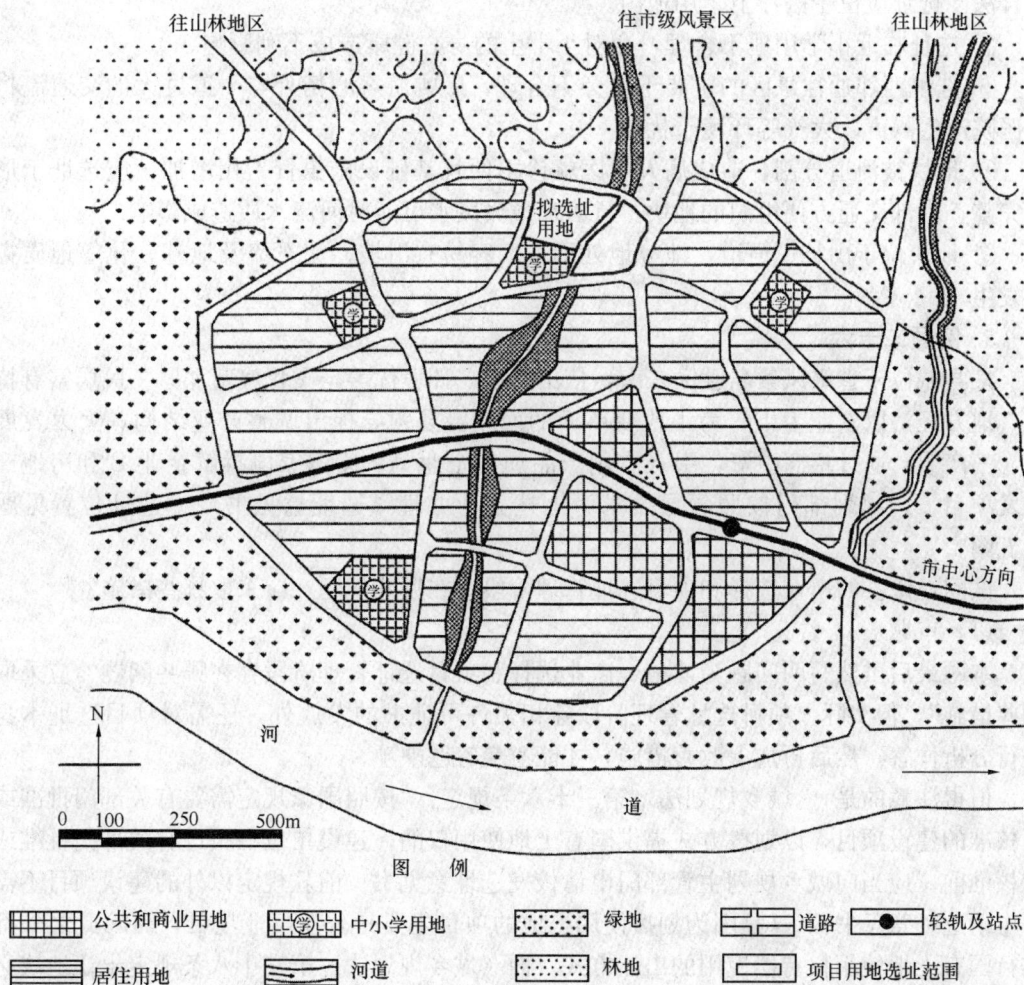

往山林地区　往市级风景区　往山林地区

拟选址
用地

N

河

道

0　100　250　500m

图　例

题二十五图

图　例

| 公共和商业用地 | 中小学用地 | 绿地 | 道路 | 轻轨及站点 |
| 居住用地 | 河道 | 林地 | 项目用地选址范围 | |

（1）审题

本题考查的是医院选址的相关知识，应当从规模、服务标准及范围、交通与区位等方面进行分析。需要注意的有两点：一是题文第三段说"医院建设单位提出如下选址方案……将原规划居住、绿化调整为医疗卫生用地……"，此处需要判断建设单位是否有权进行用地功能的调整；二是第三段最后说"……保留地块内的行洪河道要求"，而单看图面的话，因"拟选址用地"字样全部在河流西侧地块内，很容易将此地块当作选址的全部用地。因此在审题时需仔细与图面内容进行一一对照。

（2）参考答案

① 用地规模过大不合理：根据规定，医院所需用地规模约为 2.75hm²，5hm² 用地按照提供的设计标准可服务 10 万人。而本区总计服务人口才 4 万人。

② 选址位置过偏：医院同时为组团和市区服务（规划为 6 万人服务，大于组团 4 万人），位置应方便组团及市区就诊就医，故选址位置应靠近组团中心结合轻轨站点布置。

③ 医院建设单位擅自调整原规划地块性质不合法，在原居住用地和绿化用地内选址不合法。选址应位于医疗卫生用地内。

④ 选址临近小学用地不合理，会对小学生的身心健康造成不利影响。

⑤ 选址西邻通往景区的主要干道旁不合理，影响游客心情外，干道过大的交通流将对医院产生噪声、大气等环境干扰。

⑥ 地块被河道分割，造成病人就医就诊不便且基础设施投资费用增加，应选址于形态完整、内部交通方便组织的地块。且医疗垃圾废水可能对河流水质造成影响。

⑦ 地块位于山林、河道，地势地处不利，容易有滑坡、泥石流及地基软化等地质灾害发生。

5. 例题二十六

某县城位于省级风景名胜区东南，依山傍水，环境优美，文化底蕴深厚。民居富有特色，地方经济以农业为主，为了改变落后的面貌，县领导提出调整产业结构，大力发展二、三产业。通过招商引资，引入农副产品加工企业 A，废旧家电拆解企业 B 和房地产开发项目 C，规划部门按照领导要求为上述企业办理《选址意见书》（选址位置见题十五图）。

试问，该县的产业选择和项目选址管理阶段存在哪些问题？应采取哪些措施？

（1）审题

本题最后虽然写明问题为"……产业选择和项目选址管理阶段存在哪些问题？应采取哪些措施"，但实际上项目选址管理阶段除相关许可证书的发放外，还需对项目选址本身进行分析作答，然后再加上改善措施，才能避免答题缺项。

值得注意的是，《城乡规划法》第三十六条规定："按照国家规定需要有关部门批准或者核准的建设项目，以划拨方式提供国有土地使用权的，建设单位在报送有关部门批准或者核准前，应当向城乡规划主管部门申请核发选址意见书。前款规定以外的建设项目不需要申请选址意见书。"这是因为划拨使用土地的项目主要是公益事业项目，而除此之外都实行国有土地使用权有偿使用的出让方式。而《城乡规划法》第三十八条规定出让地块必须附具城乡规划主管部门提出的规划条件。即通过有偿出让方式取得国有土地使用权的建设项目本身就具有与城乡规划相符的明确的建设地址和建设条件，无须城乡规划主管部门再进行建设地址的选择或确认，因此不需要申请选址意见书。

（2）参考答案

产业选择方面：

① 大力发展第二产业不合理。地处省级风景名胜区，依山傍水，环境优美，应大力

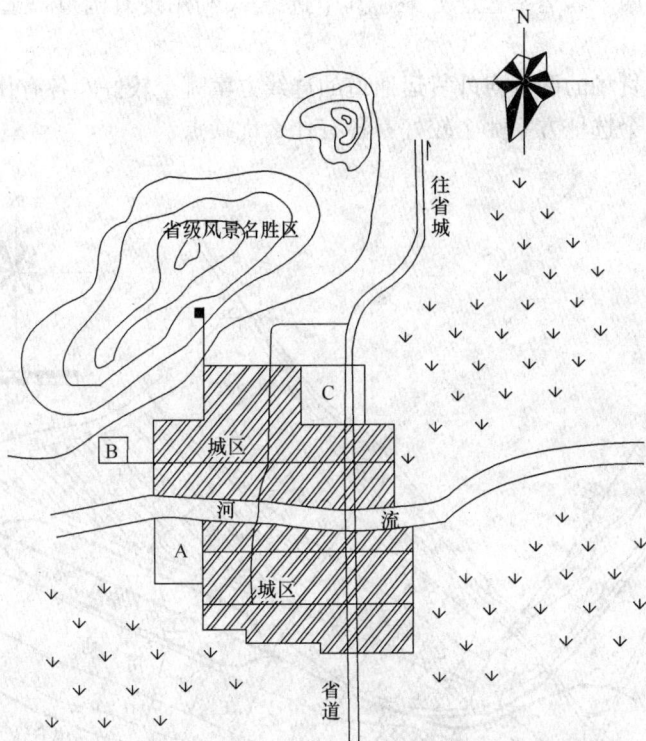

图 例

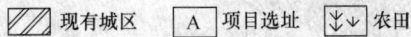　现有城区　　A　项目选址　　🡇🡇　农田

题二十六图

发展第三产业，适度开发符合条件的第二产业。

②废旧家电拆解企业 B，环境污染严重，环保成本高，不应引进。

③应限制房地产开发，以免破坏城市风貌。

选址管理方面：

①ABC 企业均不符合以划拨方式提供国有土地使用权的条件，规划部门不应办理《选址意见书》。

②A 企业选址位于城区西侧，远离省道不合理，农副产品加工企业应强调对外交通联系，选址应靠近省道并远离风景名胜区。

③B 企业污染严重，应远离河道和风景名胜区。

④C 企业选址占用省道、侵占农田不符要求。应避开省道，可适当向北空地发展。并加强建筑风貌的设计，体现当地的地方文化。

6. 例题二十七

某省会城市市郊铁路小镇规划人口规模 5.5 万人，省会城市总体规划中确定的三个铁路货运站场之一即位于该镇，年货运量为 100 万吨，主要为本市生产生活服务，兼为周边县市服务。为落实上位规划，解决好该镇的对外交通，市政府责成有关部门专题研究铁路货场的对外交通组织和镇公共汽车客运站的选址。有关部门分别提出 A、B 两个货运通道选址方案和甲、乙两个客运站选址方案，其中选线 A 利用现有国道，选线 B 为新建道路（题二十七图）。

试问：①铁路货场的两个对外货运通道的选线方案哪个较好？各有什么优缺点？②公共汽车客运站的两个选址方案哪个较好？各有什么优缺点？

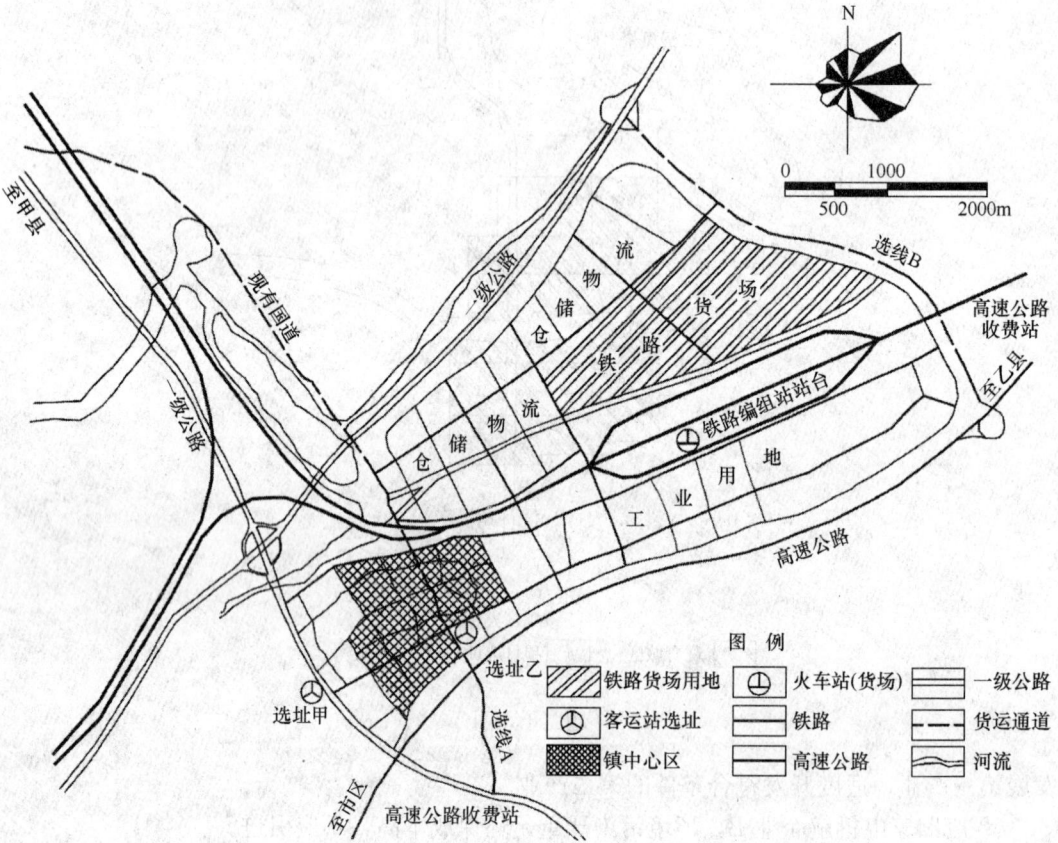

题二十七图

(1) 审题

本题需要对对外货运通道的选线以及汽车客运站的选址从优点及缺点分别进行分析。首先由题文可知，对外货运通道需要解决的是铁路货场的对外交通。因此需从选线距货场的距离、主要服务对象、与镇区及其他交通干线的关系进行分析。汽车客运站主要解决镇对外客流的集中与疏散，因此应从客源及对外交通便利等方面进行作答。

(2) 参考答案

货运通道选线 B 较好。

① 选线 A：

优点：利用现有国道，投资少，现状设施利用方便，与市区联系方便。

缺点：远离铁路货场，与货场连接不便。线路穿过镇区，货运交通和镇区交通相互干扰。

② 选线 B：

优点：靠近货场便于运输；线路与镇区交通无干扰；与一级公路和高速公路直接连接，形成良好的单纯货运通道。

缺点：与主要服务对象市区相对较远。新建道路，投资较大。

公共汽车客运站选址乙较好。

① 选址甲：

优点：靠近对外公路，方便到达市区，对城区交通干扰较少，位置独立，便于建设。

缺点：车站与本镇客源被一级道路分割，对交通和安全均造成影响。

② 选址乙：

优点：靠近镇区客源中心，紧邻城区主干道，乘车方便，服务性好。

缺点：对城区交通及未来用地向南发展略有干扰。

7. 例题二十八

某市远郊山区乡镇拟选址建设一处现代化的高档宾馆，规划总用地面积约 2.4hm²，总建筑面积约 4.8 万 m²，拟建高度 45m。拟选址用地的西北侧为山丘，东北侧为一现状历史文化名村，东侧为河道和 7m 宽沥青路（题二十八图）。

试问：该项目选址存在哪些不当之处。

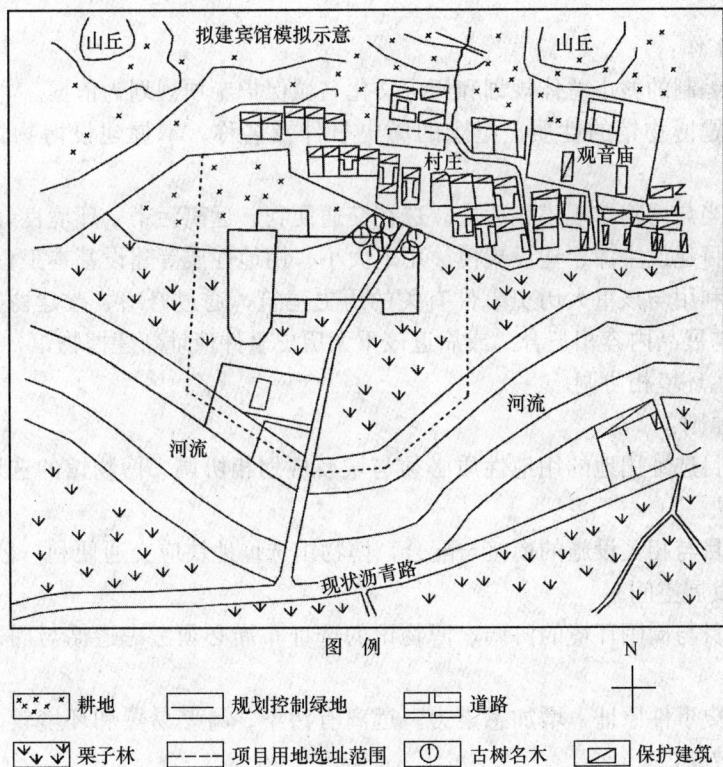

题二十八图

（1）审题

本题较为简单，题目只问此处选址有何不当。因此只需将地块对照图面元素一一分析，并将题文给出的面积、开发强度进行计算便可充分答题。

（2）参考答案

① 项目占用进村通道，不合理。

② 用地不应侵占耕地、林地。

③ 规划选址范围将古树名木划入，做法错误。

④ 项目用地占用河道规划控制绿地做法错误。

⑤ 拟建建筑容积率、建筑高度过大过高，破坏了历史文化名村风貌，不符合要求。

⑥ 建筑形体及风格与村庄建筑风貌不协调。

8. 例题二十九

某国家历史文化名城，为纪念近代发生在该市的一起重大历史事件，市政府拟规划建设一座历史专题博物馆。

试问，作为该市规划管理人员，在该专题博物馆的选址工作中，应重点做好哪些工作和遵循什么原则？

（1）审题

本题考查专题博物馆的选址要点，考试直接按题文最后所指出的工作要点和选址原则进行相关知识的回忆进行作答便可。

（2）参考答案

应做好的工作：

① 应以已编制的城市总体规划和历史文化名城保护专项规划为依据。

② 了解专题博物馆的性质、纪念的历史事件及名称，掌握建设博物馆来源等历史情况。

③ 用地应当与博物馆规模相适应。选在交通便利、远离污染、环境良好的地区。

④ 了解项目建设主体、建设规模、用地大小、用地性质等建设基本工程信息。

⑤ 可考虑利用与该重大历史事件有关的历史建筑，通过修缮、改建博物馆，使博物馆的馆舍建筑与展品内容相契合。或靠近该重大历史事件遗址新建博物馆，使博物馆选址与历史事件发生环境相协调。

应遵循的原则：

① 建设项目选址用地的用地性质必须与城乡规划相协调，博物馆的选址应位于城乡规划的相应地块。

② 建设项目与相关设施的衔接与配合，博物馆选址地块应交通便利，公用设施完备，且有自身用地发展空间。

③ 建设项目与周围环境的协调，博物馆的选址布局必须考虑遵循与周边环境的和谐相处。

④ 靠近历史事件原址，增加感染力。远离有污染、易燃易爆和环境较差处，以免影响博物馆人文效果。

⑤ 真实性、完整性、协调性。能够体现和提升博物馆城市的历史价值、科学价值、文化价值。

9. 例题三十

图为某县城道路交通现状示意图（题三十图），城区现有人口约 15 万，建成区面积约为 17km²。规划至 2020 年，城区人口约 21 万，远景可能突破 30 万。

火车站东侧是老城区和市中心，城市南部为工业区，城市东部为新建的住宅区。贯穿城区南北部的是一条老国道，新国道已外迁至老城区东侧。城市东西向有 3 条主干路。现状路网密度约 3.3km/km²，其中主干路网密度 1.2km/km²，次干路网密度 1.5km/km²，支路网密度 0.6km/km²。

根据相关上位规划，未来将有一条南北走向的重要城际铁路在城市东侧选线经过，并拟在该城区设城际铁路车站，有两个车站选址方案可供比选。

① 该县城现状道路网及其交通运行组织存在哪些主要问题？

② 城际铁路车站选址适宜的位置是哪个？为什么？

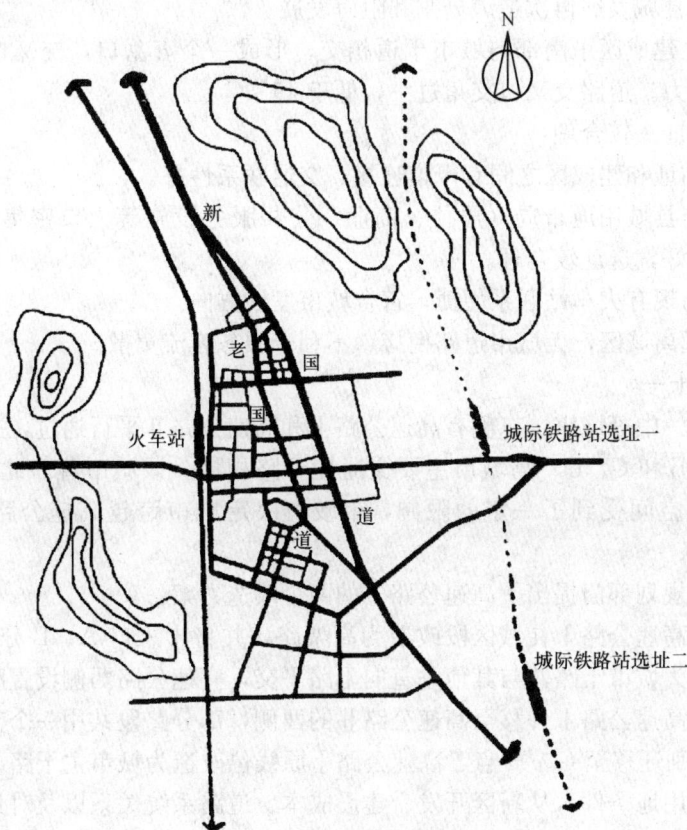

题三十图

（1）审题

本题考查城市路网系统及城际铁路车站选址相关内容。题目第一段及第二段前半部分是对该县状况的描述，其中关于县城各分区功能并未在图上标出。为方便答题，考生不妨用铅笔在题图上进行相应标注。针对题目第一问，现状路网及交通组织存在哪些问题，需要从路网的结构、级配、密度、与县城不同功能区的关系，以及新国道的选线方面进行回答。针对第二问，需要考生从站址与现状交通的衔接，以及与县城中心（客源地）的关系进行阐述即可。

（2）参考答案

现状路网及交通组织存在的问题：

① 县城整体道路网密度过低，应不小于 $6km/km^2$，支路网（$0.6km/km^2$）密度过低，南部工业区和东部住宅新区缺少支路，严重影响地块的可达性，造成主次干道交通阻力。

② 县城南北向除老国道外无主干道，南北疏通性差，交通组织不合理。

③ 支路直接搭接主干道和对外公路不合理，主干道、次干道、支路网密度不协调。

④ 道路搭接不畅，过多丁字路和斜交叉（小于 $45°$），老国道与主次干道形成五岔路口等明显不合理。

⑤ 新国道选线不合理。从地形条件来看新国道以东仍有较大的城市发展空间，新国道走线将对以后县城发展再次造成分割和阻碍发展。

⑥ 新国道在建成区东南部与城市干道相交，形成一个五岔口，交叉口流线复杂，会影响道路通行能力。道路交叉口交角过小，低于 $45°$。

城际铁路选址一较合理：

① 选址一站址和建成区之间有干道连接，交通联系性好。

② 选址一与县城用地布局（居住、商业、公共服务设施等人口密集区）距离合适，可达性及服务性好，选址较合理。

③ 选址一与现有火车站联系便捷，符合城市发展方向。

④ 选址二远离城区，无城市道路衔接，不利于服务客流集散。

10. 例题三十一

某发达地区一中等城市，东侧有高速公路Ⅰ和高速公路Ⅱ平行通过，并各有两个出入口（分别为 A、B 和 C、D）与城市主要交通性干路相接。该城市背靠北山、西邻海湾，近年来城市发展空间受到了一定的限制，市政府决定城市跨越高速公路Ⅰ发展，建设新区。

为此，城乡规划部门提出了高速公路Ⅰ的两个改造方案：

方案一：将高速公路Ⅰ在城区段改造为高架路，并将出入口 A、B 分别迁移至 E、F 点，原路段改造为城市干路并与其他垂直向干路平交，高速公路两侧设置防护绿地；

方案二：将高速公路Ⅰ外移至高速公路Ⅱ的西侧，部分路段共用一个交通走廊，并将出入口 A、B 分别迁移至 G、H 点，高速公路Ⅰ原线位改造为城市主干路（题三十一图）。

试结合现状用地条件，从新区开发、建设成本、道路系统关系以及对景观环境的影响方面，分析两个方案的优缺点，并提出推荐方案。

（1）审题

本题最后指出需从新区开发、建设成本、道路系统关系及对景观环境的影响几个方面对两个方案的优缺点分别进行分析，同时需要注意的是题目明确指出"并提出推荐方案"，考生在答题时千万不要忘记。

（2）参考答案

新区开发：

① 方案一原址高架后，相较方案二来说对新旧两个城区有一定的分割效应，相当于城市按两个组团发展，相对独立。

② 方案二可以使新旧两个城区在空间上成为一个完整的结构，基本不受高速影响。

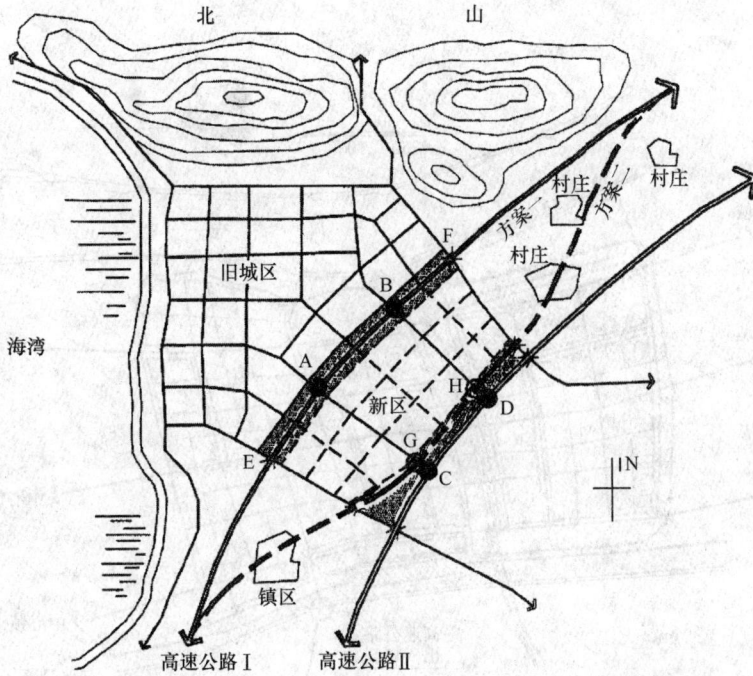

题三十一图

但相较方案一，未来继续发展时用地较为受限。

建设成本：

① 方案一原址高架，比起地面铺设，成本较高，但是不需要拆迁。

② 方案二涉及城南及城东北的部分村镇拆迁，成本将远高于方案一。城市将来继续发展时还需对高速公路进行调整，增加了未来的建设成本。

道路系统：

① 方案一走向与原有道路顺直，改为城市道路便于组织城市空间结构，且高速出入口向两侧偏移是合理的选择，符合高速出入口位于城市边缘的要求。

② 方案二的四个出入口相隔太近，不利于组织交通。

景观环境：

① 方案一高速高架影响城市景观及天际线。

② 方案二不受影响。

综上所述，虽然方案一对景观影响较大，但是考虑到开发成本和城市未来的发展，结合城市的实际情况，方案一是比较合理的选择。

11. 例题三十二

某县城总体规划结构如题三十二图所示。现有三个发展机会，需在县城范围内选址建设三项工程：一是随着三级航道的煤炭和建材等杂货运量快速上升，需选择路径建设铁路专用线，以实现公铁水联运；二是随着物流量的上升，拟选址建设物流商务园（物流企业管理和物流信息管理中心）；三是随着社会主义新农村建设的推进，农副产品产量和质量快速提升，拟选址建设农副产品交易市场。

试根据图示结构，对 A、B 两条专用线选线进行选择，并阐明理由；在 1 至 8 号地段

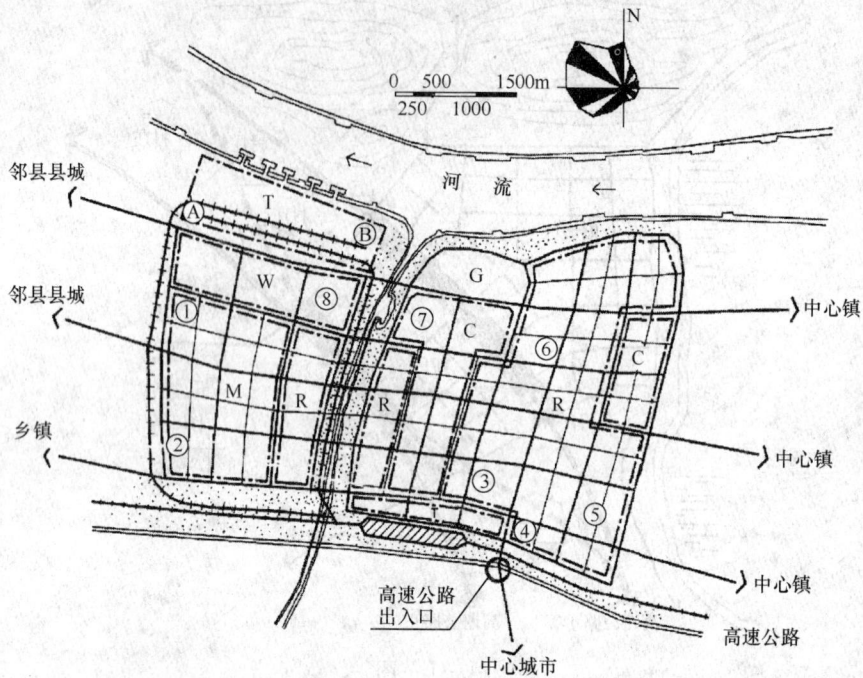

N

0 500 1500m
250 1000

邻县县城

河　流

T

Ⓐ

Ⓑ

W

G

①

⑧

⑦

C

⑥

C

邻县县城

中心镇

乡镇

M

R

R

R

R

②

③

⑤

④

高速公路
出入口

中心镇

中心镇

中心镇

高速公路

中心城市

题三十二图

中选址物流商务园和农副产品交易市场，并阐明理由。

（1）审题

本题需对铁路专用线、物流商务园及农副产品交易市场三个方面分别进行选址并阐述理由。

关于铁路选线，图面较为杂乱。A 线为由标志圈 A 向东至河口附近沿河向南到站场附近，B 线为标志圈 B 向西至标志圈 A 附近向南绕城西至南边铁路再向东至站场附近。由此可知 A 线不尽合理，不但从城中心穿过影响交通、周边用地及空间连接性，且沿河严重影响景观。

关于农副产品市场，应选择交通方便、位于城市边缘的用地。而关于物流园商务选址，应从备选用地中挑选临近仓储且能提供舒适办公环境的地块。

（2）参考答案

① B 线路较合理，从城市边缘经过，对城市影响较少，对河流等生活岸线、居住没有影响。沿线用地为工业用地，影响较小。

② 物流商务园区宜选 8 号地块，因为该地块靠近仓储用地，便于对仓储的管理及处理相关的商务事务。沿生活岸线，环境优美，适合办公。

③ 农副产品交易市场宜选 4 号地块，因为离高速出入口近，离铁路近，又在火车站的侧方向，对火车站的交通不干扰，该地块位于城市边缘，符合农产品交易市场宜布置在城市边缘的要求。

三、规划条件的给定

(一) 考试大纲的要求

考试大纲的要求是：

（1）掌握建设项目规划条件的基本内容和要求。

（2）掌握规划条件变更的程序和要求。

(二) 给定规划条件的目的和任务

规划条件是国有土地使用权有偿出让的依据，是规划编制单位和建筑设计单位进行方案设计的依据，也是城市规划行政主管部门对设计方案进行审查的依据。

(三) 给定规划条件的内容和依据

1. 规划条件的内容

规划条件主要侧重于从单项建筑工程与周边现状建筑间的空间协调、交通组织衔接，以及自身建筑布局、内部建设环境和配套设施等方面提出限定条件。规划条件主要包含了建筑工程的性质、规模、布局、退线、退界、间距、日照、交通、绿化、市政、景观、配套设施等内容。

具体地说规划条件需要涵盖以下内容：

（1）用地性质应符合城市总体规划、控制性详细规划、土地利用总体规划规定的用地范围及性质，或包含在兼容性质内。

（2）建筑高度应符合城市控制性详细规划、高度控制方案和微波通道、机场净空控制要求。

（3）退后用地边界线，维护相邻用地空间权益，与周围建筑应满足建筑间距要求。

（4）建筑容积率应符合控制性详细规划要求。

（5）建筑密度应符合控制性详细规划要求。

（6）绿地率应符合城市绿化条例和控规的要求。

（7）应按规定保证消防间距和消防通道。

（8）相邻城市规划道路、铁路干线、河道的，建设项目应退后道路红线、铁路线和河道蓝线进行建设，并应按照规划要求预留防护绿地。

（9）相邻高压走廊的项目应按照电力设计规范所要求，满足安全距离。

（10）位于历史文化名城、历史文化保护区的应符合相应的规划和文物保护要求。

（11）位于文物保护单位周围的，应在形式、高度、色彩、性质、建筑密度、体量上符合文物保护范围及其建设控制地带管理规定。

（12）应按要求设置停车位和妥善组织用地的内部和外部交通。

（13）居住区（含居住小区、居住组团）的居住公共服务设施应符合有关居住区公共服务设施配套建设实行指标管理规定的要求。

（14）用地范围内生产建筑与生活区之间应保持必要的卫生防护距离。

（15）邻近水源保护区的应根据性质满足《水源保护管理条例》和环保的要求。

（16）建设项目的色彩、形式应与城市景观、城市设计要求相协调。

（17）应有水、电、气、热等市政条件保证或有投资解决方案。

（18）建设项目的位置距古树名木和规定保留树木的距离应符合有关古树名木保护管理规定的要求。

（19）位于或邻近风景名胜区的建设项目应符合风景名胜区管理规定的要求。

（20）应按人防工程建设要求配建地下人防工程。

（21）涉及交通、环保、人防、保密、涉外安全、河湖、消防、防灾、园林、文物、环保等方面问题的，须按有关法规的要求征求相关行政主管部门意见。

2. 城市规划行政主管部门提出给定规划条件的依据

《城乡规划法》第三十八条规定："在城市、镇规划区内以出让方式提供国有土地使用权的，在国有土地使用权出让前，城市、县人民政府城乡规划主管部门应当依据控制性详细规划，提出出让地块的位置、使用性质、开发强度等规划条件，作为国有土地使用权出让合同的组成部分。未确定规划条件的地块，不得出让国有土地使用权。"第三十九条："规划条件未纳入国有土地使用权出让合同的，该国有土地使用权出让合同无效"。

（四）给定规划条件的操作

（1）用地规划要求

拟规划建设用地位置、范围：应说明用地四至（相邻道路、相邻单位），并注明"详见附图"的字样。

拟规划建设用地使用性质应按控规中的用地性质填写。

可兼容使用性质应按控规中的可兼容使用性质填写。

拟规划建设用地面积应按照规划条件附图中的用地面积与其一致，并注明准确用地面积以钉桩成果为准，同时需注明用地内含现状产权单位或需保留单位，如小学、中学用地面积等。面积数值精确至百位，个位十位数采用舍弃方法。

另需代征或腾退城市公共用地面积应按照规划条件附图中的代征或腾退城市公共用地面积填写，面积数精确至百位，个位，十位"四舍五入"采用进位方法。

代征或腾退其他用地面积应按照规划条件附图中的代征或腾退其他用地面积填写，面积数值精确至百位，并应注明代征用地性质，如代征文物保护用地等。

人口毛密度应为整数。

建筑密度应为百分数。

建设用地控制高程应根据地形图标注按规范要求计算提出。

（2）建筑规划要求

建筑使用性质应按控规中的建筑性质填写。

可兼容使用性质应按控规中的可兼容建筑性质填写。

建筑控制规模应依据控规中的容积率指标与建设用地面积的乘积填写。如不含地下车库及设备用房的建筑面积应特别注明。

建筑控制高度应按照控规中的高度填写。

建筑控制层数应为地上地下层之和并分别注明地上、地下层数，并应注明"建筑层高应满足建筑不同使用性质的要求"的字样。

建筑退让距离应按有关规定填写，建筑外墙线与用地边界线不平行时应以最小距离填写。

（3）建筑间距应按照有关规定填写，并注明应符合有关法规的名称。同时，应根据消防、铁路、河湖、文物等法规的要求提出间距要求。

（4）环境设计要求

与相邻建筑空间关系：如有城市设计成果，应按照城市设计提出。

建筑立面、色彩、造型：如有城市设计成果或位于历史文化保护区内，应依据相应内容提出。

（5）绿化环境规划要求

绿地率：应依据控规或绿化条例填写。

集中绿地面积：（按居住区不少于 $1.5m^2$/人，居住小区不少于 $1m^2$/人，组团不少于 $0.5m^2$/人计算）。

（6）交通规划要求中主要出入口方位应注意出入口设置与入口距离应满足法规要求，道路开口尽可能开向低等级城市干道。

（7）其他要求

公共服务设施和市政设施的位置按控规中的要求在规划设计方案中安排，市政站点应征求各专项负责单位意见，按照要求在规划设计方案中安排。

需要由其他主管部门办理相关手续的情况也应在规划条件中注明。

（8）规划条件通知书附图要求

标注的建设用地应权属明确，没有争议。

一般应加载现状地形图（1/2000～1/1000 地形图）。

标注规划道路名称及红线宽度。

标注建设单位现有用地范围及扩大用地范围。

标注相邻单位名称，颜色应为蓝色。

标注申报项目建设用地面积和代征城市市政道路用地面积、代征城市绿化用地面积和其他代征用地面积（如代征文物保护用地、代征拆迁用地、代征边角地等），应以平方米作为面积单位。规范标注方式为："建设用地面积约××m^2"、"代征道路用地面积约××m^2"、"代征绿化用地面积约××m^2" 等，颜色应为红色。

标注各项用地面积在附图中应以直线或直角折线表示。

建设用地面积应为红色，代征道路用地应为黄色，代征绿化用地应为绿色，代征河道用地应为蓝色，代征铁路用地应为紫线。

（五）规划条件变更的程序和要求

《城乡规划法》第四十三条规定："建设单位应当按照规划条件进行建设；确需变更的，必须向城市、县人民政府城乡规划主管部门提出申请。变更内容不符合控制性详细规划的，城乡规划主管部门不得批准。城市、县人民政府城乡规划主管部门应当及时将依法变更后的规划条件通报同级土地主管部门并公示。

建设单位应当及时将依法变更后的规划条件报有关人民政府土地主管部门备案。"

（六）规划条件例题解析

1. 例题三十三

某省会城市医院，因床位紧张，绿化面积不够，门前主干路交通阻塞等原因，急需扩建改善。其北侧的学校已搬迁至新校区，原学校建设用地拟划拨给该医院，作为扩建高层住院楼的选址。

经规划部门初步核定：保留原门诊楼和住院楼，新建一栋高层住院楼，并结合庭院绿化新建停车场（见题三十三图）。该院扩建完成后，基础设施基本满足配套，符合城市规划控制要求。

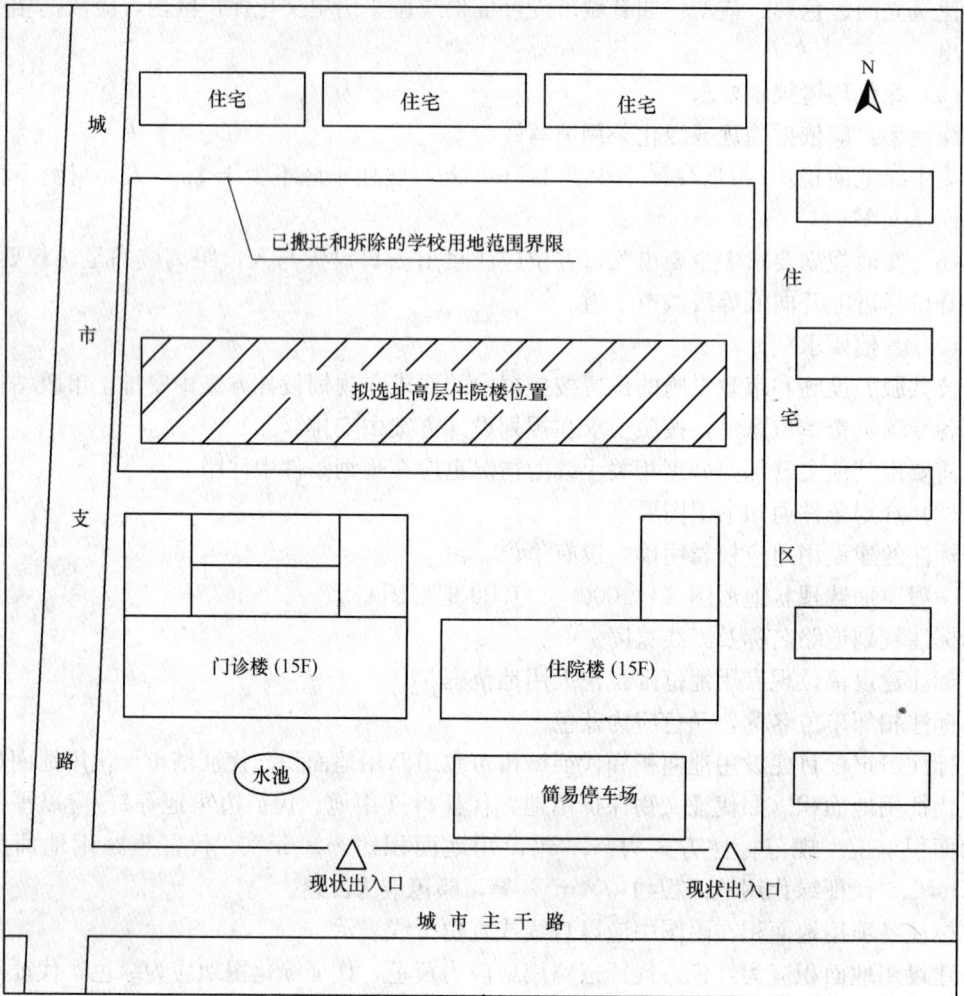

题三十三图　某医院扩建选址示意图

根据现状及规划要求，按照相关规定，在选址意见书中应提出哪些意见？

（1）审题

这是一道反推题。题目第二段后半部分指出"该院扩建完成后，基础设施基本满足配套，符合城市规划控制要求"，因此应尽可能列出扩建行为所关系到的建设协调及控制的各个方面。

（2）参考答案

① 审查项目依据、建设主体是否符合法定资格。

② 选址是否符合城乡规划。

③ 提出选址用地位置及四至范围。

④ 地块的用地性质、容积率、建筑高度、建筑密度以及基础设施和公用设施的配套。

⑤ 住院楼与新建停车场的位置、面积、床位数、车位数等关键指标。

⑥ 选址地块与原地块的交通、出入口位置及绿化面积。

⑦ 住院楼与周边建筑的日照、消防、防震等要求。

⑧ 已有水池及简易车棚的处置方式。

2. 例题三十四

某房企经土地拍卖取得一块约 60hm² 的居住用地的土地使用权，办理了相关规划许可，但搁置了 3 年未动工建设，市政府决定依法收回该幅土地并采纳人大代表的建议，为改善城市环境和招商引资环境，适当增加绿地和商业用地，重新入市，尽快实施。

试问：为落实市政府要求，市城乡规划部门应依法履行哪些工作程序？

（1）审题

根据《闲置土地处置办法》第十四条相关规定，未动工开发满两年的土地，由市、县国土资源主管部门按照《中华人民共和国土地管理法》第三十七条和《中华人民共和国城市房地产管理法》第二十六条的规定，报经有批准权的人民政府批准后，向国有建设用地使用权人下达《收回国有建设用地使用权决定书》，无偿收回国有建设用地使用权。闲置土地设有抵押权的，同时抄送相关土地抵押权人。故本题中该房企对取得土地使用权的居住用地在办理了相关规划许可后搁置 3 年尚未动工建设的情况，可将其土地使用权予以回收，则市城乡规划部门需要配合土地部门，进行相关无偿收回该土地的使用权程序及文件的准备，收回该土地并撤销相关的规划许可。

市政府决定适当增加绿地和商业用地，则需要对该地块的控制性详细规划依法进行调整修改。根据《城乡规划法》第四十八条相关规定，修改控制性详细规划的，组织编制机关应当对修改的必要性进行论证，征求规划地段内利害关系人的意见，并向原审批机关提出专题报告，经原审批机关同意后，方可编制修改方案。修改后的控制性详细规划，经本级人民政府批准后，报本级人民代表大会常务委员会和上一级人民政府备案。且控制性详细规划涉及城市总体规划、镇总体规划的强制性内容的，应当先修改总体规划。故该市城乡规划部门需要对修改此地块控制性详细规划的必要性进行论证，并征求该规划地段内利害关系人的意见，必要时还需要启动听证程序；并需要向原审批机关提出专题报告，经原审批机关同意后，方可组织编制修改方案，委托有资质的编制单位编制修改地块控制性详细规划。此外，若涉及修改土地使用性质、增加绿地及商业用地等总体规划中的强制性内容，需要先对总体规划进行修改。

（2）参考答案

① 配合土地部门，履行无偿收回该幅土地的使用权程序，收回土地，撤销相关规划许可。

② 增加绿地和商业用地，需要对该地块控制性详细规划依法进行调整，具体程序如下：a. 对修改地块控制性详细规划的必要性进行论证。b. 征求地块内利害关系人的意见，必要时组织听证程序。c. 向控规的原审批机关（市政府）提出控规修改专题报告，经原审批机关（市政府）同意后，方可组织编制修改方案。d. 如涉及总体规划强制性内容的调整，需先依法定程序修改总体规划。e. 委托有资质的编制单位编制修改地块控制性详细规划，修改方案重新按照法定程序审批，报本级人大常委会和上级政府备案。并将修改草案予以公示，并采取论证会、听证会等方式征求专家和公众的意见，时间不少于 30 日。

f. 依据经批准的控制性详细规划，出具地块规划条件，作为土地入市挂牌出让合同的组成部分。

3. 例题三十五

某县城一地块北依北山风景区，南邻南湖，现状东、西侧均为二类居住用地。控制性详细规划确定该地块用地性质为二类居住用地，建筑高度不高于15m，容积率不大于1.5，建筑密度不大于35%，根据控制性详细规划制定的规划条件已包含在土地出让合同中。A公司经土地市场取得该块土地使用权（规划建设用地范围如题三十五图a所示）。

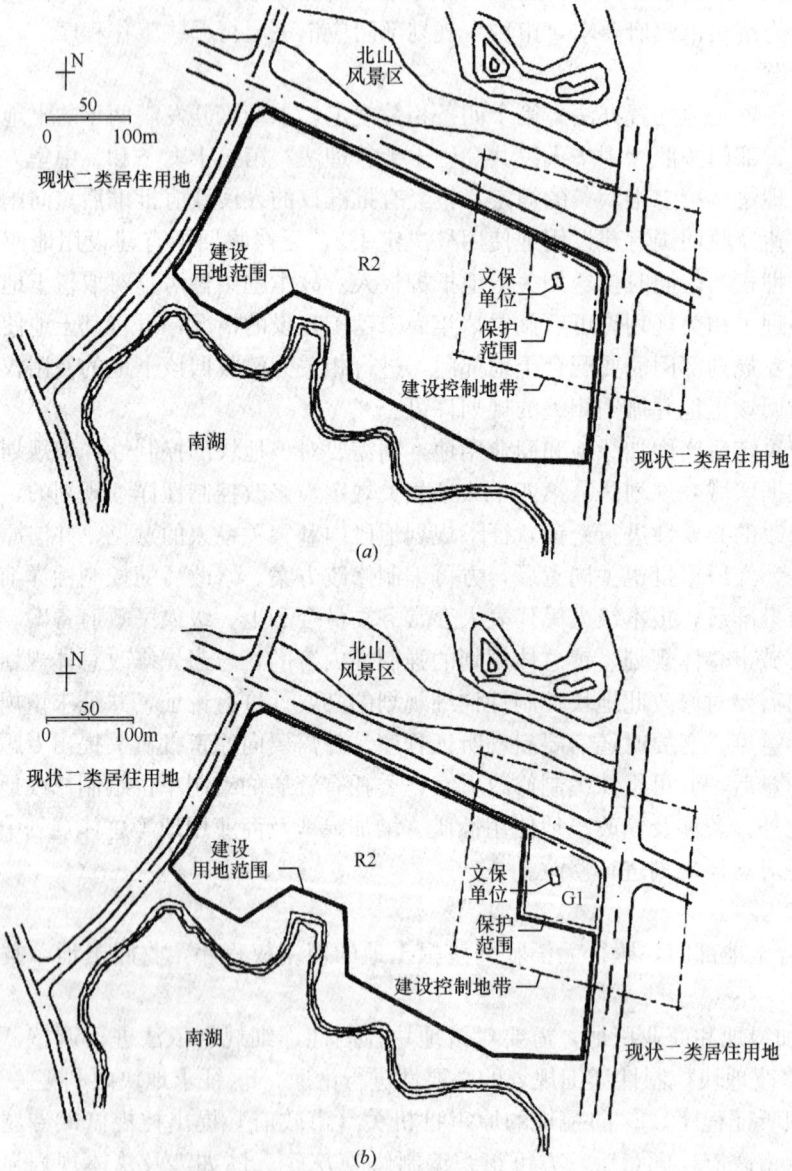

(a)

(b)

题三十五图

(a) 规划建设用地范围；(b) 调整后的规划建设用地范围

规划主管部门已核发建设用地规划许可证和建设工程规划许可证。A 公司依法开工后，在基础施工过程中发现基地内有宋代墓葬。文物管理部门经考古勘探，确定其为县级文物保护单位，会同规划主管部门划定并公开了文物保护范围和建设控制地带。县政府办公会会议纪要确定，文物保护范围的用地性质调整为对社会开放的街头游园，要求 A 公司调整建设方案（调整后的建设用地范围如题三十五图 b 所示）。

由于建设用地范围调整后造成 A 公司的损失，A 公司向规划主管部门提出申请，要求将规划容积率调整为 1.6，其他规划条件不变。为补偿该公司的损失，规划主管部门经初步分析，原则同意了该要求。

试问：①该出让地块的规划条件是否可以变更？并阐述其理由？②若规划条件可以变更，在核发新的建设工程规划许可证前，规划管理部门须经过哪些基本工作程序？若规划条件不可以变更，是否需要核发新的建设用地规划许可证和建设工程规划许可证？

（1）审题：

本题中由于建设用地范围调整后造成 A 公司的损失，根据《城乡规划法》第五十条规定，在核发有关许可后，因依法修改城乡规划给被许可人合法权益造成损失的，应依法给予补偿。所以在此题中因为建设用地范围调整，依法修改城乡规划给 A 公司造成损失的，应当依法给予 A 公司补偿。

本题中 A 公司在基础施工过程中发现基地内有宋代墓葬。文物管理部门经考古勘探，确定其为县级文物保护单位，并会同规划行政主管部门划定并公开了此处为文物保护范围和建设控制地带，且将文物保护范围的用地性质调整为对社会开放的街头游园，即在原规划用地中将此处作为绿地，属于为该城市提供公共空间，根据相关法律规定可以给予容积率的奖励，由原先的 1.5 提高到 1.6，只要不影响景观，经过该利害关系人同意后可以同意该公司的补偿请求，予以提高容积率。

本题中规划条件可以变更，根据《城乡规划法》第四十三条规定："建设单位应当按照规划条件进行建设；确需变更的，必须向城市、县人民政府城乡规划主管部门提出申请。变更内容不符合控制性详细规划的，城乡规划主管部门不得批准。城市、县人民政府城乡规划主管部门应当及时将依法变更后的规划条件通报同级土地主管部门并公示。建设单位应当及时将依法变更后的规划条件报有关人民政府土地主管部门备案。"在核发新的建设工程规划许可证前，规划管理部门需要首先更改规划条件，将新设立的县级文物保护单位从原有规划用地中划出，并需要在该文物保护单位周围留出足够的防护距离，之后划定出新的范围；并需要将容积率修改为 1.6。要求建设单位根据新修改后的规划条件重新编制修建性详细规划。

根据《城乡规划法》第四十八条相关规定，修改控制性详细规划的，组织编制机关应当对修改的必要性进行论证，征求规划地段内利害关系人的意见，并向原审批机关提出专题报告，经原审批机关同意后，方可编制修改方案。修改后的控制性详细规划，经本级人民政府批准后，报本级人民代表大会常务委员会和上一级人民政府备案。故规划管理部门还需要举行论证会、听证会，组织专家论证，确定不影响城市原有山水系统，征求规划地段内利害关系人的相关意见，经其同意后向原来的审批机关提出专题报告，待原审批机关同意后可根据修建性详细规划来调整原有的控制性详细规划。根据《城乡规划法》的相关规定，修改后的控制性详细规划，在经本级人民政府批准后，报本级人民代表大会常务委员会和上一级人民政府备案。

此外，规划管理部门还需要及时将依法变更后的规划条件报同级土地主管部门并予以公示；建设单位应及时将依法变更后的规划条件报有关人民政府土地主管部门进行备案；此后双方需要重新签订土地出让合同。完成上述程序后即可领取新的建设用地规划许可证。

(2) 参考答案：

① 可以变更设计条件：

a. 根据相关规范，在建设用地规划许可证发放后，因依法修改城乡规划给被许可人合法权益造成损失的，应当依法给予补偿。

b. 本建设项目在原规划用地中提供一处用作绿地，属于为城市提供公共空间，可以给予容积率奖励，从 1.5 提高到 1.6，只要不影响景观，经利害关系人同意，可以同意。

② 规划局应做如下工作：

a. 先改规划条件：在剔除的新设立的县级文物保护单位，并留出足够的防护距离后，划定新的范围；把容积率定为 1.6。

b. 要求建设单位根据新的规划条件重新编制修建性详细规划。

c. 举行论证会、听证会，组织专家论证，征求规划地段内利害关系人的意见，确定不影响城市原有山水系统，经利害关系人同意，并向原审批机关提出专题报告，经原审批机关同意后，根据修建性详细规划调整控制性详细规划。

d. 修改后的控制性详细规划，应当依照《城乡规划法》规定的审批程序报批。

e. 规划局应当及时将依法变更后的规划条件报同级土地主管部门并公示。

f. 建设单位应及时将依法变更后的规划条件报有关人民政府土地主管部门备案。

g. 重新签订土地出让合同。

h. 领取新的建设用地规划许可证。

四、建筑工程设计方案的评析及变更的要求

(一) 考试大纲的要求

考试大纲的要求是：

(1) 掌握建设项目总平面图的评析。

(2) 掌握建设项目规划与建筑设计方案变更的程序和要求。

(二) 设计方案评析的目的和任务

对建筑工程设计方案进行综合评析是注册城市规划师在从事城市规划管理职业的日常工作。设计方案既是建设项目选址的依据之一，又是规划设计条件的具体体现，同时，还是核发建设工程规划许可证前必须完成的工作。

(三) 设计方案评析的内容和依据

1. 设计方案评析的内容

考虑到城市规划管理工作的实际需要，我们把建设工程设计方案评析的内容较为全面地介绍给大家，包括部分因建筑高度和层数问题涉及的建筑立面、剖面问题等。

(1) 建设单位名称或工程名称应与批准的项目建议书或可行性研究报告中的建设单位

名称或工程名称相一致。

（2）申报设计方案的指标应与该项目以前阶段的有关审批文件（建设项目选址意见书、规划设计条件通知书、修改设计方案通知书等）的审批要求一致，包括建筑性质、建筑面积、建筑高度、容积率、绿化率、配套指标（千人指标）、户数（住宅项目）、停车位数量、市政配套设施等方面的要求。前阶段多次审批且意见不一致时，按照最后一次的意见执行。没有核发过规划设计条件通知书的建设项目，应按照控规指标进行审核。建筑高度、容积率、建筑密度等指标应不大于规划控制高度、容积率、建筑密度等指标的要求，绿地率应不小于要求。

（3）设计方案应符合有关法律、法规、规章、规定、规范、标准中有关与相邻建筑间距、退界退线距离、交通组织、安全防火、绿地景观、文物保护、日照标准等方面的要求。

（4）设计方案图纸内容与有关文字表述的指标应相符。

（5）图纸标示的布局、层数，应与平立剖面相符。

（6）设计方案中有不同使用性质或使用单位的建筑时，应在总平面图上明确各自的用地范围。例如，居住区中的非配套公建应有相对独立的地段和出入口。

（7）设计方案的层高应能够满足使用功能的要求。

（8）邻近保密单位的建设项目应征求有关安全保密部门的意见。

（9）位于市政基础设施条件较差地区的建设项目应征求市政部门的意见。

（10）设计方案的评析应按照用地、性质、规模、布局、日照、交通、绿化、市政的顺序逐次进行。

2. 设计方案评析的依据

《城乡规划法》第四十条规定："申请办理建设工程规划许可证，应当提交使用土地的有关证明文件，建设工程设计方案等材料"；"城市、县人民政府城乡规划主管部门或者省、自治区、直辖市人民政府确定的镇人民政府应当依法将经审定的修建性详细规划、建设工程设计方案的总平面图予以公布。"这是城市规划行政主管部门对设计方案进行评析的依据。

（四）设计方案评析的程序和操作

1. 设计方案评析的程序

（1）调阅有关用地，建筑档案了解申报项目的用地及相邻用地的规划建设情况，整理以前各审批阶段的文档资料。

（2）将设计方案与规划设计条件的指标进行核对比较。

（3）进行踏勘现场，了解设计单位的设计意图。

（4）依据有关法律、法规、规章、规定、规范、标准对设计方案进行审核。

2. 设计方案评析的操作要求

（1）设计单位的名称应按照申报设计方案上加盖的设计方案报审专用章的设计单位名称填写。

（2）规划建设用地面积应按照申报设计方案的规划用地面积填写。

（3）代征城市公共用地面积应按照申报设计方案的代征城市公共用地面积填写。

（4）用地平衡表应按照申报设计方案的有关技术指标填写。

（5）经济技术指标应按照申报设计方案的有关技术指标填写。

（6）建筑高度应按照建筑室外地坪到女儿墙顶的距离填写，申报设计方案由多个不同高度的部分组成时，应特别注明。坡屋顶建筑应注明屋脊高度。

（7）地上建筑层数按照施工图纸中的实际最高层的层数填写（坡屋顶内的层数不计，设备层、夹层均计为一层）。利用坡屋顶内部空间的应特别注明。位于室外地坪以下部分的高度超过层高一半的建筑为地下室。

（8）停车数量按照设计方案的实际数量填写。

（9）如园林行政主管部门已核算过设计方案绿地率的，规划设计方案绿地率一栏按照园林行政主管部门确定的绿地率填写。

（10）设计方案一般均应征求人防、园林等行政主管部门的意见。

（11）设计方案应符合所在区域的控制性详细规划、专项规划。

（12）设计方案应符合给定的建设项目规划条件。

（13）设计方案应符合国家相关技术标准规范和地方相关技术规定。

（五）设计方案评析需注意的问题

①注意核对给定规划设计条件与设计方案中各项技术指标的差距；

②应着重领会图面中给出的数字和文字的含义；

③应注意设计方案在性质、规模、布局等方面存在的问题。

（六）建设工程设计方案变更的程序和要求

《城乡规划法》第五十条规定："经依法审定的修建性详细规划、建设工程设计方案的总平面图不得随意修改；确需修改的，城乡规划主管部门应当采取听证会等形式，听取利害关系人的意见；因修改给利害关系人合法权益造成损失的，应当依法给予补偿。"

五、建设用地规划许可证的核发

（一）考试大纲的要求

考试大纲要求：要掌握城市（镇）建设用地规划许可证的核发程序和要求。

（二）建设用地规划许可证的管理概念

建设用地规划许可证是从规划上许可用地的法律凭证，保证建设用地按照城市规划实施，是建设单位办理土地使用权证的前提。

（三）建设用地规划许可证的核发程序

关于建设用地规划许可证的核发程序，《城乡规划法》是分为划拨方式和出让方式两种情况进行规定的。《城乡规划法》第三十七条规定："在城市、镇规划区内以划拨方式提供国有土地使用权的建设项目，经有关部门批准、核准、备案后，建设单位应当向城市、县人民政府城乡规划主管部门提出建设用地规划许可申请，由城市、县人民政府城乡规划主管部门依据控制性详细规划核定建设用地的位置、面积、允许建设的范围，核发建设用地规划许可证。"

《城乡规划法》第三十八条规定："在城市、镇规划区内以出让方式提供国有土地使用权的，在国有土地使用权出让前，城市、县人民政府城乡规划主管部门应当依据控制性详细规划，提出出让地块的位置、使用性质、开发强度等规划条件，作为国有土地使用权出让合同的组成部分。未确定规划条件的地块，不得出让国有土地使用权。

以出让方式取得国有土地使用权的建设项目，建设单位在取得建设项目的批准、核准、备案文件和签订国有土地使用权出让合同后，向城市、县人民政府城乡规划主管部门领取建设用地规划许可证。"

1. 一般工作程序

以下我们介绍一下在此项业务工作中一般性的工作程序，供规划管理工作者参考。

（1）经办人查验新到案卷是否属本人管辖范围，申报附件是否与立案表格标注一致。

（2）经办人调阅有关用地、建筑档案了解申报项目的用地及相邻用地的用地边界，整理申报以前各审批阶段的文档资料。

（3）经办人将申报项目与规划条件或选址意见书的用地范围和面积进行核对比较。

（4）经办人进行踏勘现场，确认用地范围和位置。

（5）经办人核对申报材料，要求申报单位提供需增补、调整的材料。

（6）由主管领导组织有关会议，或召集有关部门共同进行研究或协调。

（7）经办人按照有关研究的意见草拟请示报告的草稿。

（8）主管领导对经办人草拟的请示、报告进行审核。

（9）经办人草拟建设用地规划许可证稿或建设用地许可证退件稿，绘制建设用地规划许可证附图。

（10）主管领导审核或签发建设用地规划许可证稿或建设用地许可证退件稿。

2. 建设用地规划许可证的核发程序

（1）申请与受理

建设单位以书面方式向规划管理部门提出申请，并按照各地规划管理部门的管理要求提供必要的文件材料。

规划管理部门受理建设单位书面申请后，根据项目情况，判断属于可受理类型的申请，发放《规划行政许可（审批）可受理通知书》，并发至相关业务科室。

（2）公告与听证

法律、法规、规章规定应当听证的事项，或者城乡规划主管部门认为需要听证的其他涉及公共利益的重大行政许可，应当向社会公告，并举行听证。听证笔录应当作为行政许可决定的重要依据。根据我国行政许可相关法律法规的规定组织听证会。

（3）审查与决定

根据城乡规划主管部门内部审查与决定的程序进行。一般情况下，先经过业务科（处）室初审，提出初步意见，报分管领导复审，重大项目再经局（委）业务会审查决定，最后由行政负责人签字颁发。

（4）颁发与公布

① 证件颁发

不予规划行政许可的申请发放《不予规划行政许可（审批）决定书》，同时告知申请单位享有依法申请行政复议或者提起行政诉讼的权利；

准予规划行政许可的申请发放《准予规划行政许可（审批）决定书》，并在 10 日内向申请单位颁发《建设用地规划许可证》及附件、附图。

② 批后公开

城乡规划主管部门在作出行政许可决定以后，应当将行政许可决定通过报纸、网站、行政许可"窗口"等渠道予以公开，公众有权查阅。

（四）建设用地规划许可证的核发要求

1. 核发建设用地规划许可证的审查要点

（1）审核是否符合城市总体规划、近期建设规划、历史文化名城保护规划及各类专项规划、建设项目所在区域的分区规划、控制性详细规划等。

（2）审核是否符合国家相关技术标准规范和地方相关技术规定。

（3）审查建设主体是否符合法定资格，申请事项是否符合法定程序，是否有企业法人营业执照和房地产开发企业资质证书。

（4）复核建设项目投资标准、核准和备案文件（按国家投资管理规定需要的）。

（5）复核建设用地性质、范围，复核选址意见书（按国家规定需要办理选址意见书的）。

（6）复核国有土地使用权出让合同是否附具规划条件，其中规定的用地性质、开发强度等各项指标是否符合规划主管部门此前拟定的规划条件（出让用地项目）。

（7）审查建设项目是否通过环保部门环境影响评价（不需办理选址意见书而法律、法规要求环境影响评价的）。

（8）审查是否符合国家技术标准规范和地方技术规定、规划条件和各部门要求（建设项目需在用地许可阶段审查修建性详细规划方案或建设工程设计方案总平面图的）。

（9）审查是否符合其他法律、法规、规章中要求审查的内容。

2. 建设用地规划许可证附件要点

建设用地规划许可证的申请，应将需要留存的文件、图纸与规划意见书稿及附图装订在一起，如不便于装订应在需要留存的文件、图纸上注明。

（1）用地单位按照规划意见书的建设单位填写。

（2）图幅号：用阿拉伯数字填写，许可证附一张地形图时，填写一个图幅号，如122—20；附多张地形图（拼接）时，填写所附全部图纸的图幅号，如122—15、16、20、21或122—15/16/20/21。

（3）用地位置应明确建设用地所在行政区的名称和地区的名称。

（4）建设用地应按照建设项目的用地性质填写。用地性质应根据城市规划规范城市分类填写。

（5）建设用地面积、代征道路用地面积、代征绿化用地面积等应按照钉桩测量面积结果填写，精确到小数点后两位，单位为 m^2。

（6）如在新办《建设用地许可证》用地范围内有以前曾办理过《建设用地规划许可证》的用地，该用地可能全部或部分在新办用地内，应视情况全部或部分撤销该用地《建设用地规划许可证》。在补充注意事项栏内提出应撤销用地的许可证文号。部分撤销应做如下表述：撤销"市规地字××号"《建设用地规划许可证》相应部分，同时，应调出原发建设用地规划许可证的档案，在办理经过及附图做相应标注。

（7）制图要求有以下几个方面

①图纸应为 1/500 或 1/2000 地形图四张。

②图纸上应标明各类用地范围、周围的规划道路、道路红线、道路名称、宽度、桩点标号。

③用线条标明用地范围（含建设用地、市政代征地和它项用地等）。用粗线绘制用地边框，边框内用细线、等距平行斜画线填满，建设用地用红颜色线条绘制，代征道路用地用蓝颜色线条绘制，代征绿地用绿颜色线条绘制。线条要清晰，依靠尺子等根据绘制线条。桩点、红线位置要准确。

④图纸上应标明建设单位名称、各类用地名称及规模。名称用简写中文填写、数字用阿拉伯数字填写、单位用中文填写。文字要工整、清晰、明确。用指引线连接标注文字和所要标注的内容。指引线用水平线条绘制，可用垂直线作为辅助线，用扩大、加重的点标记示意所要标注的标注物。不能使用斜线作为指引线。

3. 办理经过的填写要求

（1）应说明事由、项目简介、建设单位情况、项目选址的经过，简述前期办理情况。

（2）重点表述存在矛盾和问题，以及研究过程和处理结果。

（3）对于本办理阶段与前期办理阶段有不符、矛盾之处要有详尽的说明。

（4）并入的附件以独立的过程文件为单位，按时间先后顺序排列。重要文件要填写文件全称及发文号。

(五) 建设用地规划许可证的变更与延续

建设单位要求变更行政许可的，应当向城乡规划主管部门提出申请；符合法定条件、标准的，城乡规划主管部门应当依法办理变更手续。

建设单位依法取得的《建设用地规划许可证》需要延续有效期的，应当在有效期届满30日前向城乡规划主管部门提出申请。城乡规划主管部门应当根据被许可人的申请，在该行政许可有效期届满前作出是否准予延续的决定；逾期未作决定的，视为准予延续。但是，法律、法规另有规定的，依照其规定。

六、建设工程规划许可证的核发

(一) 考试大纲的要求

考试大纲要求：要掌握城市（镇）建设工程规划许可证。

(二) 建设工程规划许可证管理的概念

建设工程规划许可证是建设工程符合规划要求的法律凭证，是建设单位向建设行政主管部门申请施工许可的前提。

建设工程规划许可管理的作用，首先是确定建设行为的合法性，保证多方建设者的合法权益；其次是根据建设工程规划许可的内容进行相关的监督检查；最后，建设工程规划许可证作为城乡建设档案的重要存档内容。

(三) 建设工程规划许可证的核发程序

《城乡规划法》第四十条规定："在城市、镇规划区内进行建筑物、构筑物、道路、管线和其他工程建设的，建设单位或者个人应当向城市、县人民政府城乡规划主管部门或者省、自治区、直辖市人民政府确定的镇人民政府申请办理建设工程规划许可证。申请办理建设工程规划许可证，应当提交使用土地的有关证明文件、建设工程设计方案等材料。需要建设单位编制修建性详细规划的建设项目，还应当提交修建性详细规划。对符合控制性详细规划和规划条件的，由城市、县人民政府城乡规划主管部门或者省、自治区、直辖市人民政府确定的镇人民政府核发建设工程规划许可证"。

1. 一般工作程序

（1）经办人查验新到案卷是否属本人管辖范围，申报附件是否与立案表标注一致。

（2）经办人调阅有关用地、建筑档案了解申报项目的用地及相邻用地的用地边界，整理申报件以前各审批阶段的文档资料。

（3）经办人将申报项目与审定设计方案通知书和附图进行核对比较。

（4）经办人进行踏勘现场，确认建设项目周围情况。

（5）经办人核对申报材料，要求申报单位提供需增补、调整的材料。

（6）由主管领导或处长组织有关会议，或召集有关部门共同进行研究或协调。

（7）经办人按照研究意见草拟请示报告的草稿。

（8）主管领导对经办人草拟的请示报告审核。

（9）经办人草拟建设工程规划许可证稿或修改施工图纸通知书稿。

（10）主管领导审核或签发建设工程规划许可证稿或修改施工图纸通知书稿。

2. 建设工程规划许可证的核发程序

（1）申请与受理

建设单位以书面方式向规划管理部门提出申请，并按照各地规划管理部门的管理要求提供必要的文件材料。

规划管理部门受理建设单位书面申请后，根据项目情况，判断属于可受理类型的申请，发放《规划行政许可（审批）可受理通知书》，并发至相关业务科室。

（2）公告与听证

法律、法规、规章规定应当听证的事项，或者城乡规划主管部门认为需要听证的其他涉及公共利益的重大行政许可，应当向社会公告，并举行听证。听证笔录应当作为行政许可决定的重要依据。根据我国行政许可相关法律法规的规定组织听证会。

（3）审查与决定

根据项目的规划条件、国家相关技术标准规范和地方相关技术规定，以及工程设计方案的批复文件，经过初审、复审阶段，最后由行政负责人签字发放建设工程规划许可证。

（4）颁发与公布

① 证件颁发

不予规划行政许可的申请发放《不予规划行政许可（审批）决定书》，同时告知申请单位享有依法申请行政复议或者提起行政诉讼的权利；

准予规划行政许可的申请发放《准予规划行政许可（审批）决定书》，并在十日内向申请单位颁发《建设用地规划许可证》及附件、附图。

② 批后公开

城乡规划主管部门在作出行政许可决定以后，应当将行政许可决定通过报纸、网站、行政许可"窗口"等渠道予以公开，公众有权查阅。

（四）建设用地规划许可证的核发要求

1. 核发建设用地规划许可证的审查要点

（1）建设工程主体是否符合要求资格，申请事项是否符合法定程序，申请材料是否齐备。

（2）建设工程施工图设计图纸是否完备，设计深度是否达到规范和规定要求。

（3）建设工程施工图设计是否符合规划条件。

（4）建设工程施工图设计是否符合经审查通过的建设项目规划与设计方案。

（5）建设工程施工图设计是否符合国家相关技术标准规范和地方相关技术规定。

2. 建设工程规划许可证附件要点

核发建设工程规划许可证时，应将需要留存的文件、图纸与规划意见书稿及附图装订在一起，如不便于装订应在需要留存的文件、图纸上注明。

建设工程规划许可证附件稿的填写：

（1）建设项目名称按照计划部门批准的计划任务项目名称填写。

（2）建设规模按照图纸目录中的总建设规模填写。

（3）地上建筑层数应为整数，应按照施工图纸中的主体建筑实际最高层的层数填写（坡屋顶内的层数不计，设备层、夹层均计为一层）。

（4）地下建筑层数按照施工图纸中的实际层数填写。

（5）建筑高度应按照设计图纸填写。

（6）栋数按照主体建筑的个数填写。

（7）建筑造价按照图纸目录中的总建筑造价填写。

（8）备注中注明地下建筑和各类不同性质用房的建设规模，是否利用坡屋顶内的空间做跃层建筑，不同层数部分的建筑高度。

（9）图幅号按照 1/2000 地形图的图幅号填写。

（10）规划监督单位按照规划监督权限填写。

（11）补充注意事项。

（12）临时建设工程使用期限一般不超过 2 年。

（五）建设工程规划许可证的变更与延续

建设单位要求变更行政许可的，应当向城乡规划主管部门提出申请；符合法定条件、标准的，城乡规划主管部门应当依法办理变更手续。

建设单位依法取得的《建设工程规划许可证》需要延续有效期的，应当在有效期届满30 日前向城乡规划主管部门提出申请。城乡规划主管部门应当根据被许可人的申请，在该行政许可有效期届满前作出是否准予延续的决定；逾期未作决定的，视为准予延续。但是，法律、法规另有规定的，依照其规定。

（六）建设工程许可证核发相关例题解析

例题三十六

某国家历史文化名镇开展镇区环境综合整治，拟在符合已批准的历史文化名镇保护规划的前提下，在核心区内拆除部分危房（非历史建筑）；同时新增必要的小型公益性服务设施，改善基础设施条件。

试问，该环境整治项目的主要规划程序有哪些，哪些事须由规划部门会同文物部门办理或征求文物部门意见？

（1）审题

本题考查《历史文化名城名镇名村保护条例》和《城市紫线管理办法》的相关内容。

《历史文化名城名镇名村保护条例》第二十八条规定：在历史文化街区、名镇、名村核心保护范围内，不得进行新建、扩建活动。但是，新建、扩建必要的基础设施和公共服务设施除外。在历史文化街区、名镇、名村核心保护范围内，新建、扩建必要的基础设施和公共服务设施的，城市、县人民政府城乡规划主管部门核发建设工程规划许可证、乡村建设规划许可证前，应当征求同级文物主管部门的意见。在历史文化街区、名镇、名村核心保护范围内，拆除历史建筑以外的建筑物、构筑物或者其他设施的，应当经城市、县人民政府城乡规划主管部门会同同级文物主管部门批准；第二十九条规定：审批本条例第二十八条规定的建设活动，审批机关应当组织专家论证，并将审批事项予以公示，征求公众意见，告知利害关系人有要求举行听证的权利。公示时间不得少于20日。利害关系人要求听证的，应当在公示期间提出，审批机关应当在公示期满后及时举行听证。

《城市紫线管理办法》第十四条规定：在城市紫线范围内确定各类建设项目，必须先由市、县人民政府城乡规划行政主管部门依据保护规划进行审查，组织专家论证并进行公示后核发选址意见书；第十六条规定：城市紫线范围内各类建设的规划审批，实行备案制度。省、自治区、直辖市人民政府公布的历史文化街区，报省、自治区人民政府建设行政主管部门或者直辖市人民政府城乡规划行政主管部门备案。其中国家历史文化名城内的历史文化街区报国务院建设行政主管部门备案。

在进行语言组织后，方可答题。

（2）参考答案

① 城市、县人民政府城乡规划主管部门会同同级文物主管部门组织专家论证拆除必要性，并将审批事项予以公示，征求公众意见，告知利害关系人有要求举行听证的权利。公示时间不得少于20日。利害关系人要求听证的，应当在公示期间提出，审批机关应当在公示期满后及时举行听证。

② 确定各类建设项目，必须先由市、县人民政府城乡规划行政主管部门依据保护规划进行审查，组织专家论证并进行公示后核发选址意见书。

③ 新建、扩建必要的基础设施和公共服务设施的，城市、县人民政府城乡规划主管部门核发建设工程规划许可证、乡村建设规划许可证前，应当征求同级文物主管部门的意见。

④ 报省、自治区人民政府建设行政主管部门或者直辖市人民政府城乡规划行政主管部门备案。

七、乡村建设规划许可证的核发

（一）考试大纲的要求

考试大纲要求：熟悉乡村建设规划许可证的核发程序和要求。

（二）乡村建设规划许可证管理的概念

乡村建设规划许可证是在乡、村庄规划区内进行乡镇企业、乡村公共设施和公益事业建设以及村民住宅建设时，应当取得的规划许可，是《城乡规划法》城乡统筹规划、管理的重要体现。

乡村建设规划许可证制度，一是有利于保证有关的建设工程能够依据法定的乡规划和村庄规划；二是有利于为土地管理部门在乡、村庄规划区内行使权属管理职能提供必要的法律依据；三是有利于维护建设单位按照规划使用土地的合法权益。

(三) 乡村建设规划许可证的核发程序

《城乡规划法》第四十一条规定："在乡、村规划区内进行乡镇企业、乡村公共设施和公益事业建设的，建设单位或者个人应当向乡、镇人民政府提出申请，由乡、镇人民政府报城市、县人民政府城乡规划主管部门核发乡村建设规划许可证。

在乡、村规划区内使用原有宅基地进行农村村民住宅建设的规划管理办法，由省、自治区、直辖市制定。

在乡、村规划区内进行乡镇企业、乡村公共设施和公益事业建设以及农村村民住宅建设，不得占用农用地；确需占用农用地的，应当依照《中华人民共和国土地管理法》有关规定办理农用地转用审批手续后，由城市、县人民政府城乡规划主管部门核发乡村建设规划许可证。建设单位或者个人在取得乡村建设规划许可证后，方可办理用地审批手续。"

乡村建设规划许可证的一般核发程序为：

(1) 申请

凡在乡、村庄规划区内进行乡镇企业、乡村公共设施和公益事业建设的，建设单位或者个人应当持批准建设项目的有关文件，向乡、镇人民政府提出建设用地申请，由乡、镇人民政府报县级人民政府建设规划主管部门核发乡村建设规划许可证。

(2) 校核或提出规划条件

县级人民政府建设规划行政主管部门按照乡、村庄规划的要求和项目的性质，核定用地规模等，确定用地项目的具体位置和界线；必要时，征求有关行政主管部门对用地位置和界线的具体意见；并根据乡、村庄规划的要求向用地单位和个人提供规划设计条件。

(3) 审查与核发

建设单位或个人根据县建设规划行政主管部门提供的规划设计条件，完善并提交项目设计图；县人民政府建设规划行政主管部门审核项目设计图纸及相关材料后，核发乡村建设规划用地许可证。

(四) 乡村建设规划许可证的核发要求

住房和城乡建设部《贯彻实施中华人民共和国城乡规划法的指导意见》提出，乡村建设规划许可证制度要充分体现农村特点，体现便民利民和以人为本，满足农民生产和生活需要，遏制农村无序建设和浪费土地。

核发乡村建设规划许可证审查要点有：

(1) 是否符合乡村土地利用规划，如有占用农用地情况的，是否办理农用地转用审批手续，并获得建设用地许可相关证明。

(2) 是否符合乡、村庄总体规划以及建设规划。

(3) 是否对建设周围四邻有影响或者影响被周围邻居签字确认。

(4) 是否符合国家、地方相关法律法规、标准规范的规定。

八、建设工程施工、竣工的规划核实

(一) 考试大纲的要求

考试大纲要求：掌握规划条件核实。

（二）规划核实的意义和目的

规划核实是指城乡规划行政主管部门在取得建设用地规划许可证和建设工程规划许可证（含临时许可证）建设项目的建设过程中，依照规划许可证件批准的内容，对建设项目的实施情况进行检查，对出现的问题进行处理，以及确认建设项目实施完成的行为。对建设项目进行规划核实是为了确保本市建设工程严格按照规划进行建设，保证城市总体规划的实施。

（三）规划核实的办理程序

1. 验灰线阶段

（1）经办人收到申报的验线材料后，确认是否属于自己的管辖范围，并在计算机系统上进行签收操作。

（2）经办人对《工程测量成果》进行初步审核。

（3）经办人组织建设单位、施工单位、设计单位、测绘单位对建设工程进行现场验线。

（4）经现场审核，对于符合建设工程规划许可证要求的建设项目：

① 经办人在计算机系统上填写《建设工程验线规划核实部门审核表》，并逐级报批。

② 经办人制作《建设工程验线结果通知单（合格）》，送达建设单位。

③ 经办人结案，并生成相应的规划核实案卷。

（5）经现场审核，对于不符合建设工程规划许可证要求的建设项目：

① 经办人在计算机系统上填写《建设工程验线规划核实部门审核表》，并逐级报批。

② 经办人制作《建设工程验线结果通知单（不合格）》，送达建设单位。

③ 经办人结案，并将书面材料退还建设单位。

（6）主管领导审核或签发《建设工程验线规划核实部门审核表》。

2. 验正负零阶段

（1）经办人收到建设单位申请的正负零阶段《工程测量成果》后，进行初步审核。

（2）经办人到施工现场对建设项目进行现场审核。

（3）经办人填写《建设工程规划核实现场勘察记录》。

（4）符合建设工程规划许可证要求的，经办人通知建设单位复验合格。

（5）不符合建设工程规划许可证要求的：

① 经办人责令建设单位停工，要求限期改正，并向主管领导汇报情况。

② 主管领导根据实际情况，提出初步处理意见。

③ 经办人填写《违法建设停工通知书》。

④ 主管领导审核或签发《违法建设停工通知书》。

⑤ 经办人送达《违法建设停工通知书》，按照违法建设查处的工作程序进行立案处理。

3. 结构完工阶段

（1）经办人到现场对建设项目的主体工程进行审核。

经办人填写《建设工程规划核实现场勘察记录》。

（2）符合建设工程规划许可证要求的，经办人通知建设单位复验合格。

（3）不符合建设工程规划许可证要求的：

①经办人责令建设单位停工，要求限期改正，并向主管领导汇报情况。

②经办人根据实际情况，提出初步处理意见。

③经办人填写《违法建设停工通知书》。

④主管领导审核或签发《违法建设停工通知书》。

⑤经办人送达《违法建设停工通知书》，按照违法建设查处的工作程序进行立案处理。

4. 规划验收阶段

（1）经办人收到建设单位申报的验收材料后，在计算机系统上进行签收。

（2）经办人调阅有关用地、建筑档案。

（3）经办人根据档案对《建设工程竣工测量成果报告书》进行审核。

（4）经办人通知建设单位组织现场规划验收。

（5）经办人填写《建设工程规划验收审核表》。

（6）主管领导审核或签发《建设工程规划验收审核表》。

（7）经办人在计算机系统上填写《建设工程规划验收合格（或不合格）通知书》。

（8）经办人将全部书面材料装订后存档。

（四）规划核实的掌握标准

1. 验灰线阶段

（1）经办人应按照《建设工程规划许可证》附图（总平面图）中的标准审核：拟建建筑与用地红线间距离；拟建建筑与相关规划道路的距离；拟建建筑与相邻建筑的距离；拟建建筑（两栋以上）之间的距离。

（2）满足有关建筑间距规定，同时符合消防间距有关法规的前提下，施工误差控制在审批尺寸的1%，同时绝对值不超过0.5m。

（3）经办人应如实填写《建设工程验线规划核实部门审核表》。

2. 验正负零阶段

（1）经办人应按照《建设工程规划许可证》附图（总平面图）中的标准审核：拟建建筑与用地红线间距离；拟建建筑与相关规划道路的距离；拟建建筑与相邻建筑的距离；拟建建筑（两栋以上）之间的距离。

（2）在满足有关建筑间距规定，同时符合消防间距有关法规的前提下，施工误差控制在审批尺寸的1%，同时绝对值不超过0.5m。

（3）建设项目正负零的高程误差应控制在0.1m以内。

（4）经办人发现建设项目不符合《建设工程规划许可证》的，应立即要求建设单位停工。

（5）经办人应如实填写《建设工程规划核实现场勘察记录》。

3. 结构完工阶段

（1）应重点对主体总平面图位置、层数和建筑高度进行审核。

（2）同正负零阶段标准。

（3）建设工程主体因施工误差造成高度变化，但与周边相邻建筑物尺寸能满足有关建筑间距规定，同时符合消防间距有关法规的，误差应控制在1m以下。

（4）建设工程主体因施工误差造成高度变化，但与周边相邻建筑物的尺寸不能满足有关建筑间距规定，或不符合消防间距有关法规的，要求其限期改正。如不能限期改正的，转入违法建设行政处罚的工作程序，进行立案处理。

4. 规划验收阶段

（1）经办人调档审核内容

①对《建设工程竣工测量成果报告书》总平面图中所有建筑物（含配套设施等）的平面位置、平面尺寸及相关尺寸进行审核。

②对建筑物与规划道路、相关建筑物的距离进行审核。

③对建筑物的高度、层数（含地上、地下）立面、进行审核。

（2）经办人现场验收内容

①所有建筑物的总平面位置、层数、高度、立面、建筑规模和使用性质等。

②用地范围内和代征地范围内应当拆除的建筑物、构筑物及其他设施的拆除情况。

③代征地、绿化用地的腾退情况。

④单独设立的配套设施的建设情况。

⑤调档审核中发现的问题。

（3）具体标准

①建筑总平面位置、高度参照结构完工标准。

②建筑物的层数不应有增加或减少。

③建筑面积因设计误差、内部平面调整等，误差应限制在总建筑面积的 5％，且绝对值不超过 300m^2。

④建筑工程使用性质、外立面、高度、层数、面积不变的前提下，只是内部平面布局的变更，可以不再重新办理审批手续，但须到综合处办理备案手续。

⑤住宅建筑要和与其配套的公共设施和环境建设同步验收：小区道路初步完工、绿地、地上车位腾退满足相关要求。

⑥未与其他建筑同步完成的环境、道路、配套设施等应与居住区住宅总量 20％ 左右的住宅建筑一同验收。

⑦对于施工场地、施工用房占用建设用地内空闲的按有关规定在全部居住区验收完毕后 1 个月内拆除。

（五）规划核实的成果要求

1. 验灰线阶段

（1）《建设工程验线结果通知单》中的建设单位名称、验线日期、建设地点、建设项目名称、建设工程规划许可证号、经办人签字及日期、领导签字及日期齐全。

（2）《建设工程验线监督工程审核表（合格）》中的验线日期、建设工程规划许可证号、经办人签字及日期、领导签字及日期齐全。

（3）《建设工程验线监督工程审核表（不合格）》中的验线日期、建设工程规划许可证号、验线不合格原因，经办人签字及日期，领导签字及日期齐全。

2. 验正负零阶段

《建设工程规划核实现场勘察记录》中的建设单位名称、建设项目名称、建设地点和建设工程规划许可证号、审验合格（或不合格）的原因、经办人签字及日期齐全。

3. 结构完工阶段

《建设工程规划核实现场勘察记录》中的建设单位名称、建设项目名称、建设地点和建设工程规划许可证号、审验合格（或不合格）的原因、经办人签字及日期齐全。

4. 规划验收阶段

（1）《建设工程规划验收审核表》中的建设单位名称、单位地址、法人代表、邮政编码、建设项目名称、建设地点、竣工日期、联系人及电话号码、建设用地规划许可证编号及批准日期、建设工程规划许可证编号及批准日期、应腾退用地的腾退情况、经办人签字及日期、领导签字及日期齐全。

（2）根据建设工程规划许可证的内容填写申报验收建设项目的名称、性质分类、建筑规模、层数、高度、栋数等内容。

（3）根据建设用地规划许可证和建设工程规划许可证附图的内容填写用地指标和其他技术指标。

（4）《建设工程规划验收合格通知书》中的验收日期、建设单位名称、建设地点、建设项目名称、建设工程规划许可证号、填表日期、文号、经办人签字及日期齐全。

（5）《建设工程规划验收不合格通知书》中的验收日期、建设单位名称、建设地点、建设项目名称、建设工程规划许可证号、不合格原因、填表日期、文号、经办人签字及日期齐全。

九、违法用地和建设的查处

（一）考试大纲的要求

（1）掌握违法用地的界定及查处程序。

（2）掌握违法建设的界定及查处程序。

（二）违法建设查处的目的和任务

违法建设指未依法取得建设用地规划许可证和建设工程规划许可证（含临时用地规划许可证和临时建设工程规划许可证），或者违反规划许可证件的规定进行的建设。城乡规划行政主管部门超越或者变相超越职责权限核发规划许可证件以及其他有关部门非法批准进行建设的，违法批准的规划许可证件或者其他批准文件无效，违法批准进行的建设按照违法建设处理。

对违法用地和建筑查处是为了加强城市规划管理，禁止违法建设，提高城市环境质量。

（三）违法建设查处的依据

《中华人民共和国城乡规划法》第六十四条规定："未取得建设工程规划许可证或者未按照建设工程规划许可证的规定进行建设的，由县级以上地方人民政府城乡规划主管部门责令停止建设；尚可采取改正措施消除对规划实施的影响的，限期改正，处建设工程造价百分之五以上百分之十以下的罚款；无法采取改正措施消除影响的，限期拆除，不能拆除的，没收实物或者违法收入，可以并处建设工程造价百分之十以下的罚款。"

第六十五条规定："在乡、村庄规划区内未依法取得乡村建设规划许可证或者未按照乡村建设规划许可证的规定进行建设的，由乡、镇人民政府责令停止建设、限期改正；逾期不改正的，可以拆除。"

以上规定是城市规划行政主管部门对违法用地和建筑进行查处的依据。

（四）违法用地和建筑查处的程序及操作要求

1. 违法用地和建筑查处的程序

（1）立案阶段

①经办人根据违法建设发生的具体情况，确认是否属于自己管辖范围。

② 经办人填写《立案审批表》，报主管领导或室副主任审核。

③ 主管领导审核或签发《立案审批表》，如主管领导不同意立案的，应注明理由并在"立案审批表"上签署不同意意见。

（2）处罚审批阶段

经办人对违法建设单位做询问笔录，并要求该单位提供以下书面材料：

①违法建设工程平面图两张（1：500 或 1：2000）；

②违法建设单位企事业单位法人营业执照复印件（原件验后退还该单位）；

③法人授权委托书（原件）；

④违法建设单位的书面检查及情况说明；

⑤钉桩坐标成果通知单；

⑥建设用地规划许可证及附件复印件（原件验后退还该单位）；

⑦建设工程规划许可证及附件复印件（原件验后退还该单位）；

⑧违法建设照片两张。

经办人制作《现场勘察记录》。

经办人填写《违法建设处理审批表》报室副主任审核。

主管领导审核后，同意经办人意见的在科室意见栏目中签署拟同意意见，并报主管副大队长审核或审批；不同意经办人意见的，应在科室意见栏中签署不同意意见和理由。

经行政处罚案件审定委员会集体讨论后，同意行政处罚意见的，逐级批转经办人继续办理。

符合听证要求的，应由经办人填写《听证告知书》，报主管领导。

主管领导审核或签发《听证告知书》。

经办人将《听证告知书》送达违法建设单位或个人，并由接收人填写《送达回证》，与《听证告知书》（存根）一并存档。

违建单位要求听证的，应根据有关行政处罚听证程序实施办法安排听证。

（3）制作行政处罚决定书和送达阶段

经办人填写《行政处罚决定书》，报主管领导审核。

主管领导审核或签发《行政处罚决定书》。

经办人将《行政处罚决定书》及《行政处罚缴款书》送达违法建设单位或个人，并由接收人填写《送达回证》存档。

（4）结案阶段

经办人收到违法建设单位或个人缴纳罚款收据后，复印一份存档（财政部门转来原件后替换该复印件）、原件退回该单位。

经办人在违法建设单位或个人提供的两份总平面图上，标明违法建设详细位置及《行政处罚决定书》处罚文号。一份总平面图交给违建单位，另一份存档。

经办人填写结案报告，并报主管领导审核。

主管领导审核，并在领导意见栏填写同意结案。

经办人制作案卷目录，打印各相关材料后，将案件批转结束。

经办人将所有书面材料认真编号、装订成册，存档保存。

如违法建设单位或个人逾期不申请行政复议、也不向人民法院起诉、又不履行行政处罚决定的，经办人应经主管领导批准后，将案卷递交人民法院申请强制执行。

2. 违法用地和建筑查处的操作要求

（1）立案阶段

确认建设工程是否为违法建设的标准是：

①未取得或者以欺骗手段骗取建设用地规划许可证的。

②擅自变更建设用地规划许可证的。

③未取得或以欺骗手段骗取《建设工程规划许可证》的；擅自变更《建设工程规划许可证》规定事项，改变批准的图纸、文件的。

④占用道路、广场、绿地、高压输电线走廊和压占地下管线进行建设的。

⑤未经批转开矿采石、挖砂取土、掘坑填塘等改变地形地貌，破坏城市环境，影响城市规划实施的。

⑥未取得或者以欺骗手段骗取临时用地规划许可证的违反临时用地规划许可证规定事项，擅自变更用地性质、位置、界限；逾期不退回临时用地的。

⑦未取得或者以欺骗手段骗取临时建设工程规划许可证的；擅自变更临时建设工程规划许可证规定事项，改变批准的图纸、文件的；擅自改变临时建设工程使用性质的；将临时建设工程建成永久性、半永久性建设工程的；逾期不拆除临时建设工程的。

⑧建设单位代征公共用地，不按规定拆除公共用地范围内的建筑物、构筑物和其他设施的。

⑨城市规划行政主管部门超越或者变相超越职责权限核发规划许可证件以及其他有关部门非法批准进行建设的工程。

⑩对于取得《建设工程规划许可证》但超过许可证时效进行施工的建设工程。

⑪不符合规划监督管理各阶段要求的建设工程。

立案的标准是：违法事实清楚，且属于经办人查处范围。

（2）处罚审批阶段

在审批权限方面，听证的标准是：

①依据《中华人民共和国行政处罚法》第四十二条和《市行政处罚听证程序实施办法》相关规定，对公民处以超过 1000 元罚款的，对法人或其他组织处以超过 30000 元罚款的，当事人有要求听证的权利。

②罚款标准根据各地不同情况确定，但要有细则并公开。

③违法建设工程属于下列情形之一的，应予以拆除，不得只给予罚款的行政处罚：

a. 占用城市道路、公路、广场、公共绿地、居住小区、铁路干线两侧隔离地区、市区河道两侧隔离地区、文物保护区、风景名胜区、自然保护区、水源保护区、电力设施保护区、工矿区以及占压地下管线地。

b. 不符合城市容貌标准、环境卫生标准的。

c. 影响市政基础设施、城市公共设施、交通安全设施、交通标志使用或者妨碍安全视距和车辆、行人通行的。

d. 危害公共安全的。

e. 严重影响生产和人民群众生活的。

（3）制作行政处罚决定书和送达阶段：

《行政处罚缴款书》应与《行政处罚决定书》一同送达违法建设单位或个人。

对放弃听证权利的违法建设单位或个人，经办人应在送达《听证告知书》3 日后，且作出行政处罚决定 7 日内送达以上文书。

（4）结案阶段

向人民法院申请强制执行的时间：如违法建设单位或个人逾期不申请行政复议、也不向人民法院起诉、又不履行行政处罚决定的，可在发出《行政处罚决定书》60 日后，向人民法院申请强制执行。

（五）违法建设查处类试题的答题要点

在回答违法用地和建筑检查类试题时，应首先确定违法占地、违法建设的性质，然后根据《中华人民共和国城乡规划法》来定性和提出处理意见。

（六）违法建设查处例题解析

1. 例题三十七

某市一区属建设单位于当年 3 月 10 日收到该市规划行政主管部门发出的《违法建设行政处罚决定书》。他们认为存在程序瑕疵，例如未进行陈述和申辩权告知，未听取当事人意见等，不服该处罚决定。一周后，该建设单位向所在区人民政府申请行政复议，但未被受理，并被告知应向市人民政府或向省建设行政主管部门申请行政复议。同年 6 月 10 日，该建设单位向市人民政府申请行政复议，可还是未被受理。

该建设单位可以申请行政复议吗？两次不被受理的原因是什么？还可以采取什么补救措施？

（1）审题

本题考查城乡规划领域所涉及的行政复议及行政诉讼相关程序及要点，为近年城乡规划师考试的必考知识点，希望各位考生牢记。

（2）参考答案

根据《城乡规划法》和《行政复议法》该单位可以申请行政复议。

① 两次不受理的原因是：

a. 第一次不受理是因为对规划部门具体行政行为不服的，应向市人民政府或省级城乡规划主管部门申请复议。

b. 第二次不受理是因为 6 月 10 日已经超过 60 日的行政复议受理期限。

② 补救措施为：

因为依然在提出行政诉讼的期限内（6 个月），因此该单位可以向人民法院提起诉讼。

2. 例题三十八

某国家历史文化名城市政府决定进行棚户区改造，棚改区西邻历史文化街区，北侧与已经建成入住的 6 层楼居住小区相邻（如题三十八图所示）。市城乡规划部门依法确定了规划建设四栋商住楼的规划条件，某建设单位通过招拍挂取得了棚改区的土地使用权，并进行了开发建设。市城乡规划部门在竣工核实时发现，四栋楼都突破了市城乡规划部门批

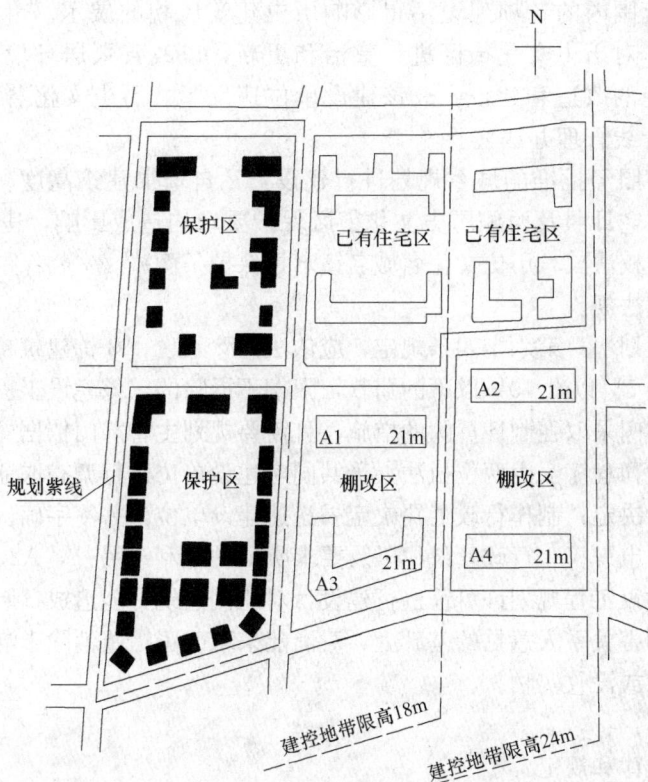

题三十八图

准的方案，存在层高增加 50cm 的现象，致使每栋楼增高 3m。

试问：建设单位违反了哪些法规和规定？对该建设单位和这四栋楼应如何依法提出处理方案？

（1）审题

题干中说明"市城乡规划部门在竣工核实时发现，四栋楼都突破了市城乡规划部门批准的方案，存在层高增加 50cm 的现象，致使每栋楼增高 3m。"根据《城乡规划法》第六十四条规定，未取得建设工程规划许可证或未按照建设工程规划许可证的规定进行建设的，由县级地方人民政府城乡规划主管部门责令停止建设，尚可采取改正措施消除对规划实施的影响的，限期改正，处建设工程造价 5% 以上 10% 以下的罚款，无法采取改正措施消除影响的，限期拆除，不能拆除的，没收实物或违法收入，可以并处建设工程造价 10% 以下的罚款。该建设单位属于未按照建设工程规划许可证的规定进行建设，违反了《城乡规划法》。

棚改区西邻历史文化街区，根据《历史文化名城名镇名村保护条例》相关规定，建设工程选址，应当尽可能避开历史建筑；因特殊情况不能避开的，应当尽可能实施原址保护；实施原址保护的，建设单位应当事先确定保护措施，报城市、县人民政府城乡规划主管部门会同同级文物主管部门批准。根据《城市紫线管理办法》相关规定，历史文化街区内的各项建设必须坚持保护真实的历史文化遗存，维护街区传统格局和风貌，改善基础设施、提高环境质量的原则。历史建筑的维修和整治必须保持原有外形和风貌，保护范围内的各项建设不得影响历史建筑风貌的展示。市、县人民政府应当依据保护规划，对历史文化街区进行整治和更新，以改善人居环境为前提，加强基础设施、公共设施的改造和建设。故该建设单位违反了《历史文化名城名镇名村保护条例》和《城市紫线管理办法》。

建设单位未按照经批准的城乡规划进行建设，私自增加建筑高度，A1、A2建筑超高，对周边北侧住宅日照及西侧历史文化街区保护要求均造成影响，违反建筑限高的规定，且违反了《物权法》、《历史文化名城名镇名村保护条例》、《文物保护法》、《城市紫线管理办法》等法律法规。

根据《城乡规划法》第六十四条规定，应依法拆除A1、A3栋建筑超高的部分，并处违法建筑工程造价5%以上10%以下的罚款，限期不拆除的，该建设工程所在地的人民政府可以责令有关部门采取强制性拆除的措施；且需要规划主管部门依据《行政处罚法》相关规定进入行政处罚程序：由两位执法人员共同对建设单位进行调查取证；依据调查取证的结果，做出处罚决定；制作行政处罚决定书送达建设单位，并签字确认；告知违法建设单位具有陈述权、申辩权、行政复议权以及要求听证的权利。另外，A2、A4栋属于合法建设，但未按照建设工程规划许可证进行建设，对北侧建筑可能造成日照影响，影响业主的权益；在征求利害关系人意见的基础上，对尚能采取改正措施消除影响的限期改正，不能改正的限期拆除或没收实物。

（2）参考答案：

违反的相关法律和规定：

建设单位未按照经批准的城乡规划进行建设，私自增加建筑高度，违反建筑限高的规定，对周边北侧住宅日照及西侧历史文化街区保护要求均造成影响，其行为违反了《城乡规划法》、《物权法》、《历史文化名城名镇名村保护条例》、《文物保护法》、《城市紫线管理办法》等法律法规，构成违法建设。

依法处理该案的方案：

①对建设单位处理方案：首先责令停止建设，对尚可采取改正措施消除对规划实施影响的，限期改正，处建设工程造价5%~10%的罚款；对无法采取改正措施消除对规划影响的，限期拆除，不能拆除的，没收实物。

②对四栋建筑处理方案：

a. A1、A3建筑高度超过建筑限高，应限期整改，将高度降至18m以下；如不能整改，没收实物。

b. A2建筑高度符合规划控制，但对北侧建筑可能造成日照影响，影响业主权益，征求利害关系人的意见，对尚能采取改正措施消除影响的，限期改正，不能改正的，限期拆除。

c. A4建筑高度符合规划控制，但未按建设工程规划许可证建设，限期改正，无法改正的没收实物。

3. 例题三十九

某建设单位计划建设一处厂房，于2010年2月向规划局申请办理了《建设用地规划许可证》，4月开工建设，7月底竣工验收，并于8月初请规划局进行验收，8月初收到规划局寄来的《行政处罚决定书》。后建设单位不服，9月向规划局提出行政复议，规划局不予处理。

试问：双方在程序上和内容上存在哪些问题，并说明原因。规划局能否撤销或者收回《行政处罚决定书》？

（1）审题：

根据《城乡规划法》相关规定，我国城乡规划实施管理实行"一书三证"制度，即建设项目选址意见书、建设用地规划许可证、建设工程规划许可证和乡村建设规划许可证制度。且在城市、镇规划区内进行建筑物、道路、管线和其他工程建设的，建设单位或者个人应当向城市、县人民政府城乡规划主管部门或者省、自治区、直辖市人民政府确定的镇人民政府申请办理建设工程规划许可证。建设单位或个人只有在取得上述证件后，方可办理开工手续。故该建设单位未申请办理《建设工程规划许可证》，属于违法建设；建设单位应先请规划局进行验收，经核实不符合规划条件的，建设单位不得组织竣工验收，完全符合规划条件才可组织相关竣工验收；行政处罚为具体行政行为，按照规定公民、法人和其他组织对具体行政行为不服需要提出行政复议的，在知道具体行政行为之日起的 60 日内申请行政复议，故该建设单位对作出具体行政行为部门即规划局不服的，应该向该具体行政行为部门的本级人民政府或上一级主管部门提起行政复议。

该建设单位提出的行政复议并非属于规划局受理复议，规划局不予处理的同时，应当告知申请人向有关行政复议机关提出申请。规划局在不予处理行政复议的程序上不当，且按照相关规定，《行政处罚决定书》应送到违法建设单位或个人，并签字，该规划局采用寄送的方式不符合相关程序。

判断规划局是否可以做出撤销或回收《行政处罚决定书》应根据其操作程序是否符合相关规定。根据《中华人民共和国行政处罚法》相关规定，行政处罚决定书应按以下程序实施：一经发现，及时立案；由两位执法人员共同进行调查取证；依据调查取证的结果，做出处罚决定；将行政处罚决定书予以送达，并签字确认；执行《行政处罚决定书》或申请法院强制执行。故该规划局在做出《行政处罚决定书》时的程序缺失、不合法，可以对此决定书予以撤销或收回，但需要向行政处罚相对人出具撤销行政处罚决定书。

（2）参考答案：

1）建设单位和规划局双方在程序和内容上存在的问题有：

①建设单位方面：

a. 建设单位未申请办理《建设工程规划许可证》，属违法建设。

b. 应先请规划局进行验收，之后再组织竣工验收。未经核实或者经核实不符合规划条件的，建设单位不得组织竣工验收。

c. 申请行政复议的机关不符规定，对作出具体行政行为部门（规划局）不服的，应向作出该具体行政行为部门的本级人民政府（市政府）或上一级主管部门（住建厅）申请复议。

②规划局方面：

a. 对符合条件但不属于本部门受理复议的申请，应在决定不受理的同时，告知申请人向有关行政复议机关提出申请，规划局不予处理程序不对。

b.《行政处罚决定书》应按规定送达到违法建设单位或个人、并签字。规划局寄送

《行政处罚决定书》不符合程序。

③行政处罚决定书应按下列步骤实施：

a. 立案：一经发现，及时立案。

b. 调查取证：由两位执法人员共同进行，调查取证。

c. 作出处罚决定：依据调查取证结果，作出处罚决定。

d. 送达：行政处罚决定书给予送达，签字确认。

e. 执行或申请法院强制执行。

2）规划局可以做出撤销或回收《行政处罚决定书》

规划局在做出《行政处罚决定书》的程序要素不合法，可以给予撤销或收回，但应该向行政处罚相对人出具撤销行政处罚决定书。

4. 例题四十

经批准，某公司在城市中心区与新区之间的绿化隔离地区内建设植物栽培基地，总占地一百亩。该公司种植了一些乔木和灌木后，以管理看护为名，擅自建设了几十栋经营用房。

试指出该公司的具体违法行为，规划主管部门对此该做如何处理？

（1）审题：

根据《城乡规划法》相关规定，城乡规划确定的铁路、公路、港口、机场、道路、绿地、输配电设施及输电线路走廊、通信设施、广播电视设施、管道设施、河道、水库、水源地、自然保护区、防汛通道、消防通道、核电站、垃圾填埋场及焚烧厂、污水处理厂和公共服务设施的用地以及其他需要依法保护的用地，禁止擅自改变用途。根据《城市绿线管理办法》相关规定，城市绿线内的用地，不得改作他用，不得违反法律法规、强制性标准以及批准的规划进行开发建设。有关部门不得违反规定，批准在城市绿线范围内进行建设。因建设或者其他特殊情况，需临时占用城市绿线内用地的，必须依法办理相关审批手续。在城市绿线范围内，不符合规划要求的建筑物、构筑物及其他设施应当限期迁出。故该公司违反了《城乡规划法》、《城市绿线管理办法》，违反了城市总体规划的具体安排，改变了规划中原定的城市用地性质；侵占了城市绿线范围，在没有取得《建设用地规划许可证》、《建设工程规划许可证》的情况下擅自进行违法建设。

又根据《城乡规划法》相关规定，未取得《建设工程规划许可证》或者未按照《建设工程规划许可证》的规定进行建设的，由县级以上地方人民政府城乡规划主管部门责令停止建设；尚可采取改正措施消除对规划实施的影响的，限期改正，处建设工程造价5%以上10%以下的罚款；无法采取改正措施消除影响的，限期拆除，不能拆除的，没收实物或者违法收入，可以并处建设工程造价10%以下的罚款。故对该公司未取得《建设用地规划许可证》和《建设工程规划许可证》的违法行为，应予以立案处理，责令停止建设并尽可能恢复原貌。侵占城市绿地，无法采取改正措施消除对规划实施影响的限期拆除，不能拆除的，没收实物，可以并处建设工程造价10%以下的罚款。

（2）参考答案：

该公司违反了《城乡规划法》、《城市绿线管理办法》，其具体违法行为有：

①违反城市总体规划，改变城市用地性质。

②侵占城市绿地进行违法建设。

③未取得建设用地规划许可证进行建设。

④未取得建设工程规划许可证进行建设。

处理办法：对违反《城乡规划法》、《城市绿线管理办法》未取得《建设用地规划许可证》和《建设工程规划许可证》的违法行为，立案处理如下：

①责令停止建设。

②侵占城市绿地，无法采取改正措施消除对规划实施影响的限期拆除，不能拆除的，没收实物。

③性质严重可以并处建设工程造价10％以下的罚款。

④责令建设单位尽可能恢复原貌。

5. 例题四十一

某市规划局在对一宗违法建设案进行处理时，认定该项目可采取改正措施消除对规划实施的影响，发出如下《违法建设行政处罚决定书》：

裁决〔2010〕第700号

违法建设行政处罚决定书

违法建设单位：某市经济发展有限公司

地址：东大街与南大街交汇处西北角

责任人：张某某

经查，你单位位于东大街与南大街交汇处西北角的办公楼项目未办理《建设用地规划许可证》，于2009年期间擅自施工，总建筑面积7707平方米，现已完工，上述行为违反了《中华人民共和国行政许可法》第四十条、第六十四条有关规定，构成违法建设行为。

我局根据《中华人民共和国行政处罚法》第六十四条的有关规定对你单位处以处罚，罚款金额按建设工程造价700元/平方米、建筑面积7707平方米、总造价的20％计算，即罚款人民币1078980元。

……

如不服本处罚决定，可在接到本处罚决定书之日起60日内，向市人民政府或省建设行政主管部门投诉，或在接到本处罚决定书之日起30日内向人民法院起诉……

（盖章）

二〇一〇年十一月十一日

试指出该《违法建设行政处罚决定书》中存在的主要问题。

（1）审题

依据《行政处罚法》第三十九条规定：行政处罚决定书应当载明下列事项：（一）当事人的姓名或者名称、地址；（二）违反法律、法规或者规章的事实和证据；（三）行政处罚的种类和依据；（四）行政处罚的履行方式和期限；（五）不服行政处罚决定，申请行政复议或者提起行政诉讼的途径和期限；（六）作出行政处罚决定的行政机关名称和作出决定的日期。行政处罚决定书必须盖有作出行政处罚决定的行政机关的印章。

根据《城乡规划法》第六十四条规定："未取得建设工程规划许可证或者未按照建设工程规划许可证的规定进行建设的，由县级以上地方人民政府城乡规划主管部门责令停止建设；尚可采取改正措施消除对规划实施的影响的，限期改正，处建设工程造价百分之五以上百分之十以下的罚款，无法采取改正措施消除影响的，限期拆除，不能拆除的，没收实物或者违法收入，可以并处建设工程造价百分之十以下的罚款。"故本题中的违法原因应是未办理《建设工程规划许可证》，而不是《建设用地规划许可证》；该《违法建设行政处罚决定书》中所写的是根据《中华人民共和国行政处罚法》的有关规定进行处罚，正确的是根据《城乡规划法》进行处罚；且进行罚款的比例不应为总造价的20%计算，按照规定应处建设工程造价5%以上10%以下的罚款；在处罚决定中应要求及时并限时消除对规划实施带来的影响。

依据《行政处罚法》第四十二条规定：行政机关作出责令停产停业、吊销许可证或者执照、较大数额罚款等行政处罚决定之前，应当告知当事人有要求举行听证的权利；当事人要求听证的，行政机关应当组织听证。此处决定罚款数额较大，应预先通知相关人是否要进行听证。同时，该处罚决定在提出罚款数额后并没有写明要求交罚款的具体地址。

行政处罚为具体行政行为，按照规定公民、法人和其他组织对具体行政行为不服需要提出行政复议的，在知道具体行政行为之日起的60日内申请行政复议，故该决定书中应该向人民政府和上一级主管部门提起行政复议，而不是投诉；依据规定应在行政复议结束15日之内或行政复议期满15日内可向法院提起诉讼，故该决定书中向法院提起诉讼的时间不对。

根据《行政处罚法》第五十一条规定：当事人逾期不履行行政处罚决定的，作出行政处罚决定的行政机关可以采取下列措施：（一）到期不缴纳罚款的，每日按罚款数额的百分之三加处罚款；（二）根据法律规定，将查封、扣押的财物拍卖或者将冻结的存款划拨抵缴罚款；（三）申请人民法院强制执行。故该决定书应补充相关内容。

(2) 参考答案

①违法原因是未办理《建设工程规划许可证》。

②数额太大，需要预先通知行政相对人是否听证。

③写明交罚款地址。

④根据的是《城乡规划法》。

⑤罚款比例不对，应为5%~10%。

⑥应该向人民政府和上一级主管部门提起行政复议，不是上诉。

⑦向法院提起诉讼的时间不对，应为行政复议结束15日之内，或者是行政复议期满15日内。

⑧应及时消除对规划实施的影响。

⑨逾期不履行本处罚决定，本机关将依法申请人民法院强制执行。

十、监督检查

(一) 考试大纲的要求

考试大纲要求：掌握城乡规划的监督检查的相关工作内容。

（二）城乡规划监督检查工作的目的和意义

《城乡规划法》专门设立了"监督检查"一章。城乡规划监督检查工作贯穿于城乡规划制定和实施的全过程，是城乡规划管理工作的重要组成部分，也是保障城乡规划工作科学性与严肃性的重要手段。近年来，我国对城乡规划制定实施的监督检查有了较大程度的提高和加强。2002年，国务院下发了《国务院关于加强城乡规划监督管理的通知》（国发〔2002〕13号），明确要求健全城乡规划的监督管理制度，进一步强化城乡规划对城乡建设的引导和调控作用，促进城乡建设健康有序发展。但是，从现实情况看，城乡规划监督检查工作的应有功能尚未充分发挥，一些地方仍然存在行政管理人员法律意识不强、不依法办事的问题，主要表现在城乡规划决策中，透明度和公众参与的程度仍然不够；在管理社会事务中，不同程度地存在行政程序混乱、执法不严、不作为等现象。这种状况不仅影响城乡规划行政管理的依法行政效率，影响政府和城乡规划主管部门的形象，而且直接影响到城乡规划的严肃性、权威性。针对这些现象，《城乡规划法》强化了对城乡规划工作的人大监督、公众监督、行政监督，以及各项监督检查措施。其目的就是从法律上明确城乡规划的监督管理制度，进一步强化城乡规划对城乡建设的引导和调控作用，促进城乡建设健康有序发展。

（三）城乡规划工作的行政监督

在《城乡规划法》对于城乡规划工作行政监督的规定包括两个方面的内容。

一是县级以上人民政府及其城乡规划主管部门对下级政府及其城乡规划主管部门执行城乡规划编制、审批、实施、修改情况的监督检查。也就是通常所说的政府层级监督检查。目的是强化城乡规划工作的事前和事中监督，形成快速反馈和及时处置的督察机制，及时发现、制止和查处违法违规行为，保证城乡规划和有关法律法规的有效实施，推动地方政府和规划主管部门依法行政，促进党政领导干部在城乡规划决策方面的科学化和民主化。

二是县级以上地方人民政府城乡规划主管部门对城乡规划实施情况进行的监督检查，即通常所说的对管理相对人的监督检查。包括有关用地的范围、面积等与建设用地规划许可证规定是否相符；对已领取建设工程规划许可证的建设工程，在开工前履行验线手续，检查其坐标、标高等是否与建设工程规划许可证相符；建设工程竣工验收前，检查核实有关建设工程是否符合规划条件；违法建设查处工作等，这些都属于此类监督检查的范畴。

县级以上人民政府城乡规划主管部门实施行政监督检查权，必须严格遵循依法行政的原则，包括：

（1）监督检查的内容要合法。即监督检查的内容必须是城乡规划法律、法规中规定要求当事人遵守或执行的行为。如城乡规划编制与审批，城乡规划修改，规划实施中的行政许可等。

（2）监督检查的程序要合法。即按照法律、法规的要求和程序进行有关监督检查工作。如城乡规划监督检查人员履行监督检查职责时，应当出示统一制发的城乡规划监督检查证件；城乡规划监督检查人员提出建议或处理意见要依法并符合法定程序等。

（3）监督检查采取的措施要合法，采取措施超出城乡规划法律、法规允许的范围，给当事人造成财产损失的，要依法赔偿；构成犯罪的，要依法追究刑事责任。

(四) 人民代表大会对城乡规划工作的监督

人民代表大会及其常委会对政府工作实施监督，是宪法和法律赋予国家权力机关的重要职权。《中华人民共和国宪法》规定，人民行使国家权力的机关是全国人民代表大会和地方各级人民代表大会；国家行政机关由人民代表大会产生，对它负责，受它监督。《中华人民共和国宪法》、《中华人民共和国地方各级人民代表大会和地方各级人民政府组织法》规定，县级以上的地方各级人民代表大会常务委员会是本级人民代表大会的常设机关，对本级人民代表大会负责并报告工作。县级以上地方各级人民代表大会常务委员会行使的职权之一是监督本级人民政府的工作。人民代表大会及其常委会对人民政府工作进行监督是人民代表大会监督权的重要内容。依照《中华人民共和国各级人民代表大会常务委员会监督法》的规定，人大常委会的监督，首先是人大常委会对下一级人大及其常委会制定的地方性法规和发布的决议、决定，对本级人民政府制定的行政法规和发布的决定、命令的监督，即法律监督；其次是人大常委会对政府在工作中是否正确实施法律和依法行使职权，是否正确贯彻国家的方针、政策，是否正确执行人民代表大会及其常委会作出的决议、决定的情况进行监督，包括专项工作、计划和预算执行情况的监督等，即工作监督。

《城乡规划法》第二十八条规定，有计划、分步骤地组织实施城乡规划是地方各级人民政府的职责，是地方各级人民政府工作的重要内容之一，对政府实施城乡规划的情况进行监督自然也就成为人民代表大会监督职能的一项重要内容，属于人民代表大会对政府的工作监督。因此，《城乡规划法》第五十二条规定，地方各级人民政府应当向本级人民代表大会常务委员会或者乡、镇人民代表大会报告城乡规划的实施情况，地方各级人民政府据此必须向本级人民代表大会及其常委会报告城乡规划的实施情况，可以根据实际需要进行主动报告，也可以根据人大及其常委会的要求进行报告，以充分运用听取和审议政府专项工作报告这一基本形式，接受人民代表大会及其常委会的检查和监督。

(五) 公众对城乡规划工作的监督

已经批准的城乡规划必须遵守和执行，体现城乡规划的严肃性。公众监督是保障城乡规划严肃性的重要途径之一。按照《城乡规划法》的规定，县级以上人民政府及其城乡规划主管部门的监督检查，县级以上地方各级人民代表大会常务委员会或者乡、镇人民代表大会对城乡规划工作的监督检查，其基本情况和处理结果都应当依法公开，供公众查阅和监督。

将监督检查情况和处理结果公开，对于保障行政相对人、利害关系人和公众的知情权，加强对行政机关的监督具有重要意义。首先，将监督检查情况和处理结果予以公开，可以使社会公众了解权力机关、行政机关的执法及监督过程和理由，从而有利于社会公众对权力机关、行政机关的行为进行监督；其次，对于行政相对人、利害关系人来说，监督检查情况和处理结果公开，有助于其了解权力机关、行政机关监督检查的情况，以决定是否对自身权益采取相关保护措施，寻求相应的司法救济；最后，对于公众来说，监督检查情况和处理结果公开，使其可以了解自己需要的信息，知道什么是法律允许的、什么是法律禁止的，以保障自己的行为在法律允许的范围内。

一般情况下，有关城乡规划编制、审批、实施、修改的监督检查情况和处理结果，都应当依法公开。但同时《城乡规划法》也规定，遇有按照相关法律规定不得公开的情形，则不能公开。这种情形包括以下方面：

一是涉及国家秘密的。《行政许可法》明确规定，行政许可的实施和结果，涉及国家秘密的，不能公开。由于国家秘密涉及国家的安全和国家利益，因此《城乡规划法》规定的监督检查情况和处理结果涉及国家秘密的，根据《中华人民共和国保守国家秘密法》的规定不能公开。

二是涉及商业秘密的。国家对商业秘密的保护，其目的是维护权利人的经济利益和社会的经济秩序。《行政许可法》明确规定，行政许可的实施和结果，涉及商业秘密的，不能公开。因此，《城乡规划法》规定的监督检查情况和处理结果如涉及商业秘密的，则依法不能予以公开。

（六）城乡规划主管部门执行行政监督检查的具体措施

城乡规划主管部门执行行政监督检查包括对本行政区域内城乡规划编制、审批、实施、修改的情况进行监督检查，对建设单位和个人的建设活动是否符合城乡规划进行监督检查，对违反城乡规划的行为进行查处。同时，还要接受本级政府及有关监督检查部门、上级政府城乡规划主管部门和权力机关、社会公众对城乡规划工作的监督。为此，城乡规划主管部门必须建立健全监督检查制度，强化内部监督机制，畅通外部监督渠道，形成完善的行政检查、行政纠正和行政责任追究机制。

城乡规划主管部门在对本行政区域内城乡规划编制、审批、实施、修改的情况进行监督检查时，可以采取执法检查、案件调查、不定期抽查和接受群众举报等措施。上级城乡规划主管部门既可以对下级城乡规划主管部门具体行政行为进行监督检查，如住房和城乡建设部要会同所在省级人民政府对国务院审批的城市总体规划的实施情况进行经常性的监督检查，省级城乡规划主管部门可以采取措施对本行政区域内城乡规划的实施情况进行检查；也可以对下级城乡规划主管部门的制度建设情况进行监督检查，如城乡规划主管部门是否明确了实施规划许可的程序要求，是否建立了规划公开公示制度，是否实行城乡规划集中统一管理等。下级城乡规划主管部门应当定期就城乡规划的实施情况和管理工作向上级城乡规划主管部门进行汇报。

城乡规划主管部门应当建立健全对涉及城乡规划实施行为的监督管理制度，要明确各项具体监督管理职责、方式和程序，明确对违反城乡规划行为依法可采取的各种措施，明确实施监督管理的具体部门和工作人员的责任。城乡规划主管部门可以通过对在建项目的跟踪管理、巡察或调查、受理举报等方式，采用遥感技术等先进技术手段，掌握城乡规划的实施情况。《城乡规划法》第五十三条提出的城乡规划主管部门在进行监督检查时有权采取的措施包括：要求有关单位和人员提供与监督事项有关的文件、资料，并进行复制；要求有关单位和人员就监督事项涉及的问题作出解释和说明，并根据需要进入现场进行勘测；责令有关单位和人员停止违反有关城乡规划法律、法规的行为。

城乡规划监督检查人员在履行监督检查职责时，应当出示城乡规划监督检查证件，如不出示证件，被检查的单位或者个人有权拒绝接受检查，有权拒绝其进入现场勘测，有权拒绝提供有关文件、资料和作出说明。为此，县级以上人民政府城乡规划主管部门要加强对城乡规划监督检查人员的监督和管理，要教育城乡规划监督检查人员持证上岗，依法行政。要加强对城乡规划监督检查证件的管理。城乡规划监督检查证件只限本人依法使用，不得涂改或者转借。城乡规划监督检查人员因离职或者其他原因，不再履行城乡规划监督检查职责的，应当撤销其城乡规划监督检查证件。

（七）城乡规划主管部门对行政监督检查结果的法定处理措施

《城乡规划法》规定，城乡规划主管部门在行政监督检查过程中，可依法采取处理措施。其目的在于加强和完善城乡规划主管部门层级间的监督制约机制，增强城乡规划工作人员的法制观念，防止和纠正有关城乡规划主管部门和城乡规划监督检查人员可能发生的不法行为，保障城乡规划法律、法规得到全面、正确和有效的实施。《城乡规划法》授权城乡规划主管部门在进行监督检查时，发现有违反《城乡规划法》规定情形时，可以采取的处理措施包括：对国家机关工作人员（含地方政府领导、城乡规划主管部门工作人员、有关行政主管部门工作人员）违法行为提出行政处分的建议，对有关城乡规划主管部门不履行法定行政处罚的责成履行法定责任，对有关违法行为依法直接处置等方面。

城乡规划主管部门在进行监督检查时，发现国家机关工作人员依法应当给予行政处分的，应当依据《城乡规划法》第五十五条的规定，及时、准确、全面地向有关机关通报情况，并提出处分建议。县级以上人民政府城乡规划主管部门发现国家机关工作人员的违法行为，依法应当给予行政处分的，属于本系统自行任命的工作人员，由县级以上人民政府城乡规划主管部门按照干部管理权限，依法予以处理。对于非本系统任命的工作人员，则应当向任免机关或者上级人民政府的监察机关提出行政处分建议书，由有关行政监察机关依法处理。

城乡规划主管部门在进行监督检查时，发现有关城乡规划主管部门不履行法定行政处罚职责的，应当依据《城乡规划法》第五十六条的规定，责成有关人民政府或城乡规划主管部门履行行政处罚责任。根据《城乡规划法》第六章法律责任第六十二条至第六十七条的规定，县级以上人民政府城乡规划主管部门，应当依法对城乡规划违法行为给予行政处罚。有关城乡规划主管部门应当给予而不予处罚，是指在违法事实清楚，违法案件处罚权明确的前提下，有处罚权的城乡规划主管部门对依法应当给予行政处罚的行为，而不给予行政处罚的做法。上级要责令有关城乡规划主管部门或者建议有关地方政府，及时作出行政处罚决定，同时可以根据情况，对于不履行法定行政处罚职责的城乡规划主管部门的责任人提出行政处分建议。

上级城乡规划主管部门在进行监督检查时，发现有关违法行为必须及时进行制止的，可以依据《城乡规划法》第五十七条的规定作出纠正决定。近年来，一些地方出现了城乡规划主管部门及其工作人员违反城乡规划要求，违反法定规划许可制度的程序和条件，擅自核发规划行政许可，如违反控制性详细规划核发许可，违反强制性规划指标要求核发许可，在限制建设区域甚至占用公共设施、基础设施保护用地核发其他规划性质的许可等。这种情况直接造成公共利益受损、社会资源浪费，也给利害关系人的合法权益造成损失，同时也给政府形象造成损害，必须及时予以纠正。为此法律明确规定了上级人民政府城乡规划主管部门有权责令其撤销或者直接撤销该行政许可。当然，上级城乡规划主管部门作出这样的纠正，应当坚持掌握准确的事实依据、慎重决定的原则，能够让有关城乡规划主管部门意识到错误，自己纠正的，尽可能责成其自行纠正，只有在其没有正当理由，明知错误拒不改正的前提下，才依法给予纠正。因撤销行政许可给当事人合法权益造成损失的，应当依据《行政许可法》的有关规定给予赔偿。但应当注意的是，根据《行政许可法》第六十九条的规定，被许可人以欺骗、贿赂等不正当手段取得行政许可而被撤销的，被许可人基于行政许可取得的利益是不受法律保护的。

为确保城乡规划主管部门执行行政监督检查时公平、公正，防止监督检查中的各种违法现象，依据《城乡规划法》第五十四条规定，行政监督管理情况和处理结果应当公开供公众查阅和监督。但是，涉及国家秘密、商业秘密或者个人隐私的内容除外。

(八) 对执行监督检查的城乡规划主管部门工作人员的要求

城乡规划工作具有较强的专业性、政策性，同时又涉及社会多方面利益，执行监督检查的城乡规划主管部门工作人员必须要具备较高的政治素质和业务素质，要不断学习业务知识，提高业务技能。要熟悉城乡规划法律、法规和有关政策规定。在执行监督检查时必须做到实事求是、客观公正，正确引用法律法规，严格遵循执法程序，防止错误地对行政管理相对人执法。在工作中要坚持监督检查与引导教育并重。执行监督检查的城乡规划主管部门工作人员要正确理解执行监督检查的最终目的，是促进社会和谐健康发展。所以，在依法行政的前提下，要充分尊重、理解行政执法相对人，对其进行教育和正确引导。

执行监督检查的城乡规划主管部门工作人员要做到政务公开，依法行政，自觉接受社会和公众的监督。要加强对监督检查人员的培训和考核，对经考核符合法定条件的，发给城乡规划监督检查证件，持证上岗；不符合法定条件的，不得上岗；对在监督检查过程中越权、失职、滥用职权、徇私舞弊的，由其所在单位或者上级主管部门给予行政处分；构成犯罪的，要依法追究刑事责任。

十一、法律责任

考试大纲要求：掌握城乡规划法律责任的相关内容。

(一) 法律责任的概念和内容

法律责任，是指违反法律的规定而必须承担的法律后果。它是法律运行、实施的保障，是法治不可或缺的要素。没有法律责任作为最后的保障，任何法律都将流于形式，成为一纸空文。法律责任按违法行为的性质不同可以分为民事法律责任、行政法律责任和刑事法律责任三大类。违反《城乡规划法》强制性规定和有关民事、刑事法律规定的，即构成《城乡规划法》规定的法律责任。《城乡规划法》规定的法律责任包括民事法律责任、行政法律责任和刑事法律责任。

《城乡规划法》"法律责任"一章共有 12 条，规定了以下内容。

1. 构成《城乡规划法》规定的法律责任的违法行为

(1) 依法应当编制城乡规划而未编制，或者未按规定程序编制、审批、修改城乡规划，或者委托不具有相应资质等级的单位编制城乡规划。

(2) 违法核发选址意见书、建设用地规划许可证、建设工程规划许可证、乡村建设规划许可证，或者未依法对经审定的修建性详细规划、建设工程设计方案的总平面图予以公布，或者批准修改修建性详细规划、建设工程设计方案的总平面图前，未听取利害关系人的意见，或者发现未依法取得规划许可或者违反规划许可的规定在规划区内进行建设的行为，而不予查处或者接到举报后不依法处理。

(3) 对未依法取得选址意见书的建设项目核发建设项目批准文件，或者未依法在国有土地使用权出让合同中确定规划条件或者改变国有土地使用权出让合同中依法确定的规划条件，或者对未依法取得建设用地规划许可证的建设单位划拨国有土地使用权。

（4）城乡规划编制单位超越资质等级许可的范围、未取得资质证书、以欺骗手段取得资质证书承揽城乡规划编制工作，或者违反国家有关标准编制城乡规划。

（5）未取得建设工程规划许可证或者未按照建设工程规划许可证的规定进行建设，或者在乡、村庄规划区内未依法取得乡村建设规划许可证或者未按照乡村建设规划许可证的规定进行建设。

（6）未经批准或者未按照批准内容进行临时建设，或者临时建筑物、构筑物超过批准期限不拆除。

（7）建设单位未在建设工程竣工验收后6个月内向城乡规划主管部门报送有关竣工验收资料。

2. 构成《城乡规划法》规定的法律责任的违法行为的主体

（1）有关人民政府负责人和其他直接责任人员。

（2）城乡规划主管部门与相关行政部门直接负责的主管人员和其他直接责任人员。

（3）城乡规划编制单位。

（4）有关的建设单位和个人。

3. 构成《城乡规划法》违法行为的责任主体应承担的法律责任

（1）有关人民政府负责人和其他直接责任人员、城乡规划主管部门与相关行政部门直接负责的主管人员和其他直接责任人员违反《城乡规划法》规定，应当承担行政法律责任。

（2）城乡规划编制单位违反《城乡规划法》规定，应当承担行政法律责任、民事法律责任。

（3）有关的建设单位违反《城乡规划法》规定，应当承担行政法律责任。

此外，对于违法建设工程，《城乡规划法》赋予县级以上地方人民政府可以责成有关部门采取查封施工现场、强制拆除等措施的权力。对于违反《城乡规划法》的规定，构成犯罪的，要依法追究刑事责任。

（二）政府违反《城乡规划法》的行为及所应承担的行政法律责任

根据《城乡规划法》第五十八条、第五十九条的规定，有关人民政府违反《城乡规划法》的规定，有下列行为之一的，应当承担行政法律责任。

1. 依法应当编制城乡规划而未组织编制，或者未按法定程序编制、审批、修改城乡规划

编制城乡规划是各级政府的职责，各级政府应当依照《城乡规划法》的规定编制城乡规划。《城乡规划法》第三条对城市规划、镇规划和乡规划、村庄规划提出不同要求。对城市规划、镇规划，《城乡规划法》规定，城市和镇应当依照本法制定城市规划和镇规划。城市、镇规划区内的建设活动应当符合规划要求。对乡规划、村庄规划，《城乡规划法》则规定，县级以上地方人民政府根据本地农村经济社会发展水平，按照因地制宜、切实可行的原则，确定应当制定乡规划、村庄规划的区域。在确定区域内的乡、村庄，应当依照本法制定规划，规划区内的乡、村庄建设应当符合规划要求。有关人民政府依法应当编制城乡规划而未组织编制的，应当承担《城乡规划法》规定的行政法律责任。

《城乡规划法》第十二条、第十三条、第十四条、第十五条、第十六条、第二十二条、第二十六条、第二十七条分别对全国城镇体系规划、省域城镇体系规划、城市总体规划、镇总体规划和乡规划、村庄规划的编制、审批程序和征求意见程序做了规定。《城乡规划法》第十九条、第二十条、第二十一条、第三十四条分别对城市、镇的控制性详细规划以及近期建设规划的编制、审批程序做了规定。《城乡规划法》第四十六条，第四十七条、第四十八条、第四十九条、第五十条分别对省域城镇体系规划、城市总体规划、镇总体规划和控制性详细规划、修建性详细规划、近期建设规划的修改程序做了规定。

各级政府是城乡规划编制、修改的主体，上级政府是城乡规划审批的主体，有关人民政府必须严格遵守《城乡规划法》规定的职权和程序编制、审批、修改城乡规划。有关人民政府未按法定程序编制、审批、修改城乡规划，应承担行政法律责任。

2. 委托不具有相应资质等级的单位编制城乡规划

各级政府是组织编制城乡规划的机关，但承担具体城乡规划编制工作的机构需要有专业技术知识，《城乡规划法》规定，这种专业技术机构要具备一定的资质才能被许可从事城乡规划编制工作。《城乡规划法》第二十四条规定，城乡规划组织编制机关应当委托具有相应资质等级的单位承担城乡规划的具体编制工作。

对依法应当编制城乡规划而未组织编制，未按法定程序编制、审批、修改城乡规划的，或者委托不具有相应资质等级的单位编制城乡规划的，对有关人民政府，由上级人民政府责令改正，通报批评；对有关人民政府负责人和其他直接责任人员依法给予处分。行政处分是指国家机关、企事业单位依法给隶属于它的具有轻微违法行为的人员的一种制裁性处理。处分对象是违法部门的直接负责的主管人员和其他直接责任人员，即在单位违法行为中负有直接领导责任的人员，包括违法行为的决策人，事后对单位违法行为予以认可和支持的领导人员，由于疏于管理或放任，因而对单位违法行为负有不可推卸责任的领导人员，以及直接实施单位违法行为的人员。上级人民政府发现下级人民政府有依法应当编制城乡规划而未组织编制，未按法定程序编制、审批、修改城乡规划的，委托不具有相应资质等级的单位编制城乡规划的行为的，以行政命令的方式责令其改正，并通报批评。违法的城乡规划组织编制机关在接到责令改正的通知后，必须立即改正违法行为。对有关人民政府负责人和其他直接责任人员可以依法给予行政处分。

（三）城乡规划主管部门违反《城乡规划法》的行为及所应承担的行政法律责任

根据《城乡规划法》第六十条、第六十一条、第六十二条的规定，城乡规划主管部门违反《城乡规划法》的规定，有下列行为之一的，应承担行政法律责任。

1. 未依法组织编制城市的控制性详细规划、县人民政府所在地镇的控制性详细规划

《城乡规划法》第十九条规定，城市人民政府城乡规划主管部门根据城市总体规划的要求，组织编制城市的控制性详细规划。第二十条规定，县人民政府城乡规划主管部门组织编制县人民政府所在地镇的控制性详细规划。城市人民政府城乡规划主管部门未组织编制城市的控制性详细规划、县人民政府城乡规划主管部门未组织编制县人民政府所在地镇的控制性详细规划的，应当承担行政法律责任。

2. 超越职权或者对不符合法定条件的申请人核发选址意见书、建设用地规划许可证：建设工程规划许可证、乡村建设规划许可证

《城乡规划法》第三十六条规定，按照国家规定需要有关部门批准或者核准的建设项目，以划拨方式提供国有土地使用权的，建设单位在报送有关部门批准或者核准前，应当向城乡规划主管部门申请核发选址意见书。《城乡规划法》第三十七条、第三十八条规定，在城市、镇规划区内以划拨方式提供国有土地使用权的建设项目，经有关部门批准、核准、备案后，建设单位应当向城市、县人民政府城乡规划主管部门提出建设用地规划许可申请，由城市、县人民政府城乡规划主管部门依据控制性详细规划核定建设用地的位置、面积、允许建设的范围，核发建设用地规划许可证。以出让方式取得国有土地使用权的建设项目，建设单位在取得建设项目的批准、核准、备案文件和签订国有土地使用权出让合同后，向城市、县人民政府城乡规划主管部门领取建设用地规划许可证。《城乡规划法》第四十条规定，在城市、镇规划区内进行建筑物、构筑物、道路、管线和其他工程建设的，建设单位或者个人应当向城市、县人民政府城乡规划主管部门申请办理建设工程规划许可证。申请办理建设工程规划许可证，应当提交使用土地的有关证明文件、建设工程设计方案等材料。需要建设单位编制修建性详细规划的建设项目，还应当提交修建性详细规划。对符合控制性详细规划和规划条件的，由城市、县人民政府城乡规划主管部门核发建设工程规划许可证。《城乡规划法》第四十一条规定，在乡、村庄规划区内进行乡镇企业、乡村公共设施和公益事业建设的，建设单位或者个人应当向乡、镇人民政府提出申请，由乡、镇人民政府报城市、县人民政府城乡规划主管部门核发乡村建设规划许可证。在乡、村庄规划区内进行乡镇企业、乡村公共设施和公益事业建设以及农村村民住宅建设，不得占用农用地；确需占用农用地的，应当依照《土地管理法》的有关规定办理农用地转用审批手续后，由城市、县人民政府城乡规划主管部门核发乡村建设规划许可证。

在受理申请人的城乡规划许可申请后，城乡规划主管部门应当进行认真审查，符合规定条件的，应当作出准予规划许可的决定，如果不符合条件，应当作出不予许可的决定，并说明不予许可的理由和依据。城乡规划主管部门必须在自己的职权范围内实施规划许可，对于不属于自己职权范围内的事项，不得实施行政许可。如果超越职权或者对不符合法定条件的申请人核发选址意见书、建设用地规划许可证、建设工程规划许可证、乡村建设规划许可证的，属违法行为，应承担行政法律责任。

3. 对符合法定条件的申请人未在法定期限内核发选址意见书、建设用地规划许可证、建设工程规划许可证、乡村建设规划许可证

根据《行政许可法》的规定，行政机关对行政许可申请进行审查后，除当场作出行政许可决定的情形外，应当在法定期限内按照规定程序作出行政许可决定。行政机关在经过审查后，对于符合条件的申请人不仅应当准予行政许可，还应当在法定的期限内作出准予行政许可的决定。除可以当场作出行政许可决定的情形外，行政机关应当自受理行政许可申请之日起 20 日内作出行政许可的决定。如果 20 日内不能作出决定，经本行政机关负责人批准，可以延长 10 日，并应当将延长期限的理由告知申请人。行政许可采取统一办理或者联合办理、集中办理的，办理的时间不得超过 45 日；45 日内不能办结的，经本级人民政府负责人批准，可以延长 15 日，并应当将延长期限的理由告知申请人。行政机关作出准予行政许可决定的，应当自作出决定之日起 10 日内向申请人颁发、送达行政许可证件。县级以上人民政府城乡规划主管部门对符合法定条件的申请人未在法定期限内核发选址意见书、建设用地规划许可证、建设工程规划许可证、乡村建设规划许可证的，应承担行政法律责任。

4. 未依法对经审定的修建性详细规划、建设工程设计方案的总平面图予以公布，或者批准修改修建性详细规划、建设工程设计方案的总平面图前未采取听证会等形式听取利害关系人的意见

《城乡规划法》第四十条、第五十条中规定，城乡规划主管部门应当依法将经审定的修建性详细规划、建设工程设计方案的总平面图予以公布，经依法审定的修建性详细规划、建设工程设计方案的总平面图不得随意修改；确需修改的，城乡规划主管部门应当采取听证会等形式，听取利害关系人的意见。违反上述规定的，即构成违法，应当承担行政法律责任。

5. 发现未依法取得规划许可或者违反规划许可的规定在规划区内进行建设的行为，而不予查处或者接到举报后不依法处理

这里规定的是城乡规划主管部门的行政不作为，即城乡规划主管部门应当履行自己的职责而不予履行的行为。行政不作为在很大程度上影响政府职能的正常发挥。行政不作为虽然不如超越职权、滥用职权的行政违法行为的表现形式明显，但是其危害性却不可低估，例如会导致一些违法建设成为既成事实，加大采取整改措施和处罚的难度等，并且会严重破坏政府部门在人民群众心目中的形象，应当承担相应的法律责任。《城乡规划法》赋予了城乡规划主管部门对城乡规划的实施情况进行监督检查有权采取的行政措施，城乡规划主管部门应当履行职责，同时对群众举报或者控告违反城乡规划的行为，应当及时受理并组织核查、处理。如果发现未依法取得规划许可或者违反规划许可的规定在规划区内进行建设的行为，而不予查处或者接到举报后不依法处理的，是渎职行为，必须追究相应人员的法律责任。

有上述违法行为之一的，由本级人民政府或者上级人民政府城乡规划主管部门或者监察机关依据职权责令改正，对县级以上人民政府城乡规划主管部门通报批评；对直接负责的主管人员和其他直接责任人员依法给予处分。追究法律责任的机关有三个：一是本级人民政府，二是上级人民政府城乡规划主管部门，三是监察机关。本级人民政府和上级人民政府城乡规划主管部门对有关城乡规划主管部门的工作负有领导和监督责任，一旦发现有违法行为，本级人民政府或者上级人民政府城乡规划主管部门均有权予以处理。

（四）相关行政部门违反《城乡规划法》的行为及所应承担的行政法律责任

根据《城乡规划法》第六十一条的规定，县级以上人民政府有关部门违反《城乡规划法》的规定，有下列行为之一的，应承担行政法律责任。

1. 对未依法取得选址意见书的建设项目核发建设项目批准文件

《城乡规划法》第三十六条规定，按照国家规定需要有关部门批准或者核准的建设项目，以划拨方式提供国有土地使用权的，建设单位在报请有关部门批准或者核准前，应当向城乡规划主管部门申请核发选址意见书。这里讲的核发建设项目批准文件的部门，是指除城乡规划主管部门外主要负责有关建设项目审批的部门。

2. 未依法在国有土地使用权出让合同中确定规划条件或者改变国有土地使用权出让合同中依法确定的规划条件

《城乡规划法》第三十八条规定，在城市、镇规划区内以出让方式提供国有土地使用权的，在国有土地使用权出让前，城市、县人民政府城乡规划主管部门应当依据控制性详细规划，提供出让地块的位置、使用性质、开发强度等规划条件，作为国有土地使用权出让合同的组成部分。未确定有关规划条件的地块：不得出让国有土地使用权。城市、县人民政府城乡规划主管部门不得在建设用地规划许可证中，擅自改变作为国有土地使用权出让合同组成部分的规划条件。同时第三十九条规定，规划条件未纳入国有土地使用权出让合同的，该国有土地使用权出让合同无效。由此，城市、县人民政府城乡规划主管部门和其他有关部门未依法在国有土地使用权出让合同中确定规划条件或者改变国有土地使用权出让合同中依法确定的规划条件的，应承担行政法律责任。

3. 对未依法取得建设用地规划许可证的建设单位划拨国有土地使用权

《城乡规划法》第三十七条规定，建设单位在取得建设用地规划许可证后，方可向县级以上地方人民政府土地主管部门申请用地，经县级以上人民政府审批后，由土地主管部门划拨土地。土地主管部门对未依法取得建设用地规划许可证的建设单位划拨国有土地使用权的，应承担行政法律责任。

县级以上人民政府有关部门违反《城乡规划法》的规定，有上述行为之一的，由本级人民政府或者上级人民政府有关部门责令改正，对县级以上人民政府有关部门通报批评；对直接负责的主管人员和其他直接责任人员，依法给予处分。

（五）城乡规划编制单位违反《城乡规划法》的行为及所应承担的法律责任

根据《城乡规划法》第六十二条的规定，城乡规划编制单位违反《城乡规划法》的规定，有下列行为之一的，应承担法律责任。

1. 超越资质等级许可的范围或者未依法取得资质证书承揽城乡规划编制工作，或者以欺骗手段取得资质证书承揽城乡规划编制工作

《城乡规划法》第二十四条规定，城乡规划组织编制机关应当委托具有相应资质等级的单位承担城乡规划的具体编制工作。法律不允许城乡规划编制单位超越资质等级许可的范围或者未依法取得资质证书而承揽城乡规划编制工作，更不允许以欺骗手段取得资质证书承揽城乡规划编制工作。

2. 违反国家有关标准编制城乡规划

《城乡规划法》第二十四条规定，编制城乡规划必须遵守国家有关标准。国家有关标准是城乡规划编制的技术标准和规范，城乡规划编制单位必须遵守。

3. 城乡规划编制单位取得资质证书后，经原发证机关检查不再符合法定的相应资质条件，不能继续承揽城乡规划编制工作或者按原资质等级许可的范围承揽城乡规划编制工作，应当按期改正而不改正

城乡规划编制单位实施上述违法行为，根据《城乡规划法》的规定，应承担相应的行政法律责任、民事法律责任。城乡规划编制单位所应承担的行政法律责任的形式主要是行政处罚。行政处罚是指有行政处罚权的行政机关或者法律、法规授权的组织，对违反行政法律规范和依法应当给予处罚的行政相对人所实施的法律制裁行为。行政处罚的种类包括：警告、罚款、没收违法所得和非法财物、责令停产停业、暂扣或者吊销许可证（执照）、行政拘留和法律法规规定的其他行政处罚。城乡规划编制单位还要承担相应的民事法律责任。民事法律责任通常也称民事赔偿责任，是指公民、法人或者其他组织因违反合同或者不履行其他义务，或者由于过错侵害国家、集体财产或者他人财产权利、人身权利所应当承担的法律后果。承担民事损害赔偿责任，一般应当具备以下条件：一是行为人的不正当行为给他人的正常活动造成了实际损失；二是违法行为人造成的损害与其不正当行为有因果关系；三是符合有关法律应当给予赔偿的情形。赔偿责任可以由城乡规划主管部门以调解的方式要求违法行为人承担，受害人也可以提起民事诉讼，请求人民法院判决违法行为人承担赔偿责任。

城乡规划编制单位超越资质等级许可的范围承揽城乡规划编制工作的，由其所在的城市、县人民政府城乡规划主管部门责令限期改正，处合同约定的规划编制费1倍以上2倍以下的罚款；情节严重的，责令停业整顿，由原发证机关降低资质等级或者吊销资质证书；造成损失的，依法承担赔偿责任。对未取得资质证书承揽城乡规划编制工作的，由县级以上地方人民政府城乡规划主管部门责令停止违法行为，按照对超越资质等级许可的范围承揽城乡规划编制工作的罚款处罚和承担赔偿责任。对以欺骗手段取得资质证书承揽城乡规划编制工作的，由原发证机关吊销资质证书，按照对超越资质等级许可的范围承揽城乡规划编制工作的罚款处罚和承担赔偿责任。

城乡规划编制单位违反国家有关标准编制城乡规划的，由其所在的城市、县人民政府城乡规划主管部门责令限期改正，处合同约定的规划编制费1倍以上2倍以下的罚款；情节严重的、责令停业整顿，由原发证机关降低资质等级或者吊销资质证书；造成损失的，依法承担赔偿责任。

城乡规划编制单位取得资质证书后，不再符合相应的资质条件的，由原发证机关责令期限改正；逾期不改正的，降低资质等级或者吊销资质证书。

（六）未取得建设工程规划许可证或者违反建设工程规划许可证的规定进行建设所应承担的行政法律责任

根据《城乡规划法》的规定，建设工程规划许可证是经城乡规划主管部门依法审核，建设工程符合城乡规划要求的法律凭证。《城乡规划法》第六十四条对未取得建设工程规划许可证或者违反建设工程规划许可证的规定进行建设所应承担的行政法律责任做了规定。

对违法建设追究行政法律责任的方式是行政处罚，根据违法建设行为的不同阶段和情节轻重，由县级以上地方人民政府城乡规划主管部门采取下列行政措施和进行行政处罚。

1. 责令停止建设

城乡规划主管部门发现建设单位未取得建设工程规划许可证或者违反建设工程规划许可证的规定进行开发建设的，首先应立即发出停止违法建设活动通知书，责令其立即停止违法建设活动，防止违法建设给规划实施带来更多不利影响。

2. 责令限期改正，并处罚款

对责令停止的违法建设，还可以采取改正措施消除对规划实施的影响的，由城乡规划主管部门责令建设单位在规定的期限内采取改正措施。"责令改正"不属于行政处罚，而是行政机关在实施行政处罚时必须采取的行政措施。《行政处罚法》规定，行政机关实施行政处罚时，应当责令当事人改正或者限期改正违法行为。对于行政管理相对人实施的违法行为，行政机关应当追究其相应的法律责任，给予行政处罚，但不能简单地一罚了事，而应当要求当事人改正其违法行为，不允许其违法状态继续存在下去。"责令限期改正"，指除要求违法行为人立即停止违法行为外，还必须限期采取改正措施，消除其违法行为造成的危害后果，恢复合法状态，即建设工程恢复到符合建设工程规划许可证的规定。对于未取得建设工程规划许可证而进行建设，但又符合详细规划的要求，建设单位应当按照《城乡规划法》的规定补办建设工程规划许可证；对已经建成的应当予以改建使其符合城乡规划；不能通过改建达到符合城乡规划要求的，应当予以拆除。在"责令限期改正"的同时，并处建设工程造价5％以上10％以下的罚款。这里规定的作为罚款计算基数的工程造价，可以考虑以下规定：对未取得建设工程规划许可证的为工程全部造价，对未按照建设工程规划许可证的规定进行建设的为工程违规部分的造价。

3. 限期拆除

违法建设无法采取改正措施消除对规划实施的影响的，由城乡规划主管部门通知有关当事人，在规定的期限内无条件拆除违法建筑物。

4. 没收实物或者违法收入，可以并处罚款

对已形成的违法建筑，已无法采取措施消除对规划实施的影响，但又不宜拆除的，由城乡规划主管部门没收该违法建筑或者违法收入。城乡规划主管部门在没收违法建筑或者违法收入的同时，根据违法行为的具体情节，可以并处建设工程造价10％以下的罚款。

在实际工作中，违法建设的情况比较复杂，有的可以通过采取补救措施予以改正；有的需要全部拆除，有的需要部分拆除；有的改正或者拆除难度较大、社会成本较高，如何进行处罚需要综合考虑，既要严格执法，防止"以罚款代替没收或拆除"，又要从实际情况出发，区分不同情况。但对违法建设的处罚必须坚持让违法成本高，使违法者无利可图的原则，这样才能有效地遏制违法建设，保障城乡规划的顺利实施，为城镇的发展提供一个良好的建设环境与建设秩序。

(七) 建设单位未按《城乡规划法》的规定报送竣工材料所应承担的行政法律责任

《城乡规划法》第四十五条规定，建设单位应当在竣工验收后6个月内向城乡规划主管部门报送有关竣工验收资料。竣工资料包括该工程的审批文件和该建设工程竣工时的总平面图、各层平面图、立面图、剖面图、设备图、基础图和城乡规划主管部门指定需要的其他图纸。竣工资料是城乡规划主管部门进行具体的规划管理过程中需要查阅的重要资料，建设单位必须依照《城乡规划法》的规定报送竣工资料。否则，应依照《城乡规划法》第六十七条的规定，追究违法行为人的行政法律责任。

根据《城乡规划法》第六十七条的规定，违反《城乡规划法》第四十五条的规定，建设单位未在建设工程竣工验收后6个月内向城乡规划主管部门报送有关竣工验收资料的，首先由其所在地城市、县人民政府城乡规划主管部门责令限期补报；逾期不补报的，处1万元以上5万元以下的罚款。

(八) 关于乡村违法建设所应承担的法律责任

未依法取得乡村建设规划许可证或者未按照乡村建设规划许可证的规定进行建设的，属违法建设。《城乡规划法》第四十一条规定，在乡、村庄规划区内进行乡镇企业、乡村公共设施和公益事业建设的，建设单位或者个人应当向乡、镇人民政府提出申请，由乡、镇人民政府报城市、县人民政府城乡规划主管部门核发乡村建设规划许可证。在乡、村庄规划区内进行乡镇企业、乡村公共设施和公益事业建设以及农村村民住宅建设，不得占用农用地；确需占用农用地的，应当依照《土地管理法》的有关规定办理农用地转用审批手续后，由城市、县人民政府城乡规划主管部门核发乡村建设规划许可证。建设单位或者个人在取得乡村建设规划许可证后，方可办理用地审批手续。

《城乡规划法》第六十五条规定，在乡、村庄规划区内未依照《城乡规划法》取得乡村建设规划许可证或者未按照乡村建设规划许可证的规定进行建设的，由乡、镇人民政府责令停止建设、限期改正；逾期不改正的，可以拆除。

（九）对违法建设的行政强制执行规定

行政强制执行是指公民、法人或者其他组织不履行行政机关依法所作的行政处理决定中规定的义务，有关行政机关依法强制其履行义务。《城乡规划法》第六十八条规定，城乡规划主管部门作出责令停止建设或者限期拆除的决定后，当事人不停止建设或者逾期不拆除的，建设工程所在地县级以上地方人民政府可以责成有关部门采取查封施工现场、强制拆除等措施。

关于查封施工现场。"查封施工现场"，即县级以上地方人民政府责成有关部门以张贴封条或者采取其他必要措施，将违法建设的施工现场进行封存，未经许可，任何单位和个人都不得启封、动用。查封施工现场时，应当遵守必要的程序规定：经过建设工程所在地县级以上地方人民政府的批准，应当通知被查封施工现场的单位负责人员到场，对被查封施工现场的设施、设备、器材应当清点、登记，并在法定期限内及时作出处理决定。

关于强制拆除。"强制拆除"是一种行政强制措施，县级以上地方人民政府依法行使强制执行权，强制执行的具体工作可以由县级以上地方人民政府责成有关部门负责。《行政诉讼法》规定，公民、法人或者其他组织对具体行政行为在法定期间不提起诉讼又不履行的，行政机关可以申请人民法院强制执行，或者依法强制执行。城乡规划主管部门作出责令停止建设或者限期拆除的决定后，当事人在法定期间有权提出行政复议或直接向法院提起诉讼，行政复议或诉讼期间不影响执行。依照《城乡规划法》的规定，城乡规划主管部门作出责令停止建设或者限期拆除的决定后，当事人不执行决定，不停止建设或者逾期不拆除的，建设工程所在地县级以上地方人民政府可以责成有关部门采取查封施工现场、强制拆除等措施。

（十）违反《城乡规划法》的规定应承担的刑事法律责任

刑事责任是最严厉的法律责任。有关人民政府的负责人和其他直接责任人员、城乡规划主管部门等有关部门负责的主管人员和其他直接责任人员、城乡规划编制单位、建设单位，违反《城乡规划法》的规定，构成犯罪的，依法追究其刑事责任。刑事责任主要涉及渎职罪和破坏市场经济秩序罪。

附　　录

一、中华人民共和国城乡规划法（2019 年修正本）

（根据 2019 年 4 月 23 日第十三届全国人民代表大会常务委员会第十次会议通过的
《全国人民代表大会常务委员会关于修改〈中华人民共和国建筑法〉
等八部法律的决定》修正）

目　　录

第一章　总则
第二章　城乡规划的制定
第三章　城乡规划的实施
第四章　城乡规划的修改
第五章　监督检查
第六章　法律责任
第七章　附则

第一章　总　　则

第一条　为了加强城乡规划管理，协调城乡空间布局，改善人居环境，促进城乡经济社会全面协调可持续发展，制定本法。

第二条　制定和实施城乡规划，在规划区内进行建设活动，必须遵守本法。

本法所称城乡规划，包括城镇体系规划、城市规划、镇规划、乡规划和村庄规划。城市规划、镇规划分为总体规划和详细规划。详细规划分为控制性详细规划和修建性详细规划。

本法所称规划区，是指城市、镇和村庄的建成区以及因城乡建设和发展需要，必须实行规划控制的区域。规划区的具体范围由有关人民政府在组织编制的城市总体规划、镇总体规划、乡规划和村庄规划中，根据城乡经济社会发展水平和统筹城乡发展的需要划定。

第三条　城市和镇应当依照本法制定城市规划和镇规划。城市、镇规划区内的建设活动应当符合规划要求。

县级以上地方人民政府根据本地农村经济社会发展水平，按照因地制宜、切实可行的原则，确定应当制定乡规划、村庄规划的区域。在确定区域内的乡、村庄，应当依照本法制定规划，规划区内的乡、村庄建设应当符合规划要求。

县级以上地方人民政府鼓励、指导前款规定以外的区域的乡、村庄制定和实施乡规划、村庄规划。

第四条　制定和实施城乡规划，应当遵循城乡统筹、合理布局、节约土地、集约发展和先规划后建设的原则，改善生态环境，促进资源、能源节约和综合利用，保护耕地等自然资源和历史文化遗产，保持地方特色、民族特色和传统风貌，防止污染和其他公害，并符合区域人口发展、国防建设、防灾减灾和公共卫生、公共安全的需要。

在规划区内进行建设活动，应当遵守土地管理、自然资源和环境保护等法律、法规的规定。

县级以上地方人民政府应当根据当地经济社会发展的实际，在城市总体规划、镇总体规划中合理确定城市、镇的发展规模、步骤和建设标准。

第五条　城市总体规划、镇总体规划以及乡规划和村庄规划的编制，应当依据国民经济和社会发展规划，并与土地利用总体规划相衔接。

第六条　各级人民政府应当将城乡规划的编制和管理经费纳入本级财政预算。

第七条　经依法批准的城乡规划，是城乡建设和规划管理的依据，未经法定程序不得修改。

第八条　城乡规划组织编制机关应当及时公布经依法批准的城乡规划。但是，法律、行政法规规定不得公开的内容除外。

第九条　任何单位和个人都应当遵守经依法批准并公布的城乡规划，服从规划管理，并有权就涉及其利害关系的建设活动是否符合规划的要求向城乡规划主管部门查询。

任何单位和个人都有权向城乡规划主管部门或者其他有关部门举报或者控告违反城乡规划的行为。城乡规划主管部门或者其他有关部门对举报或者控告，应当及时受理并组织核查、处理。

第十条　国家鼓励采用先进的科学技术，增强城乡规划的科学性，提高城乡规划实施及监督管理的效能。

第十一条　国务院城乡规划主管部门负责全国的城乡规划管理工作。

县级以上地方人民政府城乡规划主管部门负责本行政区域内的城乡规划管理工作。

第二章　城乡规划的制定

第十二条　国务院城乡规划主管部门会同国务院有关部门组织编制全国城镇体系规划，用于指导省域城镇体系规划、城市总体规划的编制。

全国城镇体系规划由国务院城乡规划主管部门报国务院审批。

第十三条　省、自治区人民政府组织编制省域城镇体系规划，报国务院审批。

省域城镇体系规划的内容应当包括：城镇空间布局和规模控制，重大基础设施的布局，为保护生态环境、资源等需要严格控制的区域。

第十四条　城市人民政府组织编制城市总体规划。

直辖市的城市总体规划由直辖市人民政府报国务院审批。省、自治区人民政府所在地的城市以及国务院确定的城市的总体规划，由省、自治区人民政府审查同意后，报国务院审批。其他城市的总体规划，由城市人民政府报省、自治区人民政府审批。

第十五条　县人民政府组织编制县人民政府所在地镇的总体规划，报上一级人民政府审批。其他镇的总体规划由镇人民政府组织编制，报上一级人民政府审批。

第十六条　省、自治区人民政府组织编制的省域城镇体系规划，城市、县人民政府组织编制的总体规划，在报上一级人民政府审批前，应当先经本级人民代表大会常务委员会审议，常务委员会组成人员的审议意见交由本级人民政府研究处理。

镇人民政府组织编制的镇总体规划，在报上一级人民政府审批前，应当先经镇人民代表大会审议，代表的审议意见交由本级人民政府研究处理。

规划的组织编制机关报送审批省域城镇体系规划、城市总体规划或者镇总体规划，应当将本级人民代表大会常务委员会组成人员或者镇人民代表大会代表的审议意见和根据审议意见修改规划的情况一并报送。

第十七条　城市总体规划、镇总体规划的内容应当包括：城市、镇的发展布局，功能分区，用地布局，综合交通体系，禁止、限制和适宜建设的地域范围，各类专项规划等。

规划区范围、规划区内建设用地规模、基础设施和公共服务设施用地、水源地和水系、基本农田和绿化用地、环境保护、自然与历史文化遗产保护以及防灾减灾等内容，应当作为城市总体规划、镇总体规划的强制性内容。

城市总体规划、镇总体规划的规划期限一般为二十年。城市总体规划还应当对城市更长远的发展作出预测性安排。

第十八条　乡规划、村庄规划应当从农村实际出发，尊重村民意愿，体现地方和农村特色。

乡规划、村庄规划的内容应当包括：规划区范围，住宅、道路、供水、排水、供电、垃圾收集、畜禽养殖场所等农村生产、生活服务设施、公益事业等各项建设的用地布局、建设要求，以及对耕地等自然资源和历史文化遗产保护、防灾减灾等的具体安排。乡规划还应当包括本行政区域内的村庄发展布局。

第十九条　城市人民政府城乡规划主管部门根据城市总体规划的要求，组织编制城市的控制性详细规划，经本级人民政府批准后，报本级人民代表大会常务委员会和上一级人民政府备案。

第二十条　镇人民政府根据镇总体规划的要求，组织编制镇的控制性详细规划，报上一级人民政府审批。县人民政府所在地镇的控制性详细规划，由县人民政府城乡规划主管部门根据镇总体规划的要求组织编制，经县人民政府批准后，报本级人民代表大会常务委员会和上一级人民政府备案。

第二十一条　城市、县人民政府城乡规划主管部门和镇人民政府可以组织编制重要地块的修建性详细规划。修建性详细规划应当符合控制性详细规划。

第二十二条　乡、镇人民政府组织编制乡规划、村庄规划，报上一级人民政府审批。村庄规划在报送审批前，应当经村民会议或者村民代表会议讨论同意。

第二十三条　首都的总体规划、详细规划应当统筹考虑中央国家机关用地布局和空间安排的需要。

第二十四条　城乡规划组织编制机关应当委托具有相应资质等级的单位承担城乡规划的具体编制工作。

从事城乡规划编制工作应当具备下列条件，并经国务院城乡规划主管部门或者省、自治区、直辖市人民政府城乡规划主管部门依法审查合格，取得相应等级的资质证书后，方可在资质等级许可的范围内从事城乡规划编制工作：

（一）有法人资格；

（二）有规定数量的经相关行业协会注册的规划师；

（三）有相应的技术装备；

（四）有健全的技术、质量、财务管理制度。

规划师执业资格管理办法，由国务院城乡规划主管部门会同国务院人事行政部门制定。

编制城乡规划必须遵守国家有关标准。

第二十五条　编制城乡规划，应当具备国家规定的勘察、测绘、气象、地震、水文、环境等基础资料。

县级以上地方人民政府有关主管部门应当根据编制城乡规划的需要，及时提供有关基础资料。

第二十六条　城乡规划报送审批前，组织编制机关应当依法将城乡规划草案予以公告，并采取论证会、听证会或者其他方式征求专家和公众的意见。公告的时间不得少于三十日。

组织编制机关应当充分考虑专家和公众的意见，并在报送审批的材料中附具意见采纳情况及理由。

第二十七条　省域城镇体系规划、城市总体规划、镇总体规划批准前，审批机关应当组织专家和有关部门进行审查。

第三章　城乡规划的实施

第二十八条　地方各级人民政府应当根据当地经济社会发展水平，量力而行，尊重群众意愿，有计划、分步骤地组织实施城乡规划。

第二十九条　城市的建设和发展，应当优先安排基础设施以及公共服务设施的建设，妥善处理新区开发与旧区改建的关系，统筹兼顾进城务工人员生活和周边农村经济社会发展、村民生产与生活的需要。

镇的建设和发展，应当结合农村经济社会发展和产业结构调整，优先安排供水、排水、供电、供气、道路、通信、广播电视等基础设施和学校、卫生院、文化站、幼儿园、福利院等公共服务设施的建设，为周边农村提供服务。

乡、村庄的建设和发展，应当因地制宜、节约用地，发挥村民自治组织的作用，引导村民合理进行建设，改善农村生产、生活条件。

第三十条　城市新区的开发和建设，应当合理确定建设规模和时序，充分利用现有市政基础设施和公共服务设施，严格保护自然资源和生态环境，体现地方特色。

在城市总体规划、镇总体规划确定的建设用地范围以外，不得设立各类开发区和城市新区。

第三十一条　旧城区的改建，应当保护历史文化遗产和传统风貌，合理确定拆迁和建设规模，有计划地对危房集中、基础设施落后等地段进行改建。

历史文化名城、名镇、名村的保护以及受保护建筑物的维护和使用，应当遵守有关法律、行政法规和国务院的规定。

第三十二条　城乡建设和发展，应当依法保护和合理利用风景名胜资源，统筹安排风景名胜区及周边乡、镇、村庄的建设。

风景名胜区的规划、建设和管理，应当遵守有关法律、行政法规和国务院的规定。

第三十三条 城市地下空间的开发和利用，应当与经济和技术发展水平相适应，遵循统筹安排、综合开发、合理利用的原则，充分考虑防灾减灾、人民防空和通信等需要，并符合城市规划，履行规划审批手续。

第三十四条 城市、县、镇人民政府应当根据城市总体规划、镇总体规划、土地利用总体规划和年度计划以及国民经济和社会发展规划，制定近期建设规划，报总体规划审批机关备案。

近期建设规划应当以重要基础设施、公共服务设施和中低收入居民住房建设以及生态环境保护为重点内容，明确近期建设的时序、发展方向和空间布局。近期建设规划的规划期限为五年。

第三十五条 城乡规划确定的铁路、公路、港口、机场、道路、绿地、输配电设施及输电线路走廊、通信设施、广播电视设施、管道设施、河道、水库、水源地、自然保护区、防汛通道、消防通道、核电站、垃圾填埋场及焚烧厂、污水处理厂和公共服务设施的用地以及其他需要依法保护的用地，禁止擅自改变用途。

第三十六条 按照国家规定需要有关部门批准或者核准的建设项目，以划拨方式提供国有土地使用权的，建设单位在报送有关部门批准或者核准前，应当向城乡规划主管部门申请核发选址意见书。

前款规定以外的建设项目不需要申请选址意见书。

第三十七条 在城市、镇规划区内以划拨方式提供国有土地使用权的建设项目，经有关部门批准、核准、备案后，建设单位应当向城市、县人民政府城乡规划主管部门提出建设用地规划许可申请，由城市、县人民政府城乡规划主管部门依据控制性详细规划核定建设用地的位置、面积、允许建设的范围，核发建设用地规划许可证。

建设单位在取得建设用地规划许可证后，方可向县级以上地方人民政府土地主管部门申请用地，经县级以上人民政府审批后，由土地主管部门划拨土地。

第三十八条 在城市、镇规划区内以出让方式提供国有土地使用权的，在国有土地使用权出让前，城市、县人民政府城乡规划主管部门应当依据控制性详细规划，提出出让地块的位置、使用性质、开发强度等规划条件，作为国有土地使用权出让合同的组成部分。未确定规划条件的地块，不得出让国有土地使用权。

以出让方式取得国有土地使用权的建设项目，建设单位在取得建设项目的批准、核准、备案文件和签订国有土地使用权出让合同后，向城市、县人民政府城乡规划主管部门领取建设用地规划许可证。

城市、县人民政府城乡规划主管部门不得在建设用地规划许可证中，擅自改变作为国有土地使用权出让合同组成部分的规划条件。

第三十九条 规划条件未纳入国有土地使用权出让合同的，该国有土地使用权出让合同无效；对未取得建设用地规划许可证的建设单位批准用地的，由县级以上人民政府撤销有关批准文件；占用土地的，应当及时退回；给当事人造成损失的，应当依法给予赔偿。

第四十条 在城市、镇规划区内进行建筑物、构筑物、道路、管线和其他工程建设的，建设单位或者个人应当向城市、县人民政府城乡规划主管部门或者省、自治区、直辖市人民政府确定的镇人民政府申请办理建设工程规划许可证。

申请办理建设工程规划许可证，应当提交使用土地的有关证明文件、建设工程设计方案等材料。需要建设单位编制修建性详细规划的建设项目，还应当提交修建性详细规划。对符合控制性详细规划和规划条件的，由城市、县人民政府城乡规划主管部门或者省、自治区、直辖市人民政府确定的镇人民政府核发建设工程规划许可证。

城市、县人民政府城乡规划主管部门或者省、自治区、直辖市人民政府确定的镇人民政府应当依法将经审定的修建性详细规划、建设工程设计方案的总平面图予以公布。

第四十一条　在乡、村庄规划区内进行乡镇企业、乡村公共设施和公益事业建设的，建设单位或者个人应当向乡、镇人民政府提出申请，由乡、镇人民政府报城市、县人民政府城乡规划主管部门核发乡村建设规划许可证。

在乡、村庄规划区内使用原有宅基地进行农村村民住宅建设的规划管理办法，由省、自治区、直辖市制定。

在乡、村庄规划区内进行乡镇企业、乡村公共设施和公益事业建设以及农村村民住宅建设，不得占用农用地；确需占用农用地的，应当依照《中华人民共和国土地管理法》有关规定办理农用地转用审批手续后，由城市、县人民政府城乡规划主管部门核发乡村建设规划许可证。

建设单位或者个人在取得乡村建设规划许可证后，方可办理用地审批手续。

第四十二条　城乡规划主管部门不得在城乡规划确定的建设用地范围以外作出规划许可。

第四十三条　建设单位应当按照规划条件进行建设；确需变更的，必须向城市、县人民政府城乡规划主管部门提出申请。变更内容不符合控制性详细规划的，城乡规划主管部门不得批准。城市、县人民政府城乡规划主管部门应当及时将依法变更后的规划条件通报同级土地主管部门并公示。

建设单位应当及时将依法变更后的规划条件报有关人民政府土地主管部门备案。

第四十四条　在城市、镇规划区内进行临时建设的，应当经城市、县人民政府城乡规划主管部门批准。临时建设影响近期建设规划或者控制性详细规划的实施以及交通、市容、安全等的，不得批准。

临时建设应当在批准的使用期限内自行拆除。

临时建设和临时用地规划管理的具体办法，由省、自治区、直辖市人民政府制定。

第四十五条　县级以上地方人民政府城乡规划主管部门按照国务院规定对建设工程是否符合规划条件予以核实。未经核实或者经核实不符合规划条件的，建设单位不得组织竣工验收。

建设单位应当在竣工验收后六个月内向城乡规划主管部门报送有关竣工验收资料。

第四章　城乡规划的修改

第四十六条　省域城镇体系规划、城市总体规划、镇总体规划的组织编制机关，应当组织有关部门和专家定期对规划实施情况进行评估，并采取论证会、听证会或者其他方式征求公众意见。组织编制机关应当向本级人民代表大会常务委员会、镇人民代表大会和原审批机关提出评估报告并附具征求意见的情况。

第四十七条 有下列情形之一的，组织编制机关方可按照规定的权限和程序修改省域城镇体系规划、城市总体规划、镇总体规划：

（一）上级人民政府制定的城乡规划发生变更，提出修改规划要求的；

（二）行政区划调整确需修改规划的；

（三）因国务院批准重大建设工程确需修改规划的；

（四）经评估确需修改规划的；

（五）城乡规划的审批机关认为应当修改规划的其他情形。

修改省域城镇体系规划、城市总体规划、镇总体规划前，组织编制机关应当对原规划的实施情况进行总结，并向原审批机关报告；修改涉及城市总体规划、镇总体规划强制性内容的，应当先向原审批机关提出专题报告，经同意后，方可编制修改方案。

修改后的省域城镇体系规划、城市总体规划、镇总体规划，应当依照本法第十三条、第十四条、第十五条和第十六条规定的审批程序报批。

第四十八条 修改控制性详细规划的，组织编制机关应当对修改的必要性进行论证，征求规划地段内利害关系人的意见，并向原审批机关提出专题报告，经原审批机关同意后，方可编制修改方案。修改后的控制性详细规划，应当依照本法第十九条、第二十条规定的审批程序报批。控制性详细规划修改涉及城市总体规划、镇总体规划的强制性内容的，应当先修改总体规划。

修改乡规划、村庄规划的，应当依照本法第二十二条规定的审批程序报批。

第四十九条 城市、县、镇人民政府修改近期建设规划的，应当将修改后的近期建设规划报总体规划审批机关备案。

第五十条 在选址意见书、建设用地规划许可证、建设工程规划许可证或者乡村建设规划许可证发放后，因依法修改城乡规划给被许可人合法权益造成损失的，应当依法给予补偿。

经依法审定的修建性详细规划、建设工程设计方案的总平面图不得随意修改；确需修改的，城乡规划主管部门应当采取听证会等形式，听取利害关系人的意见；因修改给利害关系人合法权益造成损失的，应当依法给予补偿。

第五章 监 督 检 查

第五十一条 县级以上人民政府及其城乡规划主管部门应当加强对城乡规划编制、审批、实施、修改的监督检查。

第五十二条 地方各级人民政府应当向本级人民代表大会常务委员会或者乡、镇人民代表大会报告城乡规划的实施情况，并接受监督。

第五十三条 县级以上人民政府城乡规划主管部门对城乡规划的实施情况进行监督检查，有权采取以下措施：

（一）要求有关单位和人员提供与监督事项有关的文件、资料，并进行复制；

（二）要求有关单位和人员就监督事项涉及的问题作出解释和说明，并根据需要进入现场进行勘测；

（三）责令有关单位和人员停止违反有关城乡规划的法律、法规的行为。

城乡规划主管部门的工作人员履行前款规定的监督检查职责，应当出示执法证件。被监督检查的单位和人员应当予以配合，不得妨碍和阻挠依法进行的监督检查活动。

第五十四条 监督检查情况和处理结果应当依法公开，供公众查阅和监督。

第五十五条 城乡规划主管部门在查处违反本法规定的行为时，发现国家机关工作人员依法应当给予行政处分的，应当向其任免机关或者监察机关提出处分建议。

第五十六条 依照本法规定应当给予行政处罚，而有关城乡规划主管部门不给予行政处罚的，上级人民政府城乡规划主管部门有权责令其作出行政处罚决定或者建议有关人民政府责令其给予行政处罚。

第五十七条 城乡规划主管部门违反本法规定作出行政许可的，上级人民政府城乡规划主管部门有权责令其撤销或者直接撤销该行政许可。因撤销行政许可给当事人合法权益造成损失的，应当依法给予赔偿。

第六章 法 律 责 任

第五十八条 对依法应当编制城乡规划而未组织编制，或者未按法定程序编制、审批、修改城乡规划的，由上级人民政府责令改正，通报批评；对有关人民政府负责人和其他直接责任人员依法给予处分。

第五十九条 城乡规划组织编制机关委托不具有相应资质等级的单位编制城乡规划的，由上级人民政府责令改正，通报批评；对有关人民政府负责人和其他直接责任人员依法给予处分。

第六十条 镇人民政府或者县级以上人民政府城乡规划主管部门有下列行为之一的，由本级人民政府、上级人民政府城乡规划主管部门或者监察机关依据职权责令改正，通报批评；对直接负责的主管人员和其他直接责任人员依法给予处分：

（一）未依法组织编制城市的控制性详细规划、县人民政府所在地镇的控制性详细规划的；

（二）超越职权或者对不符合法定条件的申请人核发选址意见书、建设用地规划许可证、建设工程规划许可证、乡村建设规划许可证的；

（三）对符合法定条件的申请人未在法定期限内核发选址意见书、建设用地规划许可证、建设工程规划许可证、乡村建设规划许可证的；

（四）未依法对经审定的修建性详细规划、建设工程设计方案的总平面图予以公布的；

（五）同意修改修建性详细规划、建设工程设计方案的总平面图前未采取听证会等形式听取利害关系人的意见的；

（六）发现未依法取得规划许可或者违反规划许可的规定在规划区内进行建设的行为，而不予查处或者接到举报后不依法处理的。

第六十一条 县级以上人民政府有关部门有下列行为之一的，由本级人民政府或者上级人民政府有关部门责令改正，通报批评；对直接负责的主管人员和其他直接责任人员依法给予处分：

（一）对未依法取得选址意见书的建设项目核发建设项目批准文件的；

（二）未依法在国有土地使用权出让合同中确定规划条件或者改变国有土地使用权出让合同中依法确定的规划条件的；

（三）对未依法取得建设用地规划许可证的建设单位划拨国有土地使用权的。

第六十二条 城乡规划编制单位有下列行为之一的，由所在地城市、县人民政府城乡规划主管部门责令限期改正，处合同约定的规划编制费一倍以上二倍以下的罚款；情节严重的，责令停业整顿，由原发证机关降低资质等级或者吊销资质证书；造成损失的，依法承担赔偿责任：

（一）超越资质等级许可的范围承揽城乡规划编制工作的；

（二）违反国家有关标准编制城乡规划的。

未依法取得资质证书承揽城乡规划编制工作的，由县级以上地方人民政府城乡规划主管部门责令停止违法行为，依照前款规定处以罚款；造成损失的，依法承担赔偿责任。

以欺骗手段取得资质证书承揽城乡规划编制工作的，由原发证机关吊销资质证书，依照本条第一款规定处以罚款；造成损失的，依法承担赔偿责任。

第六十三条 城乡规划编制单位取得资质证书后，不再符合相应的资质条件的，由原发证机关责令限期改正；逾期不改正的，降低资质等级或者吊销资质证书。

第六十四条 未取得建设工程规划许可证或者未按照建设工程规划许可证的规定进行建设的，由县级以上地方人民政府城乡规划主管部门责令停止建设；尚可采取改正措施消除对规划实施的影响的，限期改正，处建设工程造价百分之五以上百分之十以下的罚款；无法采取改正措施消除影响的，限期拆除，不能拆除的，没收实物或者违法收入，可以并处建设工程造价百分之十以下的罚款。

第六十五条 在乡、村庄规划区内未依法取得乡村建设规划许可证或者未按照乡村建设规划许可证的规定进行建设的，由乡、镇人民政府责令停止建设、限期改正；逾期不改正的，可以拆除。

第六十六条 建设单位或者个人有下列行为之一的，由所在地城市、县人民政府城乡规划主管部门责令限期拆除，可以并处临时建设工程造价一倍以下的罚款：

（一）未经批准进行临时建设的；

（二）未按照批准内容进行临时建设的；

（三）临时建筑物、构筑物超过批准期限不拆除的。

第六十七条 建设单位未在建设工程竣工验收后六个月内向城乡规划主管部门报送有关竣工验收资料的，由所在地城市、县人民政府城乡规划主管部门责令限期补报；逾期不补报的，处一万元以上五万元以下的罚款。

第六十八条 城乡规划主管部门作出责令停止建设或者限期拆除的决定后，当事人不停止建设或者逾期不拆除的，建设工程所在地县级以上地方人民政府可以责成有关部门采取查封施工现场、强制拆除等措施。

第六十九条 违反本法规定，构成犯罪的，依法追究刑事责任。

第七章 附　　则

第七十条 本法自 2008 年 1 月 1 日起施行。《中华人民共和国城市规划法》同时废止。

二、中华人民共和国行政许可法（2019 年修正本）

（2003 年 8 月 27 日第十届全国人民代表大会常务委员会第四次会议通过　根据
2019 年 4 月 23 日第十三届全国人民代表大会常务委员会第十次会议《关于修改
〈中华人民共和国建筑法〉等八部法律的决定》修正）

目　　录

第一章　总则

第二章　行政许可的设定

第三章　行政许可的实施机关

第四章　行政许可的实施程序

　　第一节　申请与受理

　　第二节　审查与决定

　　第三节　期限

　　第四节　听证

　　第五节　变更与延续

　　第六节　特别规定

第五章　行政许可的费用

第六章　监督检查

第七章　法律责任

第八章　附则

第一章　总　　则

第一条　为了规范行政许可的设定和实施，保护公民、法人和其他组织的合法权益，维护公共利益和社会秩序，保障和监督行政机关有效实施行政管理，根据宪法，制定本法。

第二条　本法所称行政许可，是指行政机关根据公民、法人或者其他组织的申请，经依法审查，准予其从事特定活动的行为。

第三条　行政许可的设定和实施，适用本法。

有关行政机关对其他机关或者对其直接管理的事业单位的人事、财务、外事等事项的审批，不适用本法。

第四条　设定和实施行政许可，应当依照法定的权限、范围、条件和程序。

第五条　设定和实施行政许可，应当遵循公开、公平、公正、非歧视的原则。

有关行政许可的规定应当公布；未经公布的，不得作为实施行政许可的依据。行政许可的实施和结果，除涉及国家秘密、商业秘密或者个人隐私的外，应当公开。未经申请人同意，行政机关及其工作人员、参与专家评审等的人员不得披露申请人提交的商业秘密、未披露信息或者保密商务信息，法律另有规定或者涉及国家安全、重大社会公共利益的除外；行政机关依法公开申请人前述信息的，允许申请人在合理期限内提出异议。

符合法定条件、标准的，申请人有依法取得行政许可的平等权利，行政机关不得歧视任何人。

第六条 实施行政许可，应当遵循便民的原则，提高办事效率，提供优质服务。

第七条 公民、法人或者其他组织对行政机关实施行政许可，享有陈述权、申辩权；有权依法申请行政复议或者提起行政诉讼；其合法权益因行政机关违法实施行政许可受到损害的，有权依法要求赔偿。

第八条 公民、法人或者其他组织依法取得的行政许可受法律保护，行政机关不得擅自改变已经生效的行政许可。

行政许可所依据的法律、法规、规章修改或者废止，或者准予行政许可所依据的客观情况发生重大变化的，为了公共利益的需要，行政机关可以依法变更或者撤回已经生效的行政许可。由此给公民、法人或者其他组织造成财产损失的，行政机关应当依法给予补偿。

第九条 依法取得的行政许可，除法律、法规规定依照法定条件和程序可以转让的外，不得转让。

第十条 县级以上人民政府应当建立健全对行政机关实施行政许可的监督制度，加强对行政机关实施行政许可的监督检查。

行政机关应当对公民、法人或者其他组织从事行政许可事项的活动实施有效监督。

第二章 行政许可的设定

第十一条 设定行政许可，应当遵循经济和社会发展规律，有利于发挥公民、法人或者其他组织的积极性、主动性，维护公共利益和社会秩序，促进经济、社会和生态环境协调发展。

第十二条 下列事项可以设定行政许可：

（一）直接涉及国家安全、公共安全、经济宏观调控、生态环境保护以及直接关系人身健康、生命财产安全等特定活动，需要按照法定条件予以批准的事项；

（二）有限自然资源开发利用、公共资源配置以及直接关系公共利益的特定行业的市场准入等，需要赋予特定权利的事项；

（三）提供公众服务并且直接关系公共利益的职业、行业，需要确定具备特殊信誉、特殊条件或者特殊技能等资格、资质的事项；

（四）直接关系公共安全、人身健康、生命财产安全的重要设备、设施、产品、物品，需要按照技术标准、技术规范，通过检验、检测、检疫等方式进行审定的事项；

（五）企业或者其他组织的设立等，需要确定主体资格的事项；

（六）法律、行政法规规定可以设定行政许可的其他事项。

第十三条 本法第十二条所列事项，通过下列方式能够予以规范的，可以不设行政许可：

（一）公民、法人或者其他组织能够自主决定的；

（二）市场竞争机制能够有效调节的；

（三）行业组织或者中介机构能够自律管理的；

（四）行政机关采用事后监督等其他行政管理方式能够解决的。

第十四条　本法第十二条所列事项，法律可以设定行政许可。尚未制定法律的，行政法规可以设定行政许可。

必要时，国务院可以采用发布决定的方式设定行政许可。实施后，除临时性行政许可事项外，国务院应当及时提请全国人民代表大会及其常务委员会制定法律，或者自行制定行政法规。

第十五条　本法第十二条所列事项，尚未制定法律、行政法规的，地方性法规可以设定行政许可；尚未制定法律、行政法规和地方性法规的，因行政管理的需要，确需立即实施行政许可的，省、自治区、直辖市人民政府规章可以设定临时性的行政许可。临时性的行政许可实施满一年需要继续实施的，应当提请本级人民代表大会及其常务委员会制定地方性法规。

地方性法规和省、自治区、直辖市人民政府规章，不得设定应当由国家统一确定的公民、法人或者其他组织的资格、资质的行政许可；不得设定企业或者其他组织的设立登记及其前置性行政许可。其设定的行政许可，不得限制其他地区的个人或者企业到本地区从事生产经营和提供服务，不得限制其他地区的商品进入本地区市场。

第十六条　行政法规可以在法律设定的行政许可事项范围内，对实施该行政许可作出具体规定。

地方性法规可以在法律、行政法规设定的行政许可事项范围内，对实施该行政许可作出具体规定。

规章可以在上位法设定的行政许可事项范围内，对实施该行政许可作出具体规定。

法规、规章对实施上位法设定的行政许可作出的具体规定，不得增设行政许可；对行政许可条件作出的具体规定，不得增设违反上位法的其他条件。

第十七条　除本法第十四条、第十五条规定的外，其他规范性文件一律不得设定行政许可。

第十八条　设定行政许可，应当规定行政许可的实施机关、条件、程序、期限。

第十九条　起草法律草案、法规草案和省、自治区、直辖市人民政府规章草案，拟设定行政许可的，起草单位应当采取听证会、论证会等形式听取意见，并向制定机关说明设定该行政许可的必要性、对经济和社会可能产生的影响以及听取和采纳意见的情况。

第二十条　行政许可的设定机关应当定期对其设定的行政许可进行评价；对已设定的行政许可，认为通过本法第十三条所列方式能够解决的，应当对设定该行政许可的规定及时予以修改或者废止。

行政许可的实施机关可以对已设定的行政许可的实施情况及存在的必要性适时进行评价，并将意见报告该行政许可的设定机关。

公民、法人或者其他组织可以向行政许可的设定机关和实施机关就行政许可的设定和实施提出意见和建议。

第二十一条　省、自治区、直辖市人民政府对行政法规设定的有关经济事务的行政许可，根据本行政区域经济和社会发展情况，认为通过本法第十三条所列方式能够解决的，报国务院批准后，可以在本行政区域内停止实施该行政许可。

第三章　行政许可的实施机关

第二十二条　行政许可由具有行政许可权的行政机关在其法定职权范围内实施。

第二十三条　法律、法规授权的具有管理公共事务职能的组织，在法定授权范围内，以自己的名义实施行政许可。被授权的组织适用本法有关行政机关的规定。

第二十四条　行政机关在其法定职权范围内，依照法律、法规、规章的规定，可以委托其他行政机关实施行政许可。委托机关应当将受委托行政机关和受委托实施行政许可的内容予以公告。

委托行政机关对受委托行政机关实施行政许可的行为应当负责监督，并对该行为的后果承担法律责任。

受委托行政机关在委托范围内，以委托行政机关名义实施行政许可；不得再委托其他组织或者个人实施行政许可。

第二十五条　经国务院批准，省、自治区、直辖市人民政府根据精简、统一、效能的原则，可以决定一个行政机关行使有关行政机关的行政许可权。

第二十六条　行政许可需要行政机关内设的多个机构办理的，该行政机关应当确定一个机构统一受理行政许可申请，统一送达行政许可决定。

行政许可依法由地方人民政府两个以上部门分别实施的，本级人民政府可以确定一个部门受理行政许可申请并转告有关部门分别提出意见后统一办理，或者组织有关部门联合办理、集中办理。

第二十七条　行政机关实施行政许可，不得向申请人提出购买指定商品、接受有偿服务等不正当要求。

行政机关工作人员办理行政许可，不得索取或者收受申请人的财物，不得谋取其他利益。

第二十八条　对直接关系公共安全、人身健康、生命财产安全的设备、设施、产品、物品的检验、检测、检疫，除法律、行政法规规定由行政机关实施的外，应当逐步由符合法定条件的专业技术组织实施。专业技术组织及其有关人员对所实施的检验、检测、检疫结论承担法律责任。

第四章　行政许可的实施程序

第一节　申　请　与　受　理

第二十九条　公民、法人或者其他组织从事特定活动，依法需要取得行政许可的，应当向行政机关提出申请。申请书需要采用格式文本的，行政机关应当向申请人提供行政许可申请书格式文本。申请书格式文本中不得包含与申请行政许可事项没有直接关系的内容。

申请人可以委托代理人提出行政许可申请。但是，依法应当由申请人到行政机关办公场所提出行政许可申请的除外。

行政许可申请可以通过信函、电报、电传、传真、电子数据交换和电子邮件等方式提出。

第三十条　行政机关应当将法律、法规、规章规定的有关行政许可的事项、依据、条件、数量、程序、期限以及需要提交的全部材料的目录和申请书示范文本等在办公场所公示。

申请人要求行政机关对公示内容予以说明、解释的，行政机关应当说明、解释，提供准确、可靠的信息。

第三十一条　申请人申请行政许可，应当如实向行政机关提交有关材料和反映真实情况，并对其申请材料实质内容的真实性负责。行政机关不得要求申请人提交与其申请的行政许可事项无关的技术资料和其他材料。

行政机关及其工作人员不得以转让技术作为取得行政许可的条件；不得在实施行政许可的过程中，直接或者间接地要求转让技术。

第三十二条　行政机关对申请人提出的行政许可申请，应当根据下列情况分别作出处理：

（一）申请事项依法不需要取得行政许可的，应当即时告知申请人不受理；

（二）申请事项依法不属于本行政机关职权范围的，应当即时作出不予受理的决定，并告知申请人向有关行政机关申请；

（三）申请材料存在可以当场更正的错误的，应当允许申请人当场更正；

（四）申请材料不齐全或者不符合法定形式的，应当当场或者在五日内一次告知申请人需要补正的全部内容，逾期不告知的，自收到申请材料之日起即为受理；

（五）申请事项属于本行政机关职权范围，申请材料齐全、符合法定形式，或者申请人按照本行政机关的要求提交全部补正申请材料的，应当受理行政许可申请。

行政机关受理或者不予受理行政许可申请，应当出具加盖本行政机关专用印章和注明日期的书面凭证。

第三十三条　行政机关应当建立和完善有关制度，推行电子政务，在行政机关的网站上公布行政许可事项，方便申请人采取数据电文等方式提出行政许可申请；应当与其他行政机关共享有关行政许可信息，提高办事效率。

第二节　审　查　与　决　定

第三十四条　行政机关应当对申请人提交的申请材料进行审查。

申请人提交的申请材料齐全、符合法定形式，行政机关能够当场作出决定的，应当当场作出书面的行政许可决定。

根据法定条件和程序，需要对申请材料的实质内容进行核实的，行政机关应当指派两名以上工作人员进行核查。

第三十五条　依法应当先经下级行政机关审查后报上级行政机关决定的行政许可，下级行政机关应当在法定期限内将初步审查意见和全部申请材料直接报送上级行政机关。上级行政机关不得要求申请人重复提供申请材料。

第三十六条　行政机关对行政许可申请进行审查时，发现行政许可事项直接关系他人重大利益的，应当告知该利害关系人。申请人、利害关系人有权进行陈述和申辩。行政机关应当听取申请人、利害关系人的意见。

第三十七条　行政机关对行政许可申请进行审查后，除当场作出行政许可决定的外，应当在法定期限内按照规定程序作出行政许可决定。

第三十八条　申请人的申请符合法定条件、标准的，行政机关应当依法作出准予行政许可的书面决定。

行政机关依法作出不予行政许可的书面决定的，应当说明理由，并告知申请人享有依法申请行政复议或者提起行政诉讼的权利。

第三十九条　行政机关作出准予行政许可的决定，需要颁发行政许可证件的，应当向申请人颁发加盖本行政机关印章的下列行政许可证件：

（一）许可证、执照或者其他许可证书；

（二）资格证、资质证或者其他合格证书；

（三）行政机关的批准文件或者证明文件；

（四）法律、法规规定的其他行政许可证件。

行政机关实施检验、检测、检疫的，可以在检验、检测、检疫合格的设备、设施、产品、物品上加贴标签或者加盖检验、检测、检疫印章。

第四十条　行政机关作出的准予行政许可决定，应当予以公开，公众有权查阅。

第四十一条　法律、行政法规设定的行政许可，其适用范围没有地域限制的，申请人取得的行政许可在全国范围内有效。

第三节　期　　限

第四十二条　除可以当场作出行政许可决定的外，行政机关应当自受理行政许可申请之日起二十日内作出行政许可决定。二十日内不能作出决定的，经本行政机关负责人批准，可以延长十日，并应当将延长期限的理由告知申请人。但是，法律、法规另有规定的，依照其规定。

依照本法第二十六条的规定，行政许可采取统一办理或者联合办理、集中办理的，办理的时间不得超过四十五日；四十五日内不能办结的，经本级人民政府负责人批准，可以延长十五日，并应当将延长期限的理由告知申请人。

第四十三条　依法应当先经下级行政机关审查后报上级行政机关决定的行政许可，下级行政机关应当自其受理行政许可申请之日起二十日内审查完毕。但是，法律、法规另有规定的，依照其规定。

第四十四条　行政机关作出准予行政许可的决定，应当自作出决定之日起十日内向申请人颁发、送达行政许可证件，或者加贴标签、加盖检验、检测、检疫印章。

第四十五条　行政机关作出行政许可决定，依法需要听证、招标、拍卖、检验、检测、检疫、鉴定和专家评审的，所需时间不计算在本节规定的期限内。行政机关应当将所需时间书面告知申请人。

第四节　听　　证

第四十六条　法律、法规、规章规定实施行政许可应当听证的事项，或者行政机关认为需要听证的其他涉及公共利益的重大行政许可事项，行政机关应当向社会公告，并举行听证。

第四十七条　行政许可直接涉及申请人与他人之间重大利益关系的，行政机关在作出行政许可决定前，应当告知申请人、利害关系人享有要求听证的权利；申请人、利害关系人在被告知听证权利之日起五日内提出听证申请的，行政机关应当在二十日内组织听证。

申请人、利害关系人不承担行政机关组织听证的费用。

第四十八条　听证按照下列程序进行：

（一）行政机关应当于举行听证的七日前将举行听证的时间、地点通知申请人、利害关系人，必要时予以公告；

（二）听证应当公开举行；

（三）行政机关应当指定审查该行政许可申请的工作人员以外的人员为听证主持人，申请人、利害关系人认为主持人与该行政许可事项有直接利害关系的，有权申请回避；

（四）举行听证时，审查该行政许可申请的工作人员应当提供审查意见的证据、理由，申请人、利害关系人可以提出证据，并进行申辩和质证；

（五）听证应当制作笔录，听证笔录应当交听证参加人确认无误后签字或者盖章。

行政机关应当根据听证笔录，作出行政许可决定。

第五节　变　更　与　延　续

第四十九条　被许可人要求变更行政许可事项的，应当向作出行政许可决定的行政机关提出申请；符合法定条件、标准的，行政机关应当依法办理变更手续。

第五十条　被许可人需要延续依法取得的行政许可的有效期的，应当在该行政许可有效期届满三十日前向作出行政许可决定的行政机关提出申请。但是，法律、法规、规章另有规定的，依照其规定。

行政机关应当根据被许可人的申请，在该行政许可有效期届满前作出是否准予延续的决定；逾期未作决定的，视为准予延续。

第六节　特　别　规　定

第五十一条　实施行政许可的程序，本节有规定的，适用本节规定；本节没有规定的，适用本章其他有关规定。

第五十二条　国务院实施行政许可的程序，适用有关法律、行政法规的规定。

第五十三条　实施本法第十二条第二项所列事项的行政许可的，行政机关应当通过招标、拍卖等公平竞争的方式作出决定。但是，法律、行政法规另有规定的，依照其规定。

行政机关通过招标、拍卖等方式作出行政许可决定的具体程序，依照有关法律、行政法规的规定。

行政机关按照招标、拍卖程序确定中标人、买受人后，应当作出准予行政许可的决定，并依法向中标人、买受人颁发行政许可证件。

行政机关违反本条规定，不采用招标、拍卖方式，或者违反招标、拍卖程序，损害申请人合法权益的，申请人可以依法申请行政复议或者提起行政诉讼。

第五十四条　实施本法第十二条第三项所列事项的行政许可，赋予公民特定资格，依法应当举行国家考试的，行政机关根据考试成绩和其他法定条件作出行政许可决定；赋予法人或者其他组织特定的资格、资质的，行政机关根据申请人的专业人员构成、技术条件、经营业绩和管理水平等的考核结果作出行政许可决定。但是，法律、行政法规另有规定的，依照其规定。

公民特定资格的考试依法由行政机关或者行业组织实施，公开举行。行政机关或者行业组织应当事先公布资格考试的报名条件、报考办法、考试科目以及考试大纲。但是，不得组织强制性的资格考试的考前培训，不得指定教材或者其他助考材料。

第五十五条　实施本法第十二条第四项所列事项的行政许可的，应当按照技术标准、技术规范依法进行检验、检测、检疫，行政机关根据检验、检测、检疫的结果作出行政许可决定。

行政机关实施检验、检测、检疫，应当自受理申请之日起五日内指派两名以上工作人员按照技术标准、技术规范进行检验、检测、检疫。不需要对检验、检测、检疫结果作进一步技术分析即可认定设备、设施、产品、物品是否符合技术标准、技术规范的，行政机关应当当场作出行政许可决定。

行政机关根据检验、检测、检疫结果，作出不予行政许可决定的，应当书面说明不予行政许可所依据的技术标准、技术规范。

第五十六条　实施本法第十二条第五项所列事项的行政许可，申请人提交的申请材料齐全、符合法定形式的，行政机关应当当场予以登记。需要对申请材料的实质内容进行核实的，行政机关依照本法第三十四条第三款的规定办理。

第五十七条　有数量限制的行政许可，两个或者两个以上申请人的申请均符合法定条件、标准的，行政机关应当根据受理行政许可申请的先后顺序作出准予行政许可的决定。但是，法律、行政法规另有规定的，依照其规定。

第五章　行政许可的费用

第五十八条　行政机关实施行政许可和对行政许可事项进行监督检查，不得收取任何费用。但是，法律、行政法规另有规定的，依照其规定。

行政机关提供行政许可申请书格式文本，不得收费。

行政机关实施行政许可所需经费应当列入本行政机关的预算，由本级财政予以保障，按照批准的预算予以核拨。

第五十九条　行政机关实施行政许可，依照法律、行政法规收取费用的，应当按照公布的法定项目和标准收费；所收取的费用必须全部上缴国库，任何机关或者个人不得以任何形式截留、挪用、私分或者变相私分。财政部门不得以任何形式向行政机关返还或者变相返还实施行政许可所收取的费用。

第六章　监　督　检　查

第六十条　上级行政机关应当加强对下级行政机关实施行政许可的监督检查，及时纠正行政许可实施中的违法行为。

第六十一条　行政机关应当建立健全监督制度，通过核查反映被许可人从事行政许可事项活动情况的有关材料，履行监督责任。

行政机关依法对被许可人从事行政许可事项的活动进行监督检查时，应当将监督检查的情况和处理结果予以记录，由监督检查人员签字后归档。公众有权查阅行政机关监督检查记录。

行政机关应当创造条件，实现与被许可人、其他有关行政机关的计算机档案系统互联，核查被许可人从事行政许可事项活动情况。

第六十二条　行政机关可以对被许可人生产经营的产品依法进行抽样检查、检验、检测，对其生产经营场所依法进行实地检查。检查时，行政机关可以依法查阅或者要求被许可人报送有关材料；被许可人应当如实提供有关情况和材料。

行政机关根据法律、行政法规的规定，对直接关系公共安全、人身健康、生命财产安全的重要设备、设施进行定期检验。对检验合格的，行政机关应当发给相应的证明文件。

第六十三条　行政机关实施监督检查，不得妨碍被许可人正常的生产经营活动，不得索取或者收受被许可人的财物，不得谋取其他利益。

第六十四条　被许可人在作出行政许可决定的行政机关管辖区域外违法从事行政许可事项活动的，违法行为发生地的行政机关应当依法将被许可人的违法事实、处理结果抄告作出行政许可决定的行政机关。

第六十五条　个人和组织发现违法从事行政许可事项的活动，有权向行政机关举报，行政机关应当及时核实、处理。

第六十六条　被许可人未依法履行开发利用自然资源义务或者未依法履行利用公共资源义务的，行政机关应当责令限期改正；被许可人在规定期限内不改正的，行政机关应当依照有关法律、行政法规的规定予以处理。

第六十七条　取得直接关系公共利益的特定行业的市场准入行政许可的被许可人，应当按照国家规定的服务标准、资费标准和行政机关依法规定的条件，向用户提供安全、方便、稳定和价格合理的服务，并履行普遍服务的义务；未经作出行政许可决定的行政机关批准，不得擅自停业、歇业。

被许可人不履行前款规定的义务的，行政机关应当责令限期改正，或者依法采取有效措施督促其履行义务。

第六十八条　对直接关系公共安全、人身健康、生命财产安全的重要设备、设施，行政机关应当督促设计、建造、安装和使用单位建立相应的自检制度。

行政机关在监督检查时，发现直接关系公共安全、人身健康、生命财产安全的重要设备、设施存在安全隐患的，应当责令停止建造、安装和使用，并责令设计、建造、安装和使用单位立即改正。

第六十九条　有下列情形之一的，作出行政许可决定的行政机关或者其上级行政机关，根据利害关系人的请求或者依据职权，可以撤销行政许可：

（一）行政机关工作人员滥用职权、玩忽职守作出准予行政许可决定的；

（二）超越法定职权作出准予行政许可决定的；

（三）违反法定程序作出准予行政许可决定的；

（四）对不具备申请资格或者不符合法定条件的申请人准予行政许可的；

（五）依法可以撤销行政许可的其他情形。

被许可人以欺骗、贿赂等不正当手段取得行政许可的，应当予以撤销。

依照前两款的规定撤销行政许可，可能对公共利益造成重大损害的，不予撤销。

依照本条第一款的规定撤销行政许可，被许可人的合法权益受到损害的，行政机关应当依法给予赔偿。依照本条第二款的规定撤销行政许可的，被许可人基于行政许可取得的利益不受保护。

第七十条　有下列情形之一的，行政机关应当依法办理有关行政许可的注销手续：

（一）行政许可有效期届满未延续的；

（二）赋予公民特定资格的行政许可，该公民死亡或者丧失行为能力的；

（三）法人或者其他组织依法终止的；

（四）行政许可依法被撤销、撤回，或者行政许可证件依法被吊销的；

（五）因不可抗力导致行政许可事项无法实施的；

（六）法律、法规规定的应当注销行政许可的其他情形。

第七章 法 律 责 任

第七十一条 违反本法第十七条规定设定的行政许可，有关机关应当责令设定该行政许可的机关改正，或者依法予以撤销。

第七十二条 行政机关及其工作人员违反本法的规定，有下列情形之一的，由其上级行政机关或者监察机关责令改正；情节严重的，对直接负责的主管人员和其他直接责任人员依法给予行政处分：

（一）对符合法定条件的行政许可申请不予受理的；

（二）不在办公场所公示依法应当公示的材料的；

（三）在受理、审查、决定行政许可过程中，未向申请人、利害关系人履行法定告知义务的；

（四）申请人提交的申请材料不齐全、不符合法定形式，不一次告知申请人必须补正的全部内容的；

（五）违法披露申请人提交的商业秘密、未披露信息或者保密商务信息的；

（六）以转让技术作为取得行政许可的条件，或者在实施行政许可的过程中直接或者间接地要求转让技术的；

（七）未依法说明不受理行政许可申请或者不予行政许可的理由的；

（八）依法应当举行听证而不举行听证的。

第七十三条 行政机关工作人员办理行政许可、实施监督检查，索取或者收受他人财物或者谋取其他利益，构成犯罪的，依法追究刑事责任；尚不构成犯罪的，依法给予行政处分。

第七十四条 行政机关实施行政许可，有下列情形之一的，由其上级行政机关或者监察机关责令改正，对直接负责的主管人员和其他直接责任人员依法给予行政处分；构成犯罪的，依法追究刑事责任：

（一）对不符合法定条件的申请人准予行政许可或者超越法定职权作出准予行政许可决定的；

（二）对符合法定条件的申请人不予行政许可或者不在法定期限内作出准予行政许可决定的；

（三）依法应当根据招标、拍卖结果或者考试成绩择优作出准予行政许可决定，未经招标、拍卖或者考试，或者不根据招标、拍卖结果或者考试成绩择优作出准予行政许可决定的。

第七十五条 行政机关实施行政许可，擅自收费或者不按照法定项目和标准收费的，由其上级行政机关或者监察机关责令退还非法收取的费用；对直接负责的主管人员和其他直接责任人员依法给予行政处分。

截留、挪用、私分或者变相私分实施行政许可依法收取的费用的，予以追缴；对直接负责的主管人员和其他直接责任人员依法给予行政处分；构成犯罪的，依法追究刑事责任。

第七十六条　行政机关违法实施行政许可，给当事人的合法权益造成损害的，应当依照国家赔偿法的规定给予赔偿。

第七十七条　行政机关不依法履行监督职责或者监督不力，造成严重后果的，由其上级行政机关或者监察机关责令改正，对直接负责的主管人员和其他直接责任人员依法给予行政处分；构成犯罪的，依法追究刑事责任。

第七十八条　行政许可申请人隐瞒有关情况或者提供虚假材料申请行政许可的，行政机关不予受理或者不予行政许可，并给予警告；行政许可申请属于直接关系公共安全、人身健康、生命财产安全事项的，申请人在一年内不得再次申请该行政许可。

第七十九条　被许可人以欺骗、贿赂等不正当手段取得行政许可的，行政机关应当依法给予行政处罚；取得的行政许可属于直接关系公共安全、人身健康、生命财产安全事项的，申请人在三年内不得再次申请该行政许可；构成犯罪的，依法追究刑事责任。

第八十条　被许可人有下列行为之一的，行政机关应当依法给予行政处罚；构成犯罪的，依法追究刑事责任：

（一）涂改、倒卖、出租、出借行政许可证件，或者以其他形式非法转让行政许可的；

（二）超越行政许可范围进行活动的；

（三）向负责监督检查的行政机关隐瞒有关情况、提供虚假材料或者拒绝提供反映其活动情况的真实材料的；

（四）法律、法规、规章规定的其他违法行为。

第八十一条　公民、法人或者其他组织未经行政许可，擅自从事依法应当取得行政许可的活动的，行政机关应当依法采取措施予以制止，并依法给予行政处罚；构成犯罪的，依法追究刑事责任。

第八章　附　　则

第八十二条　本法规定的行政机关实施行政许可的期限以工作日计算，不含法定节假日。

第八十三条　本法自2004年7月1日起施行。

本法施行前有关行政许可的规定，制定机关应当依照本法规定予以清理；不符合本法规定的，自本法施行之日起停止执行。

三、历史文化名城名镇名村保护条例（2017年修正本）

（2008年4月2日国务院第3次常务会议通过根据2017年10月7日中华人民共和国国务院令第687号公布，自公布之日起施行的《国务院关于修改部分行政法规的决定》修正）

第一章　总　　则

第一条　为了加强历史文化名城、名镇、名村的保护与管理，继承中华民族优秀历史文化遗产，制定本条例。

第二条　历史文化名城、名镇、名村的申报、批准、规划、保护，适用本条例。

第三条 历史文化名城、名镇、名村的保护应当遵循科学规划、严格保护的原则，保持和延续其传统格局和历史风貌，维护历史文化遗产的真实性和完整性，继承和弘扬中华民族优秀传统文化，正确处理经济社会发展和历史文化遗产保护的关系。

第四条 国家对历史文化名城、名镇、名村的保护给予必要的资金支持。

历史文化名城、名镇、名村所在地的县级以上地方人民政府，根据本地实际情况安排保护资金，列入本级财政预算。

国家鼓励企业、事业单位、社会团体和个人参与历史文化名城、名镇、名村的保护。

第五条 国务院建设主管部门会同国务院文物主管部门负责全国历史文化名城、名镇、名村的保护和监督管理工作。

地方各级人民政府负责本行政区域历史文化名城、名镇、名村的保护和监督管理工作。

第六条 县级以上人民政府及其有关部门对在历史文化名城、名镇、名村保护工作中做出突出贡献的单位和个人，按照国家有关规定给予表彰和奖励。

第二章 申 报 与 批 准

第七条 具备下列条件的城市、镇、村庄，可以申报历史文化名城、名镇、名村：

（一）保存文物特别丰富；

（二）历史建筑集中成片；

（三）保留着传统格局和历史风貌；

（四）历史上曾经作为政治、经济、文化、交通中心或者军事要地，或者发生过重要历史事件，或者其传统产业、历史上建设的重大工程对本地区的发展产生过重要影响，或者能够集中反映本地区建筑的文化特色、民族特色。

申报历史文化名城的，在所申报的历史文化名城保护范围内还应当有 2 个以上的历史文化街区。

第八条 申报历史文化名城、名镇、名村，应当提交所申报的历史文化名城、名镇、名村的下列材料：

（一）历史沿革、地方特色和历史文化价值的说明；

（二）传统格局和历史风貌的现状；

（三）保护范围；

（四）不可移动文物、历史建筑、历史文化街区的清单；

（五）保护工作情况、保护目标和保护要求。

第九条 申报历史文化名城，由省、自治区、直辖市人民政府提出申请，经国务院建设主管部门会同国务院文物主管部门组织有关部门、专家进行论证，提出审查意见，报国务院批准公布。

申报历史文化名镇、名村，由所在地县级人民政府提出申请，经省、自治区、直辖市人民政府确定的保护主管部门会同同级文物主管部门组织有关部门、专家进行论证，提出审查意见，报省、自治区、直辖市人民政府批准公布。

第十条 对符合本条例第七条规定的条件而没有申报历史文化名城的城市，国务院建设主管部门会同国务院文物主管部门可以向该城市所在地的省、自治区人民政府提出申报建议；仍不申报的，可以直接向国务院提出确定该城市为历史文化名城的建议。

对符合本条例第七条规定的条件而没有申报历史文化名镇、名村的镇、村庄，省、自治区、直辖市人民政府确定的保护主管部门会同同级文物主管部门可以向该镇、村庄所在地的县级人民政府提出申报建议；仍不申报的，可以直接向省、自治区、直辖市人民政府提出确定该镇、村庄为历史文化名镇、名村的建议。

第十一条 国务院建设主管部门会同国务院文物主管部门可以在已批准公布的历史文化名镇、名村中，严格按照国家有关评价标准，选择具有重大历史、艺术、科学价值的历史文化名镇、名村，经专家论证，确定为中国历史文化名镇、名村。

第十二条 已批准公布的历史文化名城、名镇、名村，因保护不力使其历史文化价值受到严重影响的，批准机关应当将其列入濒危名单，予以公布，并责成所在地城市、县人民政府限期采取补救措施，防止情况继续恶化，并完善保护制度，加强保护工作。

第三章 保 护 规 划

第十三条 历史文化名城批准公布后，历史文化名城人民政府应当组织编制历史文化名城保护规划。

历史文化名镇、名村批准公布后，所在地县级人民政府应当组织编制历史文化名镇、名村保护规划。

保护规划应当自历史文化名城、名镇、名村批准公布之日起1年内编制完成。

第十四条 保护规划应当包括下列内容：

（一）保护原则、保护内容和保护范围；

（二）保护措施、开发强度和建设控制要求；

（三）传统格局和历史风貌保护要求；

（四）历史文化街区、名镇、名村的核心保护范围和建设控制地带；

（五）保护规划分期实施方案。

第十五条 历史文化名城、名镇保护规划的规划期限应当与城市、镇总体规划的规划期限相一致；历史文化名村保护规划的规划期限应当与村庄规划的规划期限相一致。

第十六条 保护规划报送审批前，保护规划的组织编制机关应当广泛征求有关部门、专家和公众的意见；必要时，可以举行听证。

保护规划报送审批文件中应当附具意见采纳情况及理由；经听证的，还应当附具听证笔录。

第十七条 保护规划由省、自治区、直辖市人民政府审批。

保护规划的组织编制机关应当将经依法批准的历史文化名城保护规划和中国历史文化名镇、名村保护规划，报国务院建设主管部门和国务院文物主管部门备案。

第十八条 保护规划的组织编制机关应当及时公布经依法批准的保护规划。

第十九条 经依法批准的保护规划，不得擅自修改；确需修改的，保护规划的组织编制机关应当向原审批机关提出专题报告，经同意后，方可编制修改方案。修改后的保护规划，应当按照原审批程序报送审批。

第二十条 国务院建设主管部门会同国务院文物主管部门应当加强对保护规划实施情况的监督检查。

县级以上地方人民政府应当加强对本行政区域保护规划实施情况的监督检查，并对历史文化名城、名镇、名村保护状况进行评估；对发现的问题，应当及时纠正、处理。

第四章 保 护 措 施

第二十一条 历史文化名城、名镇、名村应当整体保护，保持传统格局、历史风貌和空间尺度，不得改变与其相互依存的自然景观和环境。

第二十二条 历史文化名城、名镇、名村所在地县级以上地方人民政府应当根据当地经济社会发展水平，按照保护规划，控制历史文化名城、名镇、名村的人口数量，改善历史文化名城、名镇、名村的基础设施、公共服务设施和居住环境。

第二十三条 在历史文化名城、名镇、名村保护范围内从事建设活动，应当符合保护规划的要求，不得损害历史文化遗产的真实性和完整性，不得对其传统格局和历史风貌构成破坏性影响。

第二十四条 在历史文化名城、名镇、名村保护范围内禁止进行下列活动：

（一）开山、采石、开矿等破坏传统格局和历史风貌的活动；

（二）占用保护规划确定保留的园林绿地、河湖水系、道路等；

（三）修建生产、储存爆炸性、易燃性、放射性、毒害性、腐蚀性物品的工厂、仓库等；

（四）在历史建筑上刻划、涂污。

第二十五条 在历史文化名城、名镇、名村保护范围内进行下列活动，应当保护其传统格局、历史风貌和历史建筑；制订保护方案，并依照有关法律、法规的规定办理相关手续：

（一）改变园林绿地、河湖水系等自然状态的活动；

（二）在核心保护范围内进行影视摄制、举办大型群众性活动；

（三）其他影响传统格局、历史风貌或者历史建筑的活动。

第二十六条 历史文化街区、名镇、名村建设控制地带内的新建建筑物、构筑物，应当符合保护规划确定的建设控制要求。

第二十七条 对历史文化街区、名镇、名村核心保护范围内的建筑物、构筑物，应当区分不同情况，采取相应措施，实行分类保护。

历史文化街区、名镇、名村核心保护范围内的历史建筑，应当保持原有的高度、体量、外观形象及色彩等。

第二十八条 在历史文化街区、名镇、名村核心保护范围内，不得进行新建、扩建活动。但是，新建、扩建必要的基础设施和公共服务设施除外。

在历史文化街区、名镇、名村核心保护范围内，新建、扩建必要的基础设施和公共服务设施的，城市、县人民政府城乡规划主管部门核发建设工程规划许可证、乡村建设规划许可证前，应当征求同级文物主管部门的意见。

在历史文化街区、名镇、名村核心保护范围内，拆除历史建筑以外的建筑物、构筑物或者其他设施的，应当经城市、县人民政府城乡规划主管部门会同同级文物主管部门批准。

第二十九条 审批本条例第二十八条规定的建设活动，审批机关应当组织专家论证，并将审批事项予以公示，征求公众意见，告知利害关系人有要求举行听证的权利。公示时间不得少于 20 日。

利害关系人要求听证的，应当在公示期间提出，审批机关应当在公示期满后及时举行听证。

第三十条　城市、县人民政府应当在历史文化街区、名镇、名村核心保护范围的主要出入口设置标志牌。

任何单位和个人不得擅自设置、移动、涂改或者损毁标志牌。

第三十一条　历史文化街区、名镇、名村核心保护范围内的消防设施、消防通道，应当按照有关的消防技术标准和规范设置。确因历史文化街区、名镇、名村的保护需要，无法按照标准和规范设置的，由城市、县人民政府公安机关消防机构会同同级城乡规划主管部门制订相应的防火安全保障方案。

第三十二条　城市、县人民政府应当对历史建筑设置保护标志，建立历史建筑档案。

历史建筑档案应当包括下列内容：

（一）建筑艺术特征、历史特征、建设年代及稀有程度；

（二）建筑的有关技术资料；

（三）建筑的使用现状和权属变化情况；

（四）建筑的修缮、装饰装修过程中形成的文字、图纸、图片、影像等资料；

（五）建筑的测绘信息记录和相关资料。

第三十三条　历史建筑的所有权人应当按照保护规划的要求，负责历史建筑的维护和修缮。

县级以上地方人民政府可以从保护资金中对历史建筑的维护和修缮给予补助。

历史建筑有损毁危险，所有权人不具备维护和修缮能力的，当地人民政府应当采取措施进行保护。

任何单位或者个人不得损坏或者擅自迁移、拆除历史建筑。

第三十四条　建设工程选址，应当尽可能避开历史建筑；因特殊情况不能避开的，应当尽可能实施原址保护。

对历史建筑实施原址保护的，建设单位应当事先确定保护措施，报城市、县人民政府城乡规划主管部门会同同级文物主管部门批准。

因公共利益需要进行建设活动，对历史建筑无法实施原址保护、必须迁移异地保护或者拆除的，应当由城市、县人民政府城乡规划主管部门会同同级文物主管部门，报省、自治区、直辖市人民政府确定的保护主管部门会同同级文物主管部门批准。

本条规定的历史建筑原址保护、迁移、拆除所需费用，由建设单位列入建设工程预算。

第三十五条　对历史建筑进行外部修缮装饰、添加设施以及改变历史建筑的结构或者使用性质的，应当经城市、县人民政府城乡规划主管部门会同同级文物主管部门批准，并依照有关法律、法规的规定办理相关手续。

第三十六条　在历史文化名城、名镇、名村保护范围内涉及文物保护的，应当执行文物保护法律、法规的规定。

第五章 法 律 责 任

第三十七条 违反本条例规定，国务院建设主管部门、国务院文物主管部门和县级以上地方人民政府及其有关主管部门的工作人员，不履行监督管理职责，发现违法行为不予查处或者有其他滥用职权、玩忽职守、徇私舞弊行为，构成犯罪的，依法追究刑事责任；尚不构成犯罪的，依法给予处分。

第三十八条 违反本条例规定，地方人民政府有下列行为之一的，由上级人民政府责令改正，对直接负责的主管人员和其他直接责任人员，依法给予处分：

（一）未组织编制保护规划的；

（二）未按照法定程序组织编制保护规划的；

（三）擅自修改保护规划的；

（四）未将批准的保护规划予以公布的。

第三十九条 违反本条例规定，省、自治区、直辖市人民政府确定的保护主管部门或者城市、县人民政府城乡规划主管部门，未按照保护规划的要求或者未按照法定程序履行本条例第二十八条、第三十四条、第三十五条规定的审批职责的，由本级人民政府或者上级人民政府有关部门责令改正，通报批评；对直接负责的主管人员和其他直接责任人员，依法给予处分。

第四十条 违反本条例规定，城市、县人民政府因保护不力，导致已批准公布的历史文化名城、名镇、名村被列入濒危名单的，由上级人民政府通报批评；对直接负责的主管人员和其他直接责任人员，依法给予处分。

第四十一条 违反本条例规定，在历史文化名城、名镇、名村保护范围内有下列行为之一的，由城市、县人民政府城乡规划主管部门责令停止违法行为、限期恢复原状或者采取其他补救措施；有违法所得的，没收违法所得；逾期不恢复原状或者不采取其他补救措施的，城乡规划主管部门可以指定有能力的单位代为恢复原状或者采取其他补救措施，所需费用由违法者承担；造成严重后果的，对单位并处 50 万元以上 100 万元以下的罚款，对个人并处 5 万元以上 10 万元以下的罚款；造成损失的，依法承担赔偿责任：

（一）开山、采石、开矿等破坏传统格局和历史风貌的；

（二）占用保护规划确定保留的园林绿地、河湖水系、道路等的；

（三）修建生产、储存爆炸性、易燃性、放射性、毒害性、腐蚀性物品的工厂、仓库等的。

第四十二条 违反本条例规定，在历史建筑上刻划、涂污的，由城市、县人民政府城乡规划主管部门责令恢复原状或者采取其他补救措施，处 50 元的罚款。

第四十三条 违反本条例规定，未经城乡规划主管部门会同同级文物主管部门批准，有下列行为之一的，由城市、县人民政府城乡规划主管部门责令停止违法行为、限期恢复原状或者采取其他补救措施；有违法所得的，没收违法所得；逾期不恢复原状或者不采取其他补救措施的，城乡规划主管部门可以指定有能力的单位代为恢复原状或者采取其他补救措施，所需费用由违法者承担；造成严重后果的，对单位并处 5 万元以上 10 万元以下的罚款，对个人并处 1 万元以上 5 万元以下的罚款；造成损失的，依法承担赔偿责任：

（一）拆除历史建筑以外的建筑物、构筑物或者其他设施的；

（二）对历史建筑进行外部修缮装饰、添加设施以及改变历史建筑的结构或者使用性质的。

有关单位或者个人进行本条例第二十五条规定的活动，或者经批准进行本条第一款规定的活动，但是在活动过程中对传统格局、历史风貌或者历史建筑构成破坏性影响的，依照本条第一款规定予以处罚。

第四十四条　违反本条例规定，损坏或者擅自迁移、拆除历史建筑的，由城市、县人民政府城乡规划主管部门责令停止违法行为、限期恢复原状或者采取其他补救措施；有违法所得的，没收违法所得；逾期不恢复原状或者不采取其他补救措施的，城乡规划主管部门可以指定有能力的单位代为恢复原状或者采取其他补救措施，所需费用由违法者承担；造成严重后果的，对单位并处 20 万元以上 50 万元以下的罚款，对个人并处 10 万元以上 20 万元以下的罚款；造成损失的，依法承担赔偿责任。

第四十五条　违反本条例规定，擅自设置、移动、涂改或者损毁历史文化街区、名镇、名村标志牌的，由城市、县人民政府城乡规划主管部门责令限期改正；逾期不改正的，对单位处 1 万元以上 5 万元以下的罚款，对个人处 1000 元以上 1 万元以下的罚款。

第四十六条　违反本条例规定，对历史文化名城、名镇、名村中的文物造成损毁的，依照文物保护法律、法规的规定给予处罚；构成犯罪的，依法追究刑事责任。

第六章　附　　则

第四十七条　本条例下列用语的含义：

（一）历史建筑，是指经城市、县人民政府确定公布的具有一定保护价值，能够反映历史风貌和地方特色，未公布为文物保护单位，也未登记为不可移动文物的建筑物、构筑物。

（二）历史文化街区，是指经省、自治区、直辖市人民政府核定公布的保存文物特别丰富、历史建筑集中成片、能够较完整和真实地体现传统格局和历史风貌，并具有一定规模的区域。

历史文化街区保护的具体实施办法，由国务院建设主管部门会同国务院文物主管部门制定。

第四十八条　本条例自 2008 年 7 月 1 日起施行。

四、城市国有土地使用权出让转让规划管理办法（2011 年修正本）

（1992 年 12 月 4 日建设部令第 22 号发布根据 2011 年 1 月 26 日住房和城乡建设部令第 9 号公布自公布之日起施行的《住房和城乡建设部关于废止和修改部分规章的决定》修正）

第一条　为了加强城市国有土地使用权出让、转让的规划管理，保证城市规划实施，科学、合理利用城市土地，根据《中华人民共和国城乡规划法》、《中华人民共和国土地管理法》、《中华人民共和国城镇国有土地使用权出让和转让暂行条例》和《外商投资开发经营成片土地暂行管理办法》等制定本办法。

第二条　在城市规划区内城市国有土地使用权出让、转让必须符合城市规划，有利于城市经济社会的发展，并遵守本办法。

第三条　国务院城市规划行政主管部门负责全国城市国有土地使用权出让、转让规划管理的指导工作。

省、自治区、直辖市人民政府城市规划行政主管部门负责本省、自治区、直辖市行政区域内城市国有土地使用权出让、转让规划管理的指导工作。

直辖市、市和县人民政府城市规划行政主管部门负责城市规划区内城市国有土地使用权出让、转让的规划管理工作。

第四条　城市国有土地使用权出让的投放量应当与城市土地资源、经济社会发展和市场需求相适应。土地使用权出让、转让应当与建设项目相结合。城市规划行政主管部门和有关部门要根据城市规划实施的步骤和要求，编制城市国有土地使用权出让规划和计划，包括地块数量、用地面积、地块位置、出让步骤等，保证城市国有土地使用权的出让有规划、有步骤、有计划地进行。

第五条　出让城市国有土地使用权，出让前应当制定控制性详细规划。

出让的地块，必须具有城市规划行政主管部门提出的规划设计条件及附图。

第六条　规划设计条件应当包括：地块面积、土地使用性质、容积率、建筑密度、建筑高度、停车泊位、主要出入口、绿地比例、须配置的公共设施、工程设施、建筑界线、开发期限以及其他要求。

附图应当包括：地块区位和现状，地块坐标、标高，道路红线坐标、标高，出入口位置，建筑界线以及地块周围地区环境与基础设施条件。

第七条　城市国有土地使用权出让、转让合同必须附具规划设计条件及附图。

规划设计条件及附图，出让方和受让方不得擅自变更。在出让、转让过程中确需变更的，必须经城市规划行政主管部门批准。

第八条　城市用地分等定级应当根据城市各地段的现状和规划要求等因素确定。土地出让金的测算应当把出让地块的规划设计条件作为重要依据之一。在城市政府的统一组织下，城市规划行政主管部门应当和有关部门进行城市用地分等定级和土地出让金的测算。

第九条　已取得土地出让合同的，受让方应当持出让合同依法向城市规划行政主管部门申请建设用地规划许可证。在取得建设用地规划许可证后，方可办理土地使用权属证明。

第十条　通过出让获得的土地使用权再转让时，受让方应当遵守原出让合同附具的规划设计条件，并由受让方向城市规划行政主管部门办理登记手续。

受让方如需改变原规划设计条件，应当先经城市规划行政主管部门批准。

第十一条　受让方在符合规划设计条件外为公众提供公共使用空间或设施的，经城市规划行政主管部门批准后，可给予适当提高容积率的补偿。

受让方经城市规划行政主管部门批准变更规划设计条件而获得的收益，应当按规定比例上交城市政府。

第十二条　城市规划行政主管部门有权对城市国有土地使用权出让、转让过程是否符合城市规划进行监督检查。

第十三条　凡持未附具城市规划行政主管部门提供规划设计条件及附图的出让、转让合同，或擅自变更的，城市规划行政主管部门不予办理建设用地规划许可证。

凡未取得或擅自变更建设用地规划许可证而办理土地使用权属证明的，土地权属证明无效。

第十四条 各级人民政府城市规划行政主管部门，应当对本行政区域内的城市国有土地使用权出让、转让规划管理情况逐项登记，定期汇总。

第十五条 城市规划行政主管部门应当深化城市土地利用规划，加强规划管理工作。城市规划行政主管部门必须提高办事效率，对申领规划设计条件及附图、建设用地规划许可证的，应当在规定的期限内完成。

第十六条 各省、自治区、直辖市城市规划行政主管部门可以根据本办法制定实施细则，报当地人民政府批准后执行。

第十七条 本办法由建设部负责解释。

第十八条 本办法自 1993 年 1 月 1 日起施行。

五、城市规划强制性内容暂行规定

建设部 2002 年 8 月 29 日建规〔2002〕218 号发布

第一条 根据《国务院关于加强城乡规划监督管理的通知》，制定本规定。

第二条 本规定所称强制性内容，是指省域城镇体系规划、城市总体规划、城市详细规划中涉及区域协调发展、资源利用、环境保护、风景名胜资源管理、自然与文化遗产保护、公众利益和公共安全等方面的内容。

城市规划强制性内容是对城市规划实施进行监督检查的基本依据。

第三条 城市规划强制性内容是省域城镇体系规划、城市总体规划和详细规划的必备内容，应当在图纸上有准确标明，在文本上有明确、规范的表述，并应当提出相应的管理措施。

第四条 编制省域城镇体系规划、城市总体规划和详细规划，必须明确强制性内容。

第五条 省域城镇体系规划的强制性内容包括：

（一）省域内必须控制开发的区域。包括：自然保护区、退耕还林（草）地区、大型湖泊、水源保护区、分滞洪地区，以及其他生态敏感区。

（二）省域内的区域性重大基础设施的布局。包括：高速公路、干线公路、铁路、港口、机场、区域性电厂和高压输电网、天然气门站、天然气主干管、区域性防洪、滞洪骨干工程、水利枢纽工程、区域引水工程等。

（三）涉及相邻城市的重大基础设施布局。包括：城市取水口、城市污水排放口、城市垃圾处理场等。

第六条 城市总体规划的强制性内容包括：

（一）市域内必须控制开发的地域。包括：风景名胜区，湿地、水源保护区等生态敏感区，基本农田保护区，地下矿产资源分布地区。

（二）城市建设用地。包括：规划期限内城市建设用地的发展规模、发展方向，根据建设用地评价确定的土地使用限制性规定；城市各类园林和绿地的具体布局。

（三）城市基础设施和公共服务设施。包括：城市主干道的走向、城市轨道交通的线路走向、大型停车场布局；城市取水口及其保护区范围、给水和排水主管网的布局；电厂位置、大型变电站位置、燃气储气罐站位置；文化、教育、卫生、体育、垃圾和污水处理等公共服务设施的布局。

（四）历史文化名城保护。包括：历史文化名城保护规划确定的具体控制指标和规定；历史文化保护区、历史建筑群、重要地下文物埋藏区的具体位置和界线。

（五）城市防灾工程。包括：城市防洪标准、防洪堤走向；城市抗震与消防疏散通道；城市人防设施布局；地质灾害防护规定。

（六）近期建设规划。包括：城市近期建设重点和发展规模；近期建设用地的具体位置和范围；近期内保护历史文化遗产和风景资源的具体措施。

第七条　城市详细规划的强制性内容包括：

（一）规划地段各个地块的土地主要用途；

（二）规划地段各个地块允许的建设总量；

（三）对特定地区地段规划允许的建设高度；

（四）规划地段各个地块的绿化率、公共绿地面积规定；

（五）规划地段基础设施和公共服务设施配套建设的规定；

（六）历史文化保护区内重点保护地段的建设控制指标和规定，建设控制地区的建设控制指标。

第八条　城乡规划行政主管部门提供规划设计条件，审查建设项目，不得违背城市规划强制性内容。

第九条　调整省域城镇体系规划强制性内容的，省（自治区）人民政府必须组织论证，就调整的必要性向规划审批机关提出专题报告，经审查批准后方可进行调整。

调整后的省域城镇体系规划按照《城镇体系规划编制审批办法》规定的程序重新审批。

第十条　调整城市总体规划强制性内容的，城市人民政府必须组织论证，就调整的必要性向原规划审批机关提出专题报告，经审查批准后方可进行调整。

调整后的总体规划，必须依据《城市规划法》规定的程序重新审批。

第十一条　调整详细规划强制性内容的，城乡规划行政主管部门必须就调整的必要性组织论证，其中直接涉及公众权益的，应当进行公示。调整后的详细规划必须依法重新审批后方可执行。

历史文化保护区详细规划强制性内容原则上不得调整。因保护工作的特殊要求确需调整的，必须组织专家进行论证，并依法重新组织编制和审批。

第十二条　违反城市规划强制性内容进行建设的，应当按照严重影响城市规划的行为，依法进行查处。

城市人民政府及其行政主管部门擅自调整城市规划强制性内容，必须承担相应的行政责任。

第十三条　本规定自印发之日起执行。

六、风景名胜区条例（2016 年修正本）

（2006 年 9 月 19 日中华人民共和国国务院令第 474 号公布根据 2016 年 2 月 6 日发布的国务院令第 666 号《国务院关于修改部分行政法规的决定》修正）

第一章 总 则

第一条 为了加强对风景名胜区的管理，有效保护和合理利用风景名胜资源，制定本条例。

第二条 风景名胜区的设立、规划、保护、利用和管理，适用本条例。

本条例所称风景名胜区，是指具有观赏、文化或者科学价值，自然景观、人文景观比较集中，环境优美，可供人们游览或者进行科学、文化活动的区域。

第三条 国家对风景名胜区实行科学规划、统一管理、严格保护、永续利用的原则。

第四条 风景名胜区所在地县级以上地方人民政府设置的风景名胜区管理机构，负责风景名胜区的保护、利用和统一管理工作。

第五条 国务院建设主管部门负责全国风景名胜区的监督管理工作。国务院其他有关部门按照国务院规定的职责分工，负责风景名胜区的有关监督管理工作。

省、自治区人民政府建设主管部门和直辖市人民政府风景名胜区主管部门，负责本行政区域内风景名胜区的监督管理工作。省、自治区、直辖市人民政府其他有关部门按照规定的职责分工，负责风景名胜区的有关监督管理工作。

第六条 任何单位和个人都有保护风景名胜资源的义务，并有权制止、检举破坏风景名胜资源的行为。

第二章 设 立

第七条 设立风景名胜区，应当有利于保护和合理利用风景名胜资源。

新设立的风景名胜区与自然保护区不得重合或者交叉；已设立的风景名胜区与自然保护区重合或者交叉的，风景名胜区规划与自然保护区规划应当相协调。

第八条 风景名胜区划分为国家级风景名胜区和省级风景名胜区。

自然景观和人文景观能够反映重要自然变化过程和重大历史文化发展过程，基本处于自然状态或者保持历史原貌，具有国家代表性的，可以申请设立国家级风景名胜区；具有区域代表性的，可以申请设立省级风景名胜区。

第九条 申请设立风景名胜区应当提交包含下列内容的有关材料：

（一）风景名胜资源的基本状况；

（二）拟设立风景名胜区的范围以及核心景区的范围；

（三）拟设立风景名胜区的性质和保护目标；

（四）拟设立风景名胜区的游览条件；

（五）与拟设立风景名胜区内的土地、森林等自然资源和房屋等财产的所有权人、使用权人协商的内容和结果。

第十条 设立国家级风景名胜区，由省、自治区、直辖市人民政府提出申请，国务院建设主管部门会同国务院环境保护主管部门、林业主管部门、文物主管部门等有关部门组织论证，提出审查意见，报国务院批准公布。

设立省级风景名胜区，由县级人民政府提出申请，省、自治区人民政府建设主管部门或者直辖市人民政府风景名胜区主管部门，会同其他有关部门组织论证，提出审查意见，报省、自治区、直辖市人民政府批准公布。

第十一条 风景名胜区内的土地、森林等自然资源和房屋等财产的所有权人、使用权人的合法权益受法律保护。

申请设立风景名胜区的人民政府应当在报请审批前，与风景名胜区内的土地、森林等自然资源和房屋等财产的所有权人、使用权人充分协商。

因设立风景名胜区对风景名胜区内的土地、森林等自然资源和房屋等财产的所有权人、使用权人造成损失的，应当依法给予补偿。

第三章 规 划

第十二条 风景名胜区规划分为总体规划和详细规划。

第十三条 风景名胜区总体规划的编制，应当体现人与自然和谐相处、区域协调发展和经济社会全面进步的要求，坚持保护优先、开发服从保护的原则，突出风景名胜资源的自然特性、文化内涵和地方特色。

风景名胜区总体规划应当包括下列内容：

（一）风景资源评价；

（二）生态资源保护措施、重大建设项目布局、开发利用强度；

（三）风景名胜区的功能结构和空间布局；

（四）禁止开发和限制开发的范围；

（五）风景名胜区的游客容量；

（六）有关专项规划。

第十四条 风景名胜区应当自设立之日起 2 年内编制完成总体规划。总体规划的规划期一般为 20 年。

第十五条 风景名胜区详细规划应当根据核心景区和其他景区的不同要求编制，确定基础设施、旅游设施、文化设施等建设项目的选址、布局与规模，并明确建设用地范围和规划设计条件。

风景名胜区详细规划，应当符合风景名胜区总体规划。

第十六条 国家级风景名胜区规划由省、自治区人民政府建设主管部门或者直辖市人民政府风景名胜区主管部门组织编制。

省级风景名胜区规划由县级人民政府组织编制。

第十七条 编制风景名胜区规划，应当采用招标等公平竞争的方式选择具有相应资质等级的单位承担。

风景名胜区规划应当按照经审定的风景名胜区范围、性质和保护目标，依照国家有关法律、法规和技术规范编制。

第十八条 编制风景名胜区规划，应当广泛征求有关部门、公众和专家的意见；必要时，应当进行听证。

风景名胜区规划报送审批的材料应当包括社会各界的意见以及意见采纳的情况和未予采纳的理由。

第十九条 国家级风景名胜区的总体规划，由省、自治区、直辖市人民政府审查后，报国务院审批。

国家级风景名胜区的详细规划，由省、自治区人民政府建设主管部门或者直辖市人民政府风景名胜区主管部门报国务院建设主管部门审批。

第二十条 省级风景名胜区的总体规划，由省、自治区、直辖市人民政府审批，报国务院建设主管部门备案。

省级风景名胜区的详细规划，由省、自治区人民政府建设主管部门或者直辖市人民政府风景名胜区主管部门审批。

第二十一条 风景名胜区规划经批准后，应当向社会公布，任何组织和个人有权查阅。

风景名胜区内的单位和个人应当遵守经批准的风景名胜区规划，服从规划管理。

风景名胜区规划未经批准的，不得在风景名胜区内进行各类建设活动。

第二十二条 经批准的风景名胜区规划不得擅自修改。确需对风景名胜区总体规划中的风景名胜区范围、性质、保护目标、生态资源保护措施、重大建设项目布局、开发利用强度以及风景名胜区的功能结构、空间布局、游客容量进行修改的，应当报原审批机关批准；对其他内容进行修改的，应当报原审批机关备案。

风景名胜区详细规划确需修改的，应当报原审批机关批准。

政府或者政府部门修改风景名胜区规划对公民、法人或者其他组织造成财产损失的，应当依法给予补偿。

第二十三条 风景名胜区总体规划的规划期届满前2年，规划的组织编制机关应当组织专家对规划进行评估，作出是否重新编制规划的决定。在新规划批准前，原规划继续有效。

第四章 保　护

第二十四条 风景名胜区内的景观和自然环境，应当根据可持续发展的原则，严格保护，不得破坏或者随意改变。

风景名胜区管理机构应当建立健全风景名胜资源保护的各项管理制度。

风景名胜区内的居民和游览者应当保护风景名胜区的景物、水体、林草植被、野生动物和各项设施。

第二十五条 风景名胜区管理机构应当对风景名胜区内的重要景观进行调查、鉴定，并制定相应的保护措施。

第二十六条 在风景名胜区内禁止进行下列活动：

（一）开山、采石、开矿、开荒、修坟立碑等破坏景观、植被和地形地貌的活动；

（二）修建储存爆炸性、易燃性、放射性、毒害性、腐蚀性物品的设施；

（三）在景物或者设施上刻划、涂污；

（四）乱扔垃圾。

第二十七条 禁止违反风景名胜区规划，在风景名胜区内设立各类开发区和在核心景区内建设宾馆、招待所、培训中心、疗养院以及与风景名胜资源保护无关的其他建筑物；已经建设的，应当按照风景名胜区规划，逐步迁出。

第二十八条 在风景名胜区内从事本条例第二十六条、第二十七条禁止范围以外的建设活动，应当经风景名胜区管理机构审核后，依照有关法律、法规的规定办理审批手续。

在国家级风景名胜区内修建缆车、索道等重大建设工程，项目的选址方案应当报省、自治区人民政府建设主管部门和直辖市人民政府风景名胜区主管部门核准。

第二十九条 在风景名胜区内进行下列活动，应当经风景名胜区管理机构审核后，依照有关法律、法规的规定报有关主管部门批准：

（一）设置、张贴商业广告；

（二）举办大型游乐等活动；

（三）改变水资源、水环境自然状态的活动；

（四）其他影响生态和景观的活动。

第三十条 风景名胜区内的建设项目应当符合风景名胜区规划，并与景观相协调，不得破坏景观、污染环境、妨碍游览。

在风景名胜区内进行建设活动的，建设单位、施工单位应当制定污染防治和水土保持方案，并采取有效措施，保护好周围景物、水体、林草植被、野生动物资源和地形地貌。

第三十一条 国家建立风景名胜区管理信息系统，对风景名胜区规划实施和资源保护情况进行动态监测。

国家级风景名胜区所在地的风景名胜区管理机构应当每年向国务院建设主管部门报送风景名胜区规划实施和土地、森林等自然资源保护的情况；国务院建设主管部门应当将土地、森林等自然资源保护的情况，及时抄送国务院有关部门。

第五章 利用和管理

第三十二条 风景名胜区管理机构应当根据风景名胜区的特点，保护民族民间传统文化，开展健康有益的游览观光和文化娱乐活动，普及历史文化和科学知识。

第三十三条 风景名胜区管理机构应当根据风景名胜区规划，合理利用风景名胜资源，改善交通、服务设施和游览条件。

风景名胜区管理机构应当在风景名胜区内设置风景名胜区标志和路标、安全警示等标牌。

第三十四条 风景名胜区内宗教活动场所的管理，依照国家有关宗教活动场所管理的规定执行。

风景名胜区内涉及自然资源保护、利用、管理和文物保护以及自然保护区管理的，还应当执行国家有关法律、法规的规定。

第三十五条 国务院建设主管部门应当对国家级风景名胜区的规划实施情况、资源保护状况进行监督检查和评估。对发现的问题，应当及时纠正、处理。

第三十六条 风景名胜区管理机构应当建立健全安全保障制度，加强安全管理，保障游览安全，并督促风景名胜区内的经营单位接受有关部门依据法律、法规进行的监督检查。

禁止超过允许容量接纳游客和在没有安全保障的区域开展游览活动。

第三十七条 进入风景名胜区的门票，由风景名胜区管理机构负责出售。门票价格依照有关价格的法律、法规的规定执行。

风景名胜区内的交通、服务等项目，应当由风景名胜区管理机构依照有关法律、法规和风景名胜区规划，采用招标等公平竞争的方式确定经营者。

风景名胜区管理机构应当与经营者签订合同，依法确定各自的权利义务。经营者应当缴纳风景名胜资源有偿使用费。

第三十八条　风景名胜区的门票收入和风景名胜资源有偿使用费，实行收支两条线管理。

风景名胜区的门票收入和风景名胜资源有偿使用费应当专门用于风景名胜资源的保护和管理以及风景名胜区内财产的所有权人、使用权人损失的补偿。具体管理办法，由国务院财政部门、价格主管部门会同国务院建设主管部门等有关部门制定。

第三十九条　风景名胜区管理机构不得从事以营利为目的的经营活动，不得将规划、管理和监督等行政管理职能委托给企业或者个人行使。

风景名胜区管理机构的工作人员，不得在风景名胜区内的企业兼职。

第六章　法　律　责　任

第四十条　违反本条例的规定，有下列行为之一的，由风景名胜区管理机构责令停止违法行为、恢复原状或者限期拆除，没收违法所得，并处 50 万元以上 100 万元以下的罚款：

（一）在风景名胜区内进行开山、采石、开矿等破坏景观、植被、地形地貌的活动的；

（二）在风景名胜区内修建储存爆炸性、易燃性、放射性、毒害性、腐蚀性物品的设施的；

（三）在核心景区内建设宾馆、招待所、培训中心、疗养院以及与风景名胜资源保护无关的其他建筑物的。

县级以上地方人民政府及其有关主管部门批准实施本条第一款规定的行为的，对直接负责的主管人员和其他直接责任人员依法给予降级或者撤职的处分；构成犯罪的，依法追究刑事责任。

第四十一条　违反本条例的规定，在风景名胜区内从事禁止范围以外的建设活动，未经风景名胜区管理机构审核的，由风景名胜区管理机构责令停止建设、限期拆除，对个人处 2 万元以上 5 万元以下的罚款，对单位处 20 万元以上 50 万元以下的罚款。

第四十二条　违反本条例的规定，在国家级风景名胜区内修建缆车、索道等重大建设工程，项目的选址方案未经省、自治区人民政府建设主管部门和直辖市人民政府风景名胜区主管部门核准，县级以上地方人民政府有关部门核发选址意见书的，对直接负责的主管人员和其他直接责任人员依法给予处分；构成犯罪的，依法追究刑事责任。

第四十三条　违反本条例的规定，个人在风景名胜区内进行开荒、修坟立碑等破坏景观、植被、地形地貌的活动的，由风景名胜区管理机构责令停止违法行为、限期恢复原状或者采取其他补救措施，没收违法所得，并处 1000 元以上 1 万元以下的罚款。

第四十四条　违反本条例的规定，在景物、设施上刻划、涂污或者在风景名胜区内乱扔垃圾的，由风景名胜区管理机构责令恢复原状或者采取其他补救措施，处 50 元的罚款；刻划、涂污或者以其他方式故意损坏国家保护的文物、名胜古迹的，按照治安管理处罚法的有关规定予以处罚；构成犯罪的，依法追究刑事责任。

第四十五条　违反本条例的规定，未经风景名胜区管理机构审核，在风景名胜区内进行下列活动的，由风景名胜区管理机构责令停止违法行为、限期恢复原状或者采取其他补救措施，没收违法所得，并处 5 万元以上 10 万元以下的罚款；情节严重的，并处 10 万元以上 20 万元以下的罚款：

（一）设置、张贴商业广告的；

（二）举办大型游乐等活动的；

（三）改变水资源、水环境自然状态的活动的；

（四）其他影响生态和景观的活动。

第四十六条　违反本条例的规定，施工单位在施工过程中，对周围景物、水体、林草植被、野生动物资源和地形地貌造成破坏的，由风景名胜区管理机构责令停止违法行为、限期恢复原状或者采取其他补救措施，并处 2 万元以上 10 万元以下的罚款；逾期未恢复原状或者采取有效措施的，由风景名胜区管理机构责令停止施工。

第四十七条　违反本条例的规定，国务院建设主管部门、县级以上地方人民政府及其有关主管部门有下列行为之一的，对直接负责的主管人员和其他直接责任人员依法给予处分；构成犯罪的，依法追究刑事责任：

（一）违反风景名胜区规划在风景名胜区内设立各类开发区的；

（二）风景名胜区自设立之日起未在 2 年内编制完成风景名胜区总体规划的；

（三）选择不具有相应资质等级的单位编制风景名胜区规划的；

（四）风景名胜区规划批准前批准在风景名胜区内进行建设活动的；

（五）擅自修改风景名胜区规划的；

（六）不依法履行监督管理职责的其他行为。

第四十八条　违反本条例的规定，风景名胜区管理机构有下列行为之一的，由设立该风景名胜区管理机构的县级以上地方人民政府责令改正；情节严重的，对直接负责的主管人员和其他直接责任人员给予降级或者撤职的处分；构成犯罪的，依法追究刑事责任：

（一）超过允许容量接纳游客或者在没有安全保障的区域开展游览活动的；

（二）未设置风景名胜区标志和路标、安全警示等标牌的；

（三）从事以营利为目的的经营活动的；

（四）将规划、管理和监督等行政管理职能委托给企业或者个人行使的；

（五）允许风景名胜区管理机构的工作人员在风景名胜区内的企业兼职的；

（六）审核同意在风景名胜区内进行不符合风景名胜区规划的建设活动的；

（七）发现违法行为不予查处的。

第四十九条　本条例第四十条第一款、第四十一条、第四十三条、第四十四条、第四十五条、第四十六条规定的违法行为，依照有关法律、行政法规的规定，有关部门已经予以处罚的，风景名胜区管理机构不再处罚。

第五十条　本条例第四十条第一款、第四十一条、第四十三条、第四十四条、第四十五条、第四十六条规定的违法行为，侵害国家、集体或者个人的财产的，有关单位或者个人应当依法承担民事责任。

第五十一条　依照本条例的规定，责令限期拆除在风景名胜区内违法建设的建筑物、构筑物或者其他设施的，有关单位或者个人必须立即停止建设活动，自行拆除；对继续进行建设的，作出责令限期拆除决定的机关有权制止。有关单位或者个人对责令限期拆除决定不服的，可以在接到责令限期拆除决定之日起 15 日内，向人民法院起诉；期满不起诉又不自行拆除的，由作出责令限期拆除决定的机关依法申请人民法院强制执行，费用由违法者承担。

第七章　附　则

第五十二条　本条例自 2006 年 12 月 1 日起施行。1985 年 6 月 7 日国务院发布的《风景名胜区管理暂行条例》同时废止。

七、中华人民共和国行政处罚法（2017 年修正本）

（1996 年 3 月 17 日中华人民共和国第八届全国人民代表大会第四次会议通过 根据 2009 年 8 月 27 日中华人民共和国主席令第 18 号《全国人民代表大会常务委员会关于修改部分法律的决定》第一次修正 根据 2017 年 9 月 1 日第十二届全国人民代表大会常务委员会第二十九次会议《全国人民代表大会常务委员会关于修改〈中华人民共和国法官法〉等八部法律的决定》第二次修正）

目　　录

第一章　总则

第二章　行政处罚的种类和设定

第三章　行政处罚的实施机关

第四章　行政处罚的管辖和适用

第五章　行政处罚的决定

　　第一节　简易程序

　　第二节　一般程序

　　第三节　听证程序

第六章　行政处罚的执行

第七章　法律责任

第八章　附则

第一章　总　则

第一条　为了规范行政处罚的设定和实施，保障和监督行政机关有效实施行政管理，维护公共利益和社会秩序，保护公民、法人或者其他组织的合法权益，根据宪法，制定本法。

第二条　行政处罚的设定和实施，适用本法。

第三条　公民、法人或者其他组织违反行政管理秩序的行为，应当给予行政处罚的，依照本法由法律、法规或者规章规定，并由行政机关依照本法规定的程序实施。

没有法定依据或者不遵守法定程序的，行政处罚无效。

第四条　行政处罚遵循公正、公开的原则。

设定和实施行政处罚必须以事实为依据，与违法行为的事实、性质、情节以及社会危害程度相当。

对违法行为给予行政处罚的规定必须公布；未经公布的，不得作为行政处罚的依据。

第五条 实施行政处罚，纠正违法行为，应当坚持处罚与教育相结合，教育公民、法人或者其他组织自觉守法。

第六条 公民、法人或者其他组织对行政机关所给予的行政处罚，享有陈述权、申辩权；对行政处罚不服的，有权依法申请行政复议或者提起行政诉讼。

公民、法人或者其他组织因行政机关违法给予行政处罚受到损害的，有权依法提出赔偿要求。

第七条 公民、法人或者其他组织因违法受到行政处罚，其违法行为对他人造成损害的，应当依法承担民事责任。

违法行为构成犯罪，应当依法追究刑事责任，不得以行政处罚代替刑事处罚。

第二章 行政处罚的种类和设定

第八条 行政处罚的种类：

（一）警告；

（二）罚款；

（三）没收违法所得、没收非法财物；

（四）责令停产停业；

（五）暂扣或者吊销许可证、暂扣或者吊销执照；

（六）行政拘留；

（七）法律、行政法规规定的其他行政处罚。

第九条 法律可以设定各种行政处罚。

限制人身自由的行政处罚，只能由法律设定。

第十条 行政法规可以设定除限制人身自由以外的行政处罚。

法律对违法行为已经作出行政处罚规定，行政法规需要作出具体规定的，必须在法律规定的给予行政处罚的行为、种类和幅度的范围内规定。

第十一条 地方性法规可以设定除限制人身自由、吊销企业营业执照以外的行政处罚。

法律、行政法规对违法行为已经作出行政处罚规定，地方性法规需要作出具体规定的，必须在法律、行政法规规定的给予行政处罚的行为、种类和幅度的范围内规定。

第十二条 国务院部、委员会制定的规章可以在法律、行政法规规定的给予行政处罚的行为、种类和幅度的范围内作出具体规定。

尚未制定法律、行政法规的，前款规定的国务院部、委员会制定的规章对违反行政管理秩序的行为，可以设定警告或者一定数量罚款的行政处罚。罚款的限额由国务院规定。

国务院可以授权具有行政处罚权的直属机构依照本条第一款、第二款的规定，规定行政处罚。

第十三条 省、自治区、直辖市人民政府和省、自治区人民政府所在地的市人民政府以及经国务院批准的较大的市人民政府制定的规章可以在法律、法规规定的给予行政处罚的行为、种类和幅度的范围内作出具体规定。

尚未制定法律、法规的，前款规定的人民政府制定的规章对违反行政管理秩序的行为，可以设定警告或者一定数量罚款的行政处罚。罚款的限额由省、自治区、直辖市人民代表大会常务委员会规定。

第十四条　除本法第九条、第十条、第十一条、第十二条以及第十三条的规定外，其他规范性文件不得设定行政处罚。

第三章　行政处罚的实施机关

第十五条　行政处罚由具有行政处罚权的行政机关在法定职权范围内实施。

第十六条　国务院或者经国务院授权的省、自治区、直辖市人民政府可以决定一个行政机关行使有关行政机关的行政处罚权，但限制人身自由的行政处罚权只能由公安机关行使。

第十七条　法律、法规授权的具有管理公共事务职能的组织可以在法定授权范围内实施行政处罚。

第十八条　行政机关依照法律、法规或者规章的规定，可以在其法定权限内委托符合本法第十九条规定条件的组织实施行政处罚。行政机关不得委托其他组织或者个人实施行政处罚。

委托行政机关对受委托的组织实施行政处罚的行为应当负责监督，并对该行为的后果承担法律责任。

受委托组织在委托范围内，以委托行政机关名义实施行政处罚；不得再委托其他任何组织或者个人实施行政处罚。

第十九条　受委托组织必须符合以下条件：

（一）依法成立的管理公共事务的事业组织；

（二）具有熟悉有关法律、法规、规章和业务的工作人员；

（三）对违法行为需要进行技术检查或者技术鉴定的，应当有条件组织进行相应的技术检查或者技术鉴定。

第四章　行政处罚的管辖和适用

第二十条　行政处罚由违法行为发生地的县级以上地方人民政府具有行政处罚权的行政机关管辖。法律、行政法规另有规定的除外。

第二十一条　对管辖发生争议的，报请共同的上一级行政机关指定管辖。

第二十二条　违法行为构成犯罪的，行政机关必须将案件移送司法机关，依法追究刑事责任。

第二十三条　行政机关实施行政处罚时，应当责令当事人改正或者限期改正违法行为。

第二十四条　对当事人的同一个违法行为，不得给予两次以上罚款的行政处罚。

第二十五条　不满十四周岁的人有违法行为的，不予行政处罚，责令监护人加以管教；已满十四周岁不满十八周岁的人有违法行为的，从轻或者减轻行政处罚。

第二十六条　精神病人在不能辨认或者不能控制自己行为时有违法行为的，不予行政处罚，但应当责令其监护人严加看管和治疗。间歇性精神病人在精神正常时有违法行为的，应当给予行政处罚。

第二十七条　当事人有下列情形之一的，应当依法从轻或者减轻行政处罚：

（一）主动消除或者减轻违法行为危害后果的；

（二）受他人胁迫有违法行为的；

（三）配合行政机关查处违法行为有立功表现的；

（四）其他依法从轻或者减轻行政处罚的。

违法行为轻微并及时纠正，没有造成危害后果的，不予行政处罚。

第二十八条 违法行为构成犯罪，人民法院判处拘役或者有期徒刑时，行政机关已经给予当事人行政拘留的，应当依法折抵相应刑期。

违法行为构成犯罪，人民法院判处罚金时，行政机关已经给予当事人罚款的，应当折抵相应罚金。

第二十九条 违法行为在二年内未被发现的，不再给予行政处罚。法律另有规定的除外。

前款规定的期限，从违法行为发生之日起计算；违法行为有连续或者继续状态的，从行为终了之日起计算。

第五章　行政处罚的决定

第三十条 公民、法人或者其他组织违反行政管理秩序的行为，依法应当给予行政处罚的，行政机关必须查明事实；违法事实不清的，不得给予行政处罚。

第三十一条 行政机关在作出行政处罚决定之前，应当告知当事人作出行政处罚决定的事实、理由及依据，并告知当事人依法享有的权利。

第三十二条 当事人有权进行陈述和申辩。行政机关必须充分听取当事人的意见，对当事人提出的事实、理由和证据，应当进行复核；当事人提出的事实、理由或者证据成立的，行政机关应当采纳。

行政机关不得因当事人申辩而加重处罚。

第一节　简　易　程　序

第三十三条 违法事实确凿并有法定依据，对公民处以五十元以下、对法人或者其他组织处以一千元以下罚款或者警告的行政处罚的，可以当场作出行政处罚决定。当事人应当依照本法第四十六条、第四十七条、第四十八条的规定履行行政处罚决定。

第三十四条 执法人员当场作出行政处罚决定的，应当向当事人出示执法身份证件，填写预定格式、编有号码的行政处罚决定书。行政处罚决定书应当当场交付当事人。

前款规定的行政处罚决定书应当载明当事人的违法行为、行政处罚依据、罚款数额、时间、地点以及行政机关名称，并由执法人员签名或者盖章。

执法人员当场作出的行政处罚决定，必须报所属行政机关备案。

第三十五条 当事人对当场作出的行政处罚决定不服的，可以依法申请行政复议或者提起行政诉讼。

第二节　一　般　程　序

第三十六条 除本法第三十三条规定的可以当场作出的行政处罚外，行政机关发现公民、法人或者其他组织有依法应当给予行政处罚的行为的，必须全面、客观、公正地调查，收集有关证据；必要时，依照法律、法规的规定，可以进行检查。

第三十七条 行政机关在调查或者进行检查时，执法人员不得少于两人，并应当向当事人或者有关人员出示证件。当事人或者有关人员应当如实回答询问，并协助调查或者检查，不得阻挠。询问或者检查应当制作笔录。

行政机关在收集证据时，可以采取抽样取证的方法；在证据可能灭失或者以后难以取得的情况下，经行政机关负责人批准，可以先行登记保存，并应当在七日内及时作出处理决定，在此期间，当事人或者有关人员不得销毁或者转移证据。

执法人员与当事人有直接利害关系的，应当回避。

第三十八条　调查终结，行政机关负责人应当对调查结果进行审查，根据不同情况，分别作出如下决定：

（一）确有应受行政处罚的违法行为的，根据情节轻重及具体情况，作出行政处罚决定；

（二）违法行为轻微，依法可以不予行政处罚的，不予行政处罚；

（三）违法事实不能成立的，不得给予行政处罚；

（四）违法行为已构成犯罪的，移送司法机关。

对情节复杂或者重大违法行为给予较重的行政处罚，行政机关的负责人应当集体讨论决定。

在行政机关负责人作出决定之前，应当由从事行政处罚决定审核的人员进行审核。行政机关中初次从事行政处罚决定审核的人员，应当通过国家统一法律职业资格考试取得法律职业资格。

第三十九条　行政机关依照本法第三十八条的规定给予行政处罚，应当制作行政处罚决定书。行政处罚决定书应当载明下列事项：

（一）当事人的姓名或者名称、地址；

（二）违反法律、法规或者规章的事实和证据；

（三）行政处罚的种类和依据；

（四）行政处罚的履行方式和期限；

（五）不服行政处罚决定，申请行政复议或者提起行政诉讼的途径和期限；

（六）作出行政处罚决定的行政机关名称和作出决定的日期。

行政处罚决定书必须盖有作出行政处罚决定的行政机关的印章。

第四十条　行政处罚决定书应当在宣告后当场交付当事人；当事人不在场的，行政机关应当在七日内依照民事诉讼法的有关规定，将行政处罚决定书送达当事人。

第四十一条　行政机关及其执法人员在作出行政处罚决定之前，不依照本法第三十一条、第三十二条的规定向当事人告知给予行政处罚的事实、理由和依据，或者拒绝听取当事人的陈述、申辩，行政处罚决定不能成立；当事人放弃陈述或者申辩权利的除外。

第三节　听证程序

第四十二条　行政机关作出责令停产停业、吊销许可证或者执照、较大数额罚款等行政处罚决定之前，应当告知当事人有要求举行听证的权利；当事人要求听证的，行政机关应当组织听证。当事人不承担行政机关组织听证的费用。听证依照以下程序组织：

（一）当事人要求听证的，应当在行政机关告知后三日内提出；

（二）行政机关应当在听证的七日前，通知当事人举行听证的时间、地点；

（三）除涉及国家秘密、商业秘密或者个人隐私外，听证公开举行；

（四）听证由行政机关指定的非本案调查人员主持；当事人认为主持人与本案有直接利害关系的，有权申请回避；

（五）当事人可以亲自参加听证，也可以委托一至二人代理；

（六）举行听证时，调查人员提出当事人违法的事实、证据和行政处罚建议；当事人进行申辩和质证；

（七）听证应当制作笔录；笔录应当交当事人审核无误后签字或者盖章。

当事人对限制人身自由的行政处罚有异议的，依照治安管理处罚法有关规定执行。

第四十三条　听证结束后，行政机关依照本法第三十八条的规定，作出决定。

第六章　行政处罚的执行

第四十四条　行政处罚决定依法作出后，当事人应当在行政处罚决定的期限内，予以履行。

第四十五条　当事人对行政处罚决定不服申请行政复议或者提起行政诉讼的，行政处罚不停止执行，法律另有规定的除外。

第四十六条　作出罚款决定的行政机关应当与收缴罚款的机构分离。

除依照本法第四十七条、第四十八条的规定当场收缴的罚款外，作出行政处罚决定的行政机关及其执法人员不得自行收缴罚款。

当事人应当自收到行政处罚决定书之日起十五日内，到指定的银行缴纳罚款。银行应当收受罚款，并将罚款直接上缴国库。

第四十七条　依照本法第三十三条的规定当场作出行政处罚决定，有下列情形之一的，执法人员可以当场收缴罚款：

（一）依法给予二十元以下的罚款的；

（二）不当场收缴事后难以执行的。

第四十八条　在边远、水上、交通不便地区，行政机关及其执法人员依照本法第三十三条、第三十八条的规定作出罚款决定后，当事人向指定的银行缴纳罚款确有困难，经当事人提出，行政机关及其执法人员可以当场收缴罚款。

第四十九条　行政机关及其执法人员当场收缴罚款的，必须向当事人出具省、自治区、直辖市财政部门统一制发的罚款收据；不出具财政部门统一制发的罚款收据的，当事人有权拒绝缴纳罚款。

第五十条　执法人员当场收缴的罚款，应当自收缴罚款之日起二日内，交至行政机关；在水上当场收缴的罚款，应当自抵岸之日起二日内交至行政机关；行政机关应当在二日内将罚款缴付指定的银行。

第五十一条　当事人逾期不履行行政处罚决定的，作出行政处罚决定的行政机关可以采取下列措施：

（一）到期不缴纳罚款的，每日按罚款数额的百分之三加处罚款；

（二）根据法律规定，将查封、扣押的财物拍卖或者将冻结的存款划拨抵缴罚款；

（三）申请人民法院强制执行。

第五十二条　当事人确有经济困难，需要延期或者分期缴纳罚款的，经当事人申请和行政机关批准，可以暂缓或者分期缴纳。

第五十三条　除依法应当予以销毁的物品外，依法没收的非法财物必须按照国家规定公开拍卖或者按照国家有关规定处理。

罚款、没收违法所得或者没收非法财物拍卖的款项，必须全部上缴国库，任何行政机关或者个人不得以任何形式截留、私分或者变相私分；财政部门不得以任何形式向作出行政处罚决定的行政机关返还罚款、没收的违法所得或者返还没收非法财物的拍卖款项。

第五十四条　行政机关应当建立健全对行政处罚的监督制度。县级以上人民政府应当加强对行政处罚的监督检查。

公民、法人或者其他组织对行政机关作出的行政处罚，有权申诉或者检举；行政机关应当认真审查，发现行政处罚有错误的，应当主动改正。

第七章　法　律　责　任

第五十五条　行政机关实施行政处罚，有下列情形之一的，由上级行政机关或者有关部门责令改正，可以对直接负责的主管人员和其他直接责任人员依法给予行政处分：

（一）没有法定的行政处罚依据的；

（二）擅自改变行政处罚种类、幅度的；

（三）违反法定的行政处罚程序的；

（四）违反本法第十八条关于委托处罚的规定的。

第五十六条　行政机关对当事人进行处罚不使用罚款、没收财物单据或者使用非法定部门制发的罚款、没收财物单据的，当事人有权拒绝处罚，并有权予以检举。上级行政机关或者有关部门对使用的非法单据予以收缴销毁，对直接负责的主管人员和其他直接责任人员依法给予行政处分。

第五十七条　行政机关违反本法第四十六条的规定自行收缴罚款的，财政部门违反本法第五十三条的规定向行政机关返还罚款或者拍卖款项的，由上级行政机关或者有关部门责令改正，对直接负责的主管人员和其他直接责任人员依法给予行政处分。

第五十八条　行政机关将罚款、没收的违法所得或者财物截留、私分或者变相私分的，由财政部门或者有关部门予以追缴，对直接负责的主管人员和其他直接责任人员依法给予行政处分；情节严重构成犯罪的，依法追究刑事责任。

执法人员利用职务上的便利，索取或者收受他人财物、收缴罚款据为己有，构成犯罪的，依法追究刑事责任；情节轻微不构成犯罪的，依法给予行政处分。

第五十九条　行政机关使用或者损毁扣押的财物，对当事人造成损失的，应当依法予以赔偿，对直接负责的主管人员和其他直接责任人员依法给予行政处分。

第六十条　行政机关违法实行检查措施或者执行措施，给公民人身或者财产造成损害、给法人或者其他组织造成损失的，应当依法予以赔偿，对直接负责的主管人员和其他直接责任人员依法给予行政处分；情节严重构成犯罪的，依法追究刑事责任。

第六十一条　行政机关为牟取本单位私利，对应当依法移交司法机关追究刑事责任的不移交，以行政处罚代替刑罚，由上级行政机关或者有关部门责令纠正；拒不纠正的，对直接负责的主管人员给予行政处分；徇私舞弊、包庇纵容违法行为的，依照刑法有关规定追究刑事责任。

第六十二条　执法人员玩忽职守，对应当予以制止和处罚的违法行为不予制止、处罚，致使公民、法人或者其他组织的合法权益、公共利益和社会秩序遭受损害的，对直接负责的主管人员和其他直接责任人员依法给予行政处分；情节严重构成犯罪的，依法追究刑事责任。

第八章　附　　则

第六十三条　本法第四十六条罚款决定与罚款收缴分离的规定，由国务院制定具体实施办法。

第六十四条　本法自 1996 年 10 月 1 日起施行。

本法公布前制定的法规和规章关于行政处罚的规定与本法不符合的，应当自本法公布之日起，依照本法规定予以修订，在 1997 年 12 月 31 日前修订完毕。

附：刑法有关条文

第一百八十八条　司法工作人员徇私舞弊，对明知是无罪的人而使他受追诉、对明知是有罪的人而故意包庇不使他受追诉，或者故意颠倒黑白做枉法裁判的，处五年以下有期徒刑、拘役或者剥夺政治权利；情节特别严重的，处五年以上有期徒刑。

八、中华人民共和国行政诉讼法（2017 年修正本）

(1989 年 4 月 4 日第七届全国人民代表大会第二次会议通过 根据 2014 年 11 月 1 日第十二届全国人民代表大会常务委员会第十一次会议《关于修改〈中华人民共和国行政诉讼法〉的决定》第一次修正 根据 2017 年 6 月 27 日第十二届全国人民代表大会常务委员会第二十八次会议《关于修改〈中华人民共和国民事诉讼法〉和〈中华人民共和国行政诉讼法〉的决定》第二次修正)

目　　录

第一章　总则
第二章　受案范围
第三章　管辖
第四章　诉讼参加人
第五章　证据
第六章　起诉和受理
第七章　审理和判决
　　第一节　一般规定
　　第二节　第一审普通程序
　　第三节　简易程序
　　第四节　第二审程序
　　第五节　审判监督程序
第八章　执行
第九章　涉外行政诉讼
第十章　附则

第一章　总　则

第一条　为保证人民法院公正、及时审理行政案件，解决行政争议，保护公民、法人和其他组织的合法权益，监督行政机关依法行使职权，根据宪法，制定本法。

第二条　公民、法人或者其他组织认为行政机关和行政机关工作人员的行政行为侵犯其合法权益，有权依照本法向人民法院提起诉讼。

前款所称行政行为，包括法律、法规、规章授权的组织作出的行政行为。

第三条　人民法院应当保障公民、法人和其他组织的起诉权利，对应当受理的行政案件依法受理。

行政机关及其工作人员不得干预、阻碍人民法院受理行政案件。

被诉行政机关负责人应当出庭应诉。不能出庭的，应当委托行政机关相应的工作人员出庭。

第四条　人民法院依法对行政案件独立行使审判权，不受行政机关、社会团体和个人的干涉。

人民法院设行政审判庭，审理行政案件。

第五条　人民法院审理行政案件，以事实为根据，以法律为准绳。

第六条　人民法院审理行政案件，对行政行为是否合法进行审查。

第七条　人民法院审理行政案件，依法实行合议、回避、公开审判和两审终审制度。

第八条　当事人在行政诉讼中的法律地位平等。

第九条　各民族公民都有用本民族语言、文字进行行政诉讼的权利。

在少数民族聚居或者多民族共同居住的地区，人民法院应当用当地民族通用的语言、文字进行审理和发布法律文书。

人民法院应当对不通晓当地民族通用的语言、文字的诉讼参与人提供翻译。

第十条　当事人在行政诉讼中有权进行辩论。

第十一条　人民检察院有权对行政诉讼实行法律监督。

第二章　受案范围

第十二条　人民法院受理公民、法人或者其他组织提起的下列诉讼：

（一）对行政拘留、暂扣或者吊销许可证和执照、责令停产停业、没收违法所得、没收非法财物、罚款、警告等行政处罚不服的；

（二）对限制人身自由或者对财产的查封、扣押、冻结等行政强制措施和行政强制执行不服的；

（三）申请行政许可，行政机关拒绝或者在法定期限内不予答复，或者对行政机关作出的有关行政许可的其他决定不服的；

（四）对行政机关作出的关于确认土地、矿藏、水流、森林、山岭、草原、荒地、滩涂、海域等自然资源的所有权或者使用权的决定不服的；

（五）对征收、征用决定及其补偿决定不服的；

（六）申请行政机关履行保护人身权、财产权等合法权益的法定职责，行政机关拒绝履行或者不予答复的；

（七）认为行政机关侵犯其经营自主权或者农村土地承包经营权、农村土地经营权的；

（八）认为行政机关滥用行政权力排除或者限制竞争的；

（九）认为行政机关违法集资、摊派费用或者违法要求履行其他义务的；

（十）认为行政机关没有依法支付抚恤金、最低生活保障待遇或者社会保险待遇的；

（十一）认为行政机关不依法履行、未按照约定履行或者违法变更、解除政府特许经营协议、土地房屋征收补偿协议等协议的；

（十二）认为行政机关侵犯其他人身权、财产权等合法权益的。

除前款规定外，人民法院受理法律、法规规定可以提起诉讼的其他行政案件。

第十三条 人民法院不受理公民、法人或者其他组织对下列事项提起的诉讼：

（一）国防、外交等国家行为；

（二）行政法规、规章或者行政机关制定、发布的具有普遍约束力的决定、命令；

（三）行政机关对行政机关工作人员的奖惩、任免等决定；

（四）法律规定由行政机关最终裁决的行政行为。

第三章 管 辖

第十四条 基层人民法院管辖第一审行政案件。

第十五条 中级人民法院管辖下列第一审行政案件：

（一）对国务院部门或者县级以上地方人民政府所作的行政行为提起诉讼的案件；

（二）海关处理的案件；

（三）本辖区内重大、复杂的案件；

（四）其他法律规定由中级人民法院管辖的案件。

第十六条 高级人民法院管辖本辖区内重大、复杂的第一审行政案件。

第十七条 最高人民法院管辖全国范围内重大、复杂的第一审行政案件。

第十八条 行政案件由最初作出行政行为的行政机关所在地人民法院管辖。经复议的案件，也可以由复议机关所在地人民法院管辖。

经最高人民法院批准，高级人民法院可以根据审判工作的实际情况，确定若干人民法院跨行政区域管辖行政案件。

第十九条 对限制人身自由的行政强制措施不服提起的诉讼，由被告所在地或者原告所在地人民法院管辖。

第二十条 因不动产提起的行政诉讼，由不动产所在地人民法院管辖。

第二十一条 两个以上人民法院都有管辖权的案件，原告可以选择其中一个人民法院提起诉讼。原告向两个以上有管辖权的人民法院提起诉讼的，由最先立案的人民法院管辖。

第二十二条 人民法院发现受理的案件不属于本院管辖的，应当移送有管辖权的人民法院，受移送的人民法院应当受理。受移送的人民法院认为受移送的案件按照规定不属于本院管辖的，应当报请上级人民法院指定管辖，不得再自行移送。

第二十三条 有管辖权的人民法院由于特殊原因不能行使管辖权的，由上级人民法院指定管辖。

人民法院对管辖权发生争议，由争议双方协商解决。协商不成的，报它们的共同上级人民法院指定管辖。

第二十四条 上级人民法院有权审理下级人民法院管辖的第一审行政案件。

下级人民法院对其管辖的第一审行政案件，认为需要由上级人民法院审理或者指定管辖的，可以报请上级人民法院决定。

第四章 诉 讼 参 加 人

第二十五条 行政行为的相对人以及其他与行政行为有利害关系的公民、法人或者其他组织，有权提起诉讼。

有权提起诉讼的公民死亡，其近亲属可以提起诉讼。

有权提起诉讼的法人或者其他组织终止，承受其权利的法人或者其他组织可以提起诉讼。

人民检察院在履行职责中发现生态环境和资源保护、食品药品安全、国有财产保护、国有土地使用权出让等领域负有监督管理职责的行政机关违法行使职权或者不作为，致使国家利益或者社会公共利益受到侵害的，应当向行政机关提出检察建议，督促其依法履行职责。行政机关不依法履行职责的，人民检察院依法向人民法院提起诉讼。

第二十六条 公民、法人或者其他组织直接向人民法院提起诉讼的，作出行政行为的行政机关是被告。

经复议的案件，复议机关决定维持原行政行为的，作出原行政行为的行政机关和复议机关是共同被告；复议机关改变原行政行为的，复议机关是被告。

复议机关在法定期限内未作出复议决定，公民、法人或者其他组织起诉原行政行为的，作出原行政行为的行政机关是被告；起诉复议机关不作为的，复议机关是被告。

两个以上行政机关作出同一行政行为的，共同作出行政行为的行政机关是共同被告。

行政机关委托的组织所作的行政行为，委托的行政机关是被告。

行政机关被撤销或者职权变更的，继续行使其职权的行政机关是被告。

第二十七条 当事人一方或者双方为二人以上，因同一行政行为发生的行政案件，或者因同类行政行为发生的行政案件、人民法院认为可以合并审理并经当事人同意的，为共同诉讼。

第二十八条 当事人一方人数众多的共同诉讼，可以由当事人推选代表人进行诉讼。代表人的诉讼行为对其所代表的当事人发生效力，但代表人变更、放弃诉讼请求或者承认对方当事人的诉讼请求，应当经被代表的当事人同意。

第二十九条 公民、法人或者其他组织同被诉行政行为有利害关系但没有提起诉讼，或者同案件处理结果有利害关系的，可以作为第三人申请参加诉讼，或者由人民法院通知参加诉讼。

人民法院判决第三人承担义务或者减损第三人权益的，第三人有权依法提起上诉。

第三十条 没有诉讼行为能力的公民，由其法定代理人代为诉讼。法定代理人互相推诿代理责任的，由人民法院指定其中一人代为诉讼。

第三十一条 当事人、法定代理人，可以委托一至二人作为诉讼代理人。

下列人员可以被委托为诉讼代理人：

（一）律师、基层法律服务工作者；

（二）当事人的近亲属或者工作人员；

（三）当事人所在社区、单位以及有关社会团体推荐的公民。

第三十二条 代理诉讼的律师，有权按照规定查阅、复制本案有关材料，有权向有关组织和公民调查，收集与本案有关的证据。对涉及国家秘密、商业秘密和个人隐私的材料，应当依照法律规定保密。

当事人和其他诉讼代理人有权按照规定查阅、复制本案庭审材料，但涉及国家秘密、商业秘密和个人隐私的内容除外。

第五章 证 据

第三十三条 证据包括：

（一）书证；

（二）物证；

（三）视听资料；

（四）电子数据；

（五）证人证言；

（六）当事人的陈述；

（七）鉴定意见；

（八）勘验笔录、现场笔录。

以上证据经法庭审查属实，才能作为认定案件事实的根据。

第三十四条 被告对作出的行政行为负有举证责任，应当提供作出该行政行为的证据和所依据的规范性文件。

被告不提供或者无正当理由逾期提供证据，视为没有相应证据。但是，被诉行政行为涉及第三人合法权益，第三人提供证据的除外。

第三十五条 在诉讼过程中，被告及其诉讼代理人不得自行向原告、第三人和证人收集证据。

第三十六条 被告在作出行政行为时已经收集了证据，但因不可抗力等正当事由不能提供的，经人民法院准许，可以延期提供。

原告或者第三人提出了其在行政处理程序中没有提出的理由或者证据的，经人民法院准许，被告可以补充证据。

第三十七条 原告可以提供证明行政行为违法的证据。原告提供的证据不成立的，不免除被告的举证责任。

第三十八条 在起诉被告不履行法定职责的案件中，原告应当提供其向被告提出申请的证据。但有下列情形之一的除外：

（一）被告应当依职权主动履行法定职责的；

（二）原告因正当理由不能提供证据的。

在行政赔偿、补偿的案件中，原告应当对行政行为造成的损害提供证据。因被告的原因导致原告无法举证的，由被告承担举证责任。

第三十九条 人民法院有权要求当事人提供或者补充证据。

第四十条 人民法院有权向有关行政机关以及其他组织、公民调取证据。但是，不得为证明行政行为的合法性调取被告作出行政行为时未收集的证据。

第四十一条 与本案有关的下列证据，原告或者第三人不能自行收集的，可以申请人民法院调取：

（一）由国家机关保存而须由人民法院调取的证据；

（二）涉及国家秘密、商业秘密和个人隐私的证据；

（三）确因客观原因不能自行收集的其他证据。

第四十二条 在证据可能灭失或者以后难以取得的情况下，诉讼参加人可以向人民法院申请保全证据，人民法院也可以主动采取保全措施。

第四十三条 证据应当在法庭上出示，并由当事人互相质证。对涉及国家秘密、商业秘密和个人隐私的证据，不得在公开开庭时出示。

人民法院应当按照法定程序，全面、客观地审查核实证据。对未采纳的证据应当在裁判文书中说明理由。

以非法手段取得的证据，不得作为认定案件事实的根据。

第六章 起诉和受理

第四十四条 对属于人民法院受案范围的行政案件，公民、法人或者其他组织可以先向行政机关申请复议，对复议决定不服的，再向人民法院提起诉讼；也可以直接向人民法院提起诉讼。

法律、法规规定应当先向行政机关申请复议，对复议决定不服再向人民法院提起诉讼的，依照法律、法规的规定。

第四十五条 公民、法人或者其他组织不服复议决定的，可以在收到复议决定书之日起十五日内向人民法院提起诉讼。复议机关逾期不作决定的，申请人可以在复议期满之日起十五日内向人民法院提起诉讼。法律另有规定的除外。

第四十六条 公民、法人或者其他组织直接向人民法院提起诉讼的，应当自知道或者应当知道作出行政行为之日起六个月内提出。法律另有规定的除外。

因不动产提起诉讼的案件自行政行为作出之日起超过二十年，其他案件自行政行为作出之日起超过五年提起诉讼的，人民法院不予受理。

第四十七条 公民、法人或者其他组织申请行政机关履行保护其人身权、财产权等合法权益的法定职责，行政机关在接到申请之日起两个月内不履行的，公民、法人或者其他组织可以向人民法院提起诉讼。法律、法规对行政机关履行职责的期限另有规定的，从其规定。

公民、法人或者其他组织在紧急情况下请求行政机关履行保护其人身权、财产权等合法权益的法定职责，行政机关不履行的，提起诉讼不受前款规定期限的限制。

第四十八条 公民、法人或者其他组织因不可抗力或者其他不属于其自身的原因耽误起诉期限的，被耽误的时间不计算在起诉期限内。

公民、法人或者其他组织因前款规定以外的其他特殊情况耽误起诉期限的，在障碍消除后十日内，可以申请延长期限，是否准许由人民法院决定。

第四十九条 提起诉讼应当符合下列条件：

（一）原告是符合本法第二十五条规定的公民、法人或者其他组织；

（二）有明确的被告；

（三）有具体的诉讼请求和事实根据；

（四）属于人民法院受案范围和受诉人民法院管辖。

第五十条 起诉应当向人民法院递交起诉状，并按照被告人数提出副本。

书写起诉状确有困难的，可以口头起诉，由人民法院记入笔录，出具注明日期的书面凭证，并告知对方当事人。

第五十一条 人民法院在接到起诉状时对符合本法规定的起诉条件的，应当登记立案。

对当场不能判定是否符合本法规定的起诉条件的，应当接收起诉状，出具注明收到日期的书面凭证，并在七日内决定是否立案。不符合起诉条件的，作出不予立案的裁定。裁定书应当载明不予立案的理由。原告对裁定不服的，可以提起上诉。

起诉状内容欠缺或者有其他错误的，应当给予指导和释明，并一次性告知当事人需要补正的内容。不得未经指导和释明即以起诉不符合条件为由不接收起诉状。

对于不接收起诉状、接收起诉状后不出具书面凭证，以及不一次性告知当事人需要补正的起诉状内容的，当事人可以向上级人民法院投诉，上级人民法院应当责令改正，并对直接负责的主管人员和其他直接责任人员依法给予处分。

第五十二条 人民法院既不立案，又不作出不予立案裁定的，当事人可以向上一级人民法院起诉。上一级人民法院认为符合起诉条件的，应当立案、审理，也可以指定其他下级人民法院立案、审理。

第五十三条 公民、法人或者其他组织认为行政行为所依据的国务院部门和地方人民政府及其部门制定的规范性文件不合法，在对行政行为提起诉讼时，可以一并请求对该规范性文件进行审查。

前款规定的规范性文件不含规章。

第七章 审理和判决

第一节 一般规定

第五十四条 人民法院公开审理行政案件，但涉及国家秘密、个人隐私和法律另有规定的除外。

涉及商业秘密的案件，当事人申请不公开审理的，可以不公开审理。

第五十五条 当事人认为审判人员与本案有利害关系或者有其他关系可能影响公正审判，有权申请审判人员回避。

审判人员认为自己与本案有利害关系或者有其他关系，应当申请回避。

前两款规定，适用于书记员、翻译人员、鉴定人、勘验人。

院长担任审判长时的回避，由审判委员会决定；审判人员的回避，由院长决定；其他人员的回避，由审判长决定。当事人对决定不服的，可以申请复议一次。

第五十六条 诉讼期间，不停止行政行为的执行。但有下列情形之一的，裁定停止执行：

（一）被告认为需要停止执行的；

（二）原告或者利害关系人申请停止执行，人民法院认为该行政行为的执行会造成难以弥补的损失，并且停止执行不损害国家利益、社会公共利益的；

（三）人民法院认为该行政行为的执行会给国家利益、社会公共利益造成重大损害的；

（四）法律、法规规定停止执行的。

当事人对停止执行或者不停止执行的裁定不服的，可以申请复议一次。

第五十七条 人民法院对起诉行政机关没有依法支付抚恤金、最低生活保障金和工伤、医疗社会保险金的案件，权利义务关系明确、不先予执行将严重影响原告生活的，可以根据原告的申请，裁定先予执行。

当事人对先予执行裁定不服的，可以申请复议一次。复议期间不停止裁定的执行。

第五十八条 经人民法院传票传唤，原告无正当理由拒不到庭，或者未经法庭许可中途退庭的，可以按照撤诉处理；被告无正当理由拒不到庭，或者未经法庭许可中途退庭的，可以缺席判决。

第五十九条 诉讼参与人或者其他人有下列行为之一的，人民法院可以根据情节轻重，予以训诫、责令具结悔过或者处一万元以下的罚款、十五日以下的拘留；构成犯罪的，依法追究刑事责任：

（一）有义务协助调查、执行的人，对人民法院的协助调查决定、协助执行通知书，无故推拖、拒绝或者妨碍调查、执行的；

（二）伪造、隐藏、毁灭证据或者提供虚假证明材料，妨碍人民法院审理案件的；

（三）指使、贿买、胁迫他人作伪证或者威胁、阻止证人作证的；

（四）隐藏、转移、变卖、毁损已被查封、扣押、冻结的财产的；

（五）以欺骗、胁迫等非法手段使原告撤诉的；

（六）以暴力、威胁或者其他方法阻碍人民法院工作人员执行职务，或者以哄闹、冲击法庭等方法扰乱人民法院工作秩序的；

（七）对人民法院审判人员或者其他工作人员、诉讼参与人、协助调查和执行的人员恐吓、侮辱、诽谤、诬陷、殴打、围攻或者打击报复的。

人民法院对有前款规定的行为之一的单位，可以对其主要负责人或者直接责任人员依照前款规定予以罚款、拘留；构成犯罪的，依法追究刑事责任。

罚款、拘留须经人民法院院长批准。当事人不服的，可以向上一级人民法院申请复议一次。复议期间不停止执行。

第六十条 人民法院审理行政案件，不适用调解。但是，行政赔偿、补偿以及行政机关行使法律、法规规定的自由裁量权的案件可以调解。

调解应当遵循自愿、合法原则，不得损害国家利益、社会公共利益和他人合法权益。

第六十一条 在涉及行政许可、登记、征收、征用和行政机关对民事争议所作的裁决的行政诉讼中，当事人申请一并解决相关民事争议的，人民法院可以一并审理。

在行政诉讼中，人民法院认为行政案件的审理需以民事诉讼的裁判为依据的，可以裁定中止行政诉讼。

第六十二条 人民法院对行政案件宣告判决或者裁定前，原告申请撤诉的，或者被告改变其所作的行政行为，原告同意并申请撤诉的，是否准许，由人民法院裁定。

第六十三条 人民法院审理行政案件，以法律和行政法规、地方性法规为依据。地方性法规适用于本行政区域内发生的行政案件。

人民法院审理民族自治地方的行政案件，并以该民族自治地方的自治条例和单行条例为依据。

人民法院审理行政案件，参照规章。

第六十四条 人民法院在审理行政案件中，经审查认为本法第五十三条规定的规范性文件不合法的，不作为认定行政行为合法的依据，并向制定机关提出处理建议。

第六十五条 人民法院应当公开发生法律效力的判决书、裁定书，供公众查阅，但涉及国家秘密、商业秘密和个人隐私的内容除外。

第六十六条 人民法院在审理行政案件中，认为行政机关的主管人员、直接责任人员违法违纪的，应当将有关材料移送监察机关、该行政机关或者其上一级行政机关；认为有犯罪行为的，应当将有关材料移送公安、检察机关。

人民法院对被告经传票传唤无正当理由拒不到庭，或者未经法庭许可中途退庭的，可以将被告拒不到庭或者中途退庭的情况予以公告，并可以向监察机关或者被告的上一级行政机关提出依法给予其主要负责人或者直接责任人员处分的司法建议。

第二节　第一审普通程序

第六十七条 人民法院应当在立案之日起五日内，将起诉状副本发送被告。被告应当在收到起诉状副本之日起十五日内向人民法院提交作出行政行为的证据和所依据的规范性文件，并提出答辩状。人民法院应当在收到答辩状之日起五日内，将答辩状副本发送原告。

被告不提出答辩状的，不影响人民法院审理。

第六十八条 人民法院审理行政案件，由审判员组成合议庭，或者由审判员、陪审员组成合议庭。合议庭的成员，应当是三人以上的单数。

第六十九条 行政行为证据确凿，适用法律、法规正确，符合法定程序的，或者原告申请被告履行法定职责或者给付义务理由不成立的，人民法院判决驳回原告的诉讼请求。

第七十条 行政行为有下列情形之一的，人民法院判决撤销或者部分撤销，并可以判决被告重新作出行政行为：

（一）主要证据不足的；

（二）适用法律、法规错误的；

（三）违反法定程序的；

（四）超越职权的；

（五）滥用职权的；

（六）明显不当的。

第七十一条 人民法院判决被告重新作出行政行为的，被告不得以同一的事实和理由作出与原行政行为基本相同的行政行为。

第七十二条 人民法院经过审理，查明被告不履行法定职责的，判决被告在一定期限内履行。

第七十三条 人民法院经过审理，查明被告依法负有给付义务的，判决被告履行给付义务。

第七十四条 行政行为有下列情形之一的，人民法院判决确认违法，但不撤销行政行为：

（一）行政行为依法应当撤销，但撤销会给国家利益、社会公共利益造成重大损害的；

（二）行政行为程序轻微违法，但对原告权利不产生实际影响的。

行政行为有下列情形之一，不需要撤销或者判决履行的，人民法院判决确认违法：

（一）行政行为违法，但不具有可撤销内容的；

（二）被告改变原违法行政行为，原告仍要求确认原行政行为违法的；

（三）被告不履行或者拖延履行法定职责，判决履行没有意义的。

第七十五条　行政行为有实施主体不具有行政主体资格或者没有依据等重大且明显违法情形，原告申请确认行政行为无效的，人民法院判决确认无效。

第七十六条　人民法院判决确认违法或者无效的，可以同时判决责令被告采取补救措施；给原告造成损失的，依法判决被告承担赔偿责任。

第七十七条　行政处罚明显不当，或者其他行政行为涉及对款额的确定、认定确有错误的，人民法院可以判决变更。

人民法院判决变更，不得加重原告的义务或者减损原告的权益。但利害关系人同为原告，且诉讼请求相反的除外。

第七十八条　被告不依法履行、未按照约定履行或者违法变更、解除本法第十二条第一款第十一项规定的协议的，人民法院判决被告承担继续履行、采取补救措施或者赔偿损失等责任。

被告变更、解除本法第十二条第一款第十一项规定的协议合法，但未依法给予补偿的，人民法院判决给予补偿。

第七十九条　复议机关与作出原行政行为的行政机关为共同被告的案件，人民法院应当对复议决定和原行政行为一并作出裁判。

第八十条　人民法院对公开审理和不公开审理的案件，一律公开宣告判决。

当庭宣判的，应当在十日内发送判决书；定期宣判的，宣判后立即发给判决书。

宣告判决时，必须告知当事人上诉权利、上诉期限和上诉的人民法院。

第八十一条　人民法院应当在立案之日起六个月内作出第一审判决。有特殊情况需要延长的，由高级人民法院批准，高级人民法院审理第一审案件需要延长的，由最高人民法院批准。

第三节　简易程序

第八十二条　人民法院审理下列第一审行政案件，认为事实清楚、权利义务关系明确、争议不大的，可以适用简易程序：

（一）被诉行政行为是依法当场作出的；

（二）案件涉及款额二千元以下的；

（三）属于政府信息公开案件的。

除前款规定以外的第一审行政案件，当事人各方同意适用简易程序的，可以适用简易程序。

发回重审、按照审判监督程序再审的案件不适用简易程序。

第八十三条　适用简易程序审理的行政案件，由审判员一人独任审理，并应当在立案之日起四十五日内审结。

第八十四条　人民法院在审理过程中，发现案件不宜适用简易程序的，裁定转为普通程序。

第四节　第二审程序

第八十五条　当事人不服人民法院第一审判决的，有权在判决书送达之日起十五日内向上一级人民法院提起上诉。当事人不服人民法院第一审裁定的，有权在裁定书送达之日起十日内向上一级人民法院提起上诉。逾期不提起上诉的，人民法院的第一审判决或者裁定发生法律效力。

第八十六条　人民法院对上诉案件，应当组成合议庭，开庭审理。经过阅卷、调查和询问当事人，对没有提出新的事实、证据或者理由，合议庭认为不需要开庭审理的，也可以不开庭审理。

第八十七条　人民法院审理上诉案件，应当对原审人民法院的判决、裁定和被诉行政行为进行全面审查。

第八十八条　人民法院审理上诉案件，应当在收到上诉状之日起三个月内作出终审判决。有特殊情况需要延长的，由高级人民法院批准，高级人民法院审理上诉案件需要延长的，由最高人民法院批准。

第八十九条　人民法院审理上诉案件，按照下列情形，分别处理：

（一）原判决、裁定认定事实清楚，适用法律、法规正确的，判决或者裁定驳回上诉，维持原判决、裁定；

（二）原判决、裁定认定事实错误或者适用法律、法规错误的，依法改判、撤销或者变更；

（三）原判决认定基本事实不清、证据不足的，发回原审人民法院重审，或者查清事实后改判；

（四）原判决遗漏当事人或者违法缺席判决等严重违反法定程序的，裁定撤销原判决，发回原审人民法院重审。

原审人民法院对发回重审的案件作出判决后，当事人提起上诉的，第二审人民法院不得再次发回重审。

人民法院审理上诉案件，需要改变原审判决的，应当同时对被诉行政行为作出判决。

第五节　审判监督程序

第九十条　当事人对已经发生法律效力的判决、裁定，认为确有错误的，可以向上一级人民法院申请再审，但判决、裁定不停止执行。

第九十一条　当事人的申请符合下列情形之一的，人民法院应当再审：

（一）不予立案或者驳回起诉确有错误的；

（二）有新的证据，足以推翻原判决、裁定的；

（三）原判决、裁定认定事实的主要证据不足、未经质证或者系伪造的；

（四）原判决、裁定适用法律、法规确有错误的；

（五）违反法律规定的诉讼程序，可能影响公正审判的；

（六）原判决、裁定遗漏诉讼请求的；

（七）据以作出原判决、裁定的法律文书被撤销或者变更的；

（八）审判人员在审理该案件时有贪污受贿、徇私舞弊、枉法裁判行为的。

第九十二条　各级人民法院院长对本院已经发生法律效力的判决、裁定，发现有本法第九十一条规定情形之一，或者发现调解违反自愿原则或者调解书内容违法，认为需要再审的，应当提交审判委员会讨论决定。

最高人民法院对地方各级人民法院已经发生法律效力的判决、裁定，上级人民法院对下级人民法院已经发生法律效力的判决、裁定，发现有本法第九十一条规定情形之一，或者发现调解违反自愿原则或者调解书内容违法的，有权提审或者指令下级人民法院再审。

第九十三条　最高人民检察院对各级人民法院已经发生法律效力的判决、裁定，上级人民检察院对下级人民法院已经发生法律效力的判决、裁定，发现有本法第九十一条规定情形之一，或者发现调解书损害国家利益、社会公共利益的，应当提出抗诉。

地方各级人民检察院对同级人民法院已经发生法律效力的判决、裁定，发现有本法第九十一条规定情形之一，或者发现调解书损害国家利益、社会公共利益的，可以向同级人民法院提出检察建议，并报上级人民检察院备案；也可以提请上级人民检察院向同级人民法院提出抗诉。

各级人民检察院对审判监督程序以外的其他审判程序中审判人员的违法行为，有权向同级人民法院提出检察建议。

第八章　执　　行

第九十四条　当事人必须履行人民法院发生法律效力的判决、裁定、调解书。

第九十五条　公民、法人或者其他组织拒绝履行判决、裁定、调解书的，行政机关或者第三人可以向第一审人民法院申请强制执行，或者由行政机关依法强制执行。

第九十六条　行政机关拒绝履行判决、裁定、调解书的，第一审人民法院可以采取下列措施：

（一）对应当归还的罚款或者应当给付的款额，通知银行从该行政机关的账户内划拨；

（二）在规定期限内不履行的，从期满之日起，对该行政机关负责人按日处五十元至一百元的罚款；

（三）将行政机关拒绝履行的情况予以公告；

（四）向监察机关或者该行政机关的上一级行政机关提出司法建议。接受司法建议的机关，根据有关规定进行处理，并将处理情况告知人民法院；

（五）拒不履行判决、裁定、调解书，社会影响恶劣的，可以对该行政机关直接负责的主管人员和其他直接责任人员予以拘留；情节严重，构成犯罪的，依法追究刑事责任。

第九十七条　公民、法人或者其他组织对行政行为在法定期限内不提起诉讼又不履行的，行政机关可以申请人民法院强制执行，或者依法强制执行。

第九章　涉外行政诉讼

第九十八条　外国人、无国籍人、外国组织在中华人民共和国进行行政诉讼，适用本法。法律另有规定的除外。

第九十九条　外国人、无国籍人、外国组织在中华人民共和国进行行政诉讼，同中华人民共和国公民、组织有同等的诉讼权利和义务。

外国法院对中华人民共和国公民、组织的行政诉讼权利加以限制的，人民法院对该国公民、组织的行政诉讼权利，实行对等原则。

第一百条　外国人、无国籍人、外国组织在中华人民共和国进行行政诉讼，委托律师代理诉讼的，应当委托中华人民共和国律师机构的律师。

第十章 附　则

第一百零一条　人民法院审理行政案件，关于期间、送达、财产保全、开庭审理、调解、中止诉讼、终结诉讼、简易程序、执行等，以及人民检察院对行政案件受理、审理、裁判、执行的监督，本法没有规定的，适用《中华人民共和国民事诉讼法》的相关规定。

第一百零二条　人民法院审理行政案件，应当收取诉讼费用。诉讼费用由败诉方承担，双方都有责任的由双方分担。收取诉讼费用的具体办法另行规定。

第一百零三条　本法自 1990 年 10 月 1 日起施行。

九、城市用地分类与规划建设用地标准（GB 50137—2011）

1 总　则

1.0.1　依据《中华人民共和国城乡规划法》为统筹城乡发展，集约节约、科学合理地利用土地资源，制定本标准。

1.0.2　本标准适用于城市、县人民政府所在地镇和其他具备条件的镇的总体规划和控制性详细规划的编制、用地统计和用地管理工作。

1.0.3　编制城市（镇）总体规划和控制性详细规划除应符合本标准外，尚应符合国家现行有关标准的规定。

2 术　语

2.0.1　城乡用地　town and country land

指市（县、镇）域范围内所有土地，包括建设用地（development land）与非建设用地（non-development land）。建设用地包括城乡居民点建设用地、区域交通设施用地、区域公用设施用地、特殊用地、采矿用地以及其他建设用地，非建设用地包括水域、农林用地以及其他非建设用地。城乡用地内各类用地的术语见本标准表 3.2.2。

2.0.2　城市建设用地　urban development land

指城市（镇）内居住用地（residential）、公共管理与公共服务设施用地（administration and public services）、商业服务业设施用地（commercial and business）、工业用地（industrial，manufacturing）、物流仓储用地（logistics and warehouse）、道路与交通设施用地（road，street and transportation）、公用设施用地（public utilities）、绿地与广场用地（green space and square）的统称。城市建设用地内各类用地的术语见本标准表 3.3.2。城市建设用地规模指上述用地之和，单位为 hm^2。

2.0.3　人口规模　population

人口规模分为现状人口规模与规划人口规模，人口规模应按常住人口进行统计。常住人口指户籍人口数量与半年以上的暂住人口数量之和，单位为万人。

2.0.4　人均城市建设用地面积　urban development land area per capita

指城市（镇）内的城市建设用地面积除以该范围内的常住人口数量，单位为 $m^2/$人。

2.0.5 人均单项城市建设用地面积 single-category urban development land area per capita

指城市（镇）内的居住用地、公共管理与公共服务设施用地、道路与交通设施用地以及绿地与广场用地等单项用地面积除以城市建设用地范围内的常住人口数量，单位为 m^2/人。

2.0.6 人均居住用地面积 residential land area per capita

指城市（镇）内的居住用地面积除以城市建设用地内的常住人口数量，单位为 m^2/人。

2.0.7 人均公共管理与公共服务设施用地面积 administration and public services land area per capita

指城市（镇）内的公共管理与公共服务设施用地面积除以城市建设用地范围内的常住人口数量，单位为 m^2/人。

2.0.8 人均道路与交通设施用地面积 road, street and transportation land area per capita

指城市（镇）内的道路与交通设施用地面积除以城市建设用地范围内的常住人口数量，单位为 m^2/人。

2.0.9 人均绿地与广场用地面积 green space and square area per capita

指城市（镇）内的绿地与广场用地面积除以城市建设用地范围内的常住人口数量，单位为 m^2/人。

2.0.10 人均公园绿地面积 park land area per capita

指城市（镇）内的公园绿地面积除以城市建设用地范围内的常住人口数量，单位为 m^2/人。

2.0.11 城市建设用地结构 composition of urban development land

指城市（镇）内的居住用地、公共管理与公共服务设施用地、工业用地、道路与交通设施用地以及绿地与广场用地等单项用地面积除以城市建设用地面积得出的比重，单位为%。

2.0.12 气候区 climate zone

指根据《建筑气候区划标准》GB 50178—93，以1月平均气温、7月平均气温、7月平均相对湿度为主要指标，以年降水量、年日平均气温低于或等于5℃的日数和年日平均气温高于或等于25℃的日数为辅助指标而划分的七个一级区。

3 用 地 分 类

3.1 一 般 规 定

3.1.1 用地分类包括城乡用地分类、城市建设用地分类两部分，应按土地使用的主要性质进行划分。

3.1.2 用地分类采用大类、中类和小类3级分类体系。大类应采用英文字母表示，中类和小类应采用英文字母和阿拉伯数字组合表示。

3.1.3 使用本分类时，可根据工作性质、工作内容及工作深度的不同要求，采用本分类的全部或部分类别。

3.2 城乡用地分类

3.2.1 城乡用地共分为2大类、9中类、14小类。

3.2.2 城乡用地分类和代码应符合表3.2.2的规定。

类别代码			类别名称	内　　容
大类	中类	小类		
H			建设用地	包括城乡居民点建设用地、区域交通设施用地、区域公用设施用地、特殊用地、采矿用地及其他建设用地等
	H1		城乡居民点建设用地	城市、镇、乡、村庄建设用地
		H11	城市建设用地	城市内的居住用地、公共管理与公共服务设施用地、商业服务业设施用地、工业用地、物流仓储用地、道路与交通设施用地、公用设施用地、绿地与广场用地
		H12	镇建设用地	镇人民政府驻地的建设用地
		H13	乡建设用地	乡人民政府驻地的建设用地
		H14	村庄建设用地	农村居民点的建设用地
	H2		区域交通设施用地	铁路、公路、港口、机场和管道运输等区域交通运输及其附属设施用地，不包括城市建设用地范围内的铁路客货运站、公路长途客货运站以及港口客运码头
		H21	铁路用地	铁路编组站、线路等用地
		H22	公路用地	国道、省道、县道和乡道用地及附属设施用地
		H23	港口用地	海港和河港的陆域部分，包括码头作业区、辅助生产区等用地
		H24	机场用地	民用及军民合用的机场用地，包括飞行区、航站区等用地，不包括净空控制范围用地
		H25	管道运输用地	运输煤炭、石油和天然气等地面管道运输用地，地下管道运输规定的地面控制范围内的用地应按其地面实际用途归类
	H3		区域公用设施用地	为区域服务的公用设施用地，包括区域性能源设施、水工设施、通信设施、广播电视设施、殡葬设施、环卫设施、排水设施等用地
	H4		特殊用地	特殊性质的用地
		H41	军事用地	专门用于军事目的的设施用地，不包括部队家属生活区和军民共用设施等用地
		H42	安保用地	监狱、拘留所、劳改场所和安全保卫设施等用地，不包括公安局用地
	H5		采矿用地	采矿、采石、采沙、盐田、砖瓦窑等地面生产用地及尾矿堆放地
	H9		其他建设用地	除以上之外的建设用地，包括边境口岸和风景名胜区、森林公园等的管理及服务设施等用地
E			非建设用地	水域、农林用地及其他非建设用地等
	E1		水域	河流、湖泊、水库、坑塘、沟渠、滩涂、冰川及永久积雪
		E11	自然水域	河流、湖泊、滩涂、冰川及永久积雪
		E12	水库	人工拦截汇集而成的总库容不小于 10 万 m^3 的水库正常蓄水位岸线所围成的水面
		E13	坑塘沟渠	蓄水量小于 10 万 m^3 的坑塘水面和人工修建用于引、排、灌的渠道
	E2		农林用地	耕地、园地、林地、牧草地、设施农用地、田坎、农村道路等用地
	E9		其他非建设用地	空闲地、盐碱地、沼泽地、沙地、裸地、不用于畜牧业的草地等用地

3.3 城市建设用地分类

3.3.1 城市建设用地共分为 8 大类、35 中类、42 小类。

3.3.2 城市建设用地分类和代码应符合表 3.3.2 的规定。

城市建设用地分类和代码 表 3.3.2

类别代码 大类	类别代码 中类	类别代码 小类	类别名称	内　容
R			居住用地	住宅和相应服务设施的用地
	R1		一类居住用地	设施齐全、环境良好，以低层住宅为主的用地
		R11	住宅用地	住宅建筑用地及其附属道路、停车场、小游园等用地
		R12	服务设施用地	居住小区及小区级以下的幼托、文化、体育、商业、卫生服务、养老助残、公用设施等用地，不包括中小学用地
	R2		二类居住用地	设施较齐全、环境良好，以多、中、高层住宅为主的用地
		R21	住宅用地	住宅建筑用地（含保障性住宅用地）及其附属道路、停车场、小游园等用地
		R22	服务设施用地	居住小区及小区级以下的幼托、文化、体育、商业、卫生服务、养老助残、公用设施等用地，不包括中小学用地
	R3		三类居住用地	设施较欠缺、环境较差，以需要加以改造的简陋住宅为主的用地，包括危房、棚户区、临时住宅等用地
		R31	住宅用地	住宅建筑用地及其附属道路、停车场、小游园等用地
		R32	服务设施用地	居住小区及小区级以下的幼托、文化、体育、商业、卫生服务、养老助残公用设施等用地，不包括中小学用地
A			公共管理与公共服务设施用地	行政、文化、教育、体育、卫生等机构和设施的用地，不包括居住用地中的服务设施用地
	A1		行政办公用地	党政机关、社会团体、事业单位等办公机构及其相关设施用地
	A2		文化设施用地	图书、展览等公共文化活动设施用地
		A21	图书展览用地	公共图书馆、博物馆、档案馆、科技馆、纪念馆、美术馆和展览馆、会展中心等设施用地
		A22	文化活动用地	综合文化活动中心、文化馆、青少年宫、儿童活动中心、老年活动中心等设施用地
	A3		教育科研用地	高等院校、中等专业学校、中学、小学、科研事业单位及其附属设施用地，包括为学校配建的独立地段的学生生活用地
		A31	高等院校用地	大学、学院、专科学校、研究生院、电视大学、党校、干部学校及其附属设施用地，包括军事院校用地
		A32	中等专业学校用地	中等专业学校、技工学校、职业学校等用地，不包括附属于普通中学内的职业高中用地
		A33	中小学用地	中学、小学
		A34	特殊教育用地	聋、哑、盲人学校及工读学校等用地
		A35	科研用地	科研事业单位用地
	A4		体育用地	体育场馆和体育训练基地等用地，不包括学校等机构专用的体育设施用地
		A41	体育场馆用地	室内外体育运动用地，包括体育场馆、游泳馆、各类球场及其附属的业余体校等用地
		A42	体育训练用地	为体育运动专设的训练基地用地
	A5		医疗卫生用地	医疗、保健、卫生、防疫、康复和急救设施等用地
		A51	医院用地	综合医院、专科医院、社区卫生服务中心等用地
		A52	卫生防疫用地	卫生防疫站、专科防治所、检验中心和动物检疫站等用地
		A53	特殊医疗用地	对环境有特殊要求的传染病、精神病等专科医院用地
		A59	其他医疗卫生用地	急救中心、血库等用地

类别代码			类别名称	内容
大类	中类	小类		
A	A6		社会福利用地	为社会提供福利和慈善服务的设施及其附属设施用地，包括福利院、养老院、孤儿院等用地
	A7		文物古迹用地	具有保护价值的古遗址、古墓葬、古建筑、石窟寺、近代代表性建筑、革命纪念建筑等用地。不包括已作其他用途的文物古迹用地
	A8		外事用地	外国驻华使馆、领事馆、国际机构及其生活设施等用地
	A9		宗教用地	宗教活动场所用地
B			商业服务业设施用地	商业、商务、娱乐康体等设施用地，不包括居住用地中的服务设施用地
	B1		商业用地	商业及餐饮、旅馆等服务业用地
		B11	零售商业用地	以零售功能为主的商铺、商场、超市、市场等用地
		B12	批发市场用地	以批发功能为主的市场用地
		B13	餐饮用地	饭店、餐厅、酒吧等用地
		B14	旅馆用地	宾馆、旅馆、招待所、服务型公寓、度假村等用地
	B2		商务用地	金融保险、艺术传媒、技术服务等综合性办公用地
		B21	金融保险用地	银行、证券期货交易所、保险公司等用地
		B22	艺术传媒用地	文艺团体、影视制作、广告传媒等用地
		B29	其他商务用地	贸易、设计、咨询等技术服务办公用地
	B3		娱乐康体用地	娱乐、康体等设施用地
		B31	娱乐用地	剧院、音乐厅、电影院、歌舞厅、网吧以及绿地率小于65%的大型游乐等设施用地
		B32	康体用地	赛马场、高尔夫、溜冰场、跳伞场、摩托车场、射击场，以及通用航空、水上运动的陆域部分等用地
	B4		公用设施营业网点用地	零售加油、加气、电信、邮政等公用设施营业网点用地
		B41	加油加气站用地	零售加油、加气、充电站等用地
		B49	其他公用设施营业网点用地	独立地段的电信、邮政、供水、燃气、供电、供热等其他公用设施营业网点用地
	B9		其他服务设施用地	业余学校、民营培训机构、私人诊所、殡葬、宠物医院、汽车维修站等其他服务设施用地
M			工业用地	工矿企业的生产车间、库房及其附属设施用地，包括专用铁路、码头和附属道路、停车场等用地，不包括露天矿用地
	M1		一类工业用地	对居住和公共环境基本无干扰、污染和安全隐患的工业用地
	M2		二类工业用地	对居住和公共环境有一定干扰、污染和安全隐患的工业用地
	M3		三类工业用地	对居住和公共环境有严重干扰、污染和安全隐患的工业用地
W			物流仓储用地	物资储备、中转、配送等用地，包括附属道路、停车场以及货运公司车队的站场等用地
	W1		一类物流仓储用地	对居住和公共环境基本无干扰、污染和安全隐患的物流仓储用地
	W2		二类物流仓储用地	对居住和公共环境有一定干扰、污染和安全隐患的物流仓储用地
	W3		三类物流仓储用地	易燃、易爆和剧毒等危险品的专用物流仓储用地

类别代码			类别名称	内　　容
大类	中类	小类		
S			道路与交通设施用地	城市道路、交通设施等用地，不包括居住用地、工业用地等内部的道路、停车场等用地
	S1		城市道路用地	快速路、主干路、次干路和支路等用地，包括其交叉口用地
	S2		城市轨道交通用地	独立地段的城市轨道交通地面以上部分的线路、站点用地
	S3		交通枢纽用地	铁路客货运站、公路长途客运站、港口客运码头、公交枢纽及其附属设施用地
	S4		交通场站用地	交通服务设施用地，不包括交通指挥中心、交通队用地
		S41	公共交通场站用地	城市轨道交通车辆基地及附属设施，公共汽（电）车首末站、停车场（库）、保养场，出租汽车场站设施等用地，以及轮渡、缆车、索道等的地面部分及其附属设施用地
		S42	社会停车场用地	独立地段的公共停车场和停车库用地，不包括其他各类用地配建的停车场和停车库用地
	S9		其他交通设施用地	除以上之外的交通设施用地，包括教练场等用地
U			公用设施用地	供应、环境、安全等设施用地
	U1		供应设施用地	供水、供电、供燃气和供热等设施用地
		U11	供水用地	城市取水设施、自来水厂、再生水厂、加压泵站、高位水池等设施用地
		U12	供电用地	变电站、开闭所、变配电所等设施用地，不包括电厂用地。高压走廊下规定的控制范围内的用地应按其地面实际用途归类
		U13	供燃气用地	分输站、门站、储气站、加气母站、液化石油气储配站、灌瓶站和地面输气管廊等设施用地，不包括制气厂用地
		U14	供热用地	集中供热锅炉房、热力站、换热站和地面输热管廊等设施用地
		U15	通信用地	邮政中心局、邮政支局、邮件处理中心、电信局、移动基站、微波站等设施用地
		U16	广播电视用地	广播电视的发射、传输和监测设施用地，包括无线电收信区、发信区以及广播电视发射台、转播台、差转台、监测站等设施用地
	U2		环境设施用地	雨水、污水、固体废物处理等环境保护设施及其附属设施用地
		U21	排水用地	雨水泵站、污水泵站、污水处理、污泥处理厂等设施及其附属的构筑物用地，不包括排水河渠用地
		U22	环卫用地	生活垃圾、医疗垃圾、危险废物处理（置），以及垃圾转运、公厕、车辆清洗、环卫车辆停放修理等设施用地
	U3		安全设施用地	消防、防洪等保卫城市安全的公用设施及其附属设施用地
		U31	消防用地	消防站、消防通信及指挥训练中心等设施用地
		U32	防洪用地	防洪堤、防洪枢纽、排洪沟渠等设施用地
	U9		其他公用设施用地	除以上之外的公用设施用地，包括施工、养护、维修等设施用地
G			绿地与广场用地	公园绿地、防护绿地、广场等公共开放空间用地
	G1		公园绿地	向公众开放，以游憩为主要功能，兼具生态、美化、防灾等作用的绿地
	G2		防护绿地	具有卫生、隔离和安全防护功能的绿地
	G3		广场用地	以游憩、纪念、集会和避险等功能为主的城市公共活动场地

4 规划建设用地标准

4.1 一 般 规 定

4.1.1 用地面积应按平面投影计算。每块用地只可计算一次，不得重复。

4.1.2 城市（镇）总体规划宜采用 1/10000 或 1/5000 比例尺的图纸进行建设用地分类计算，控制性详细规划宜采用 1/2000 或 1/1000 比例尺的图纸进行用地分类计算。现状和规划的用地分类计算应采用同一比例尺。

4.1.3 用地的计量单位应为万平方米（公顷），代码为"hm^2"。数字统计精度应根据图纸比例尺确定，1/10000 图纸应精确至个位，1/5000 图纸应精确至小数点后一位，1/2000 和 1/1000 图纸应精确至小数点后两位。

4.1.4 城市建设用地统计范围与人口统计范围必须一致，人口规模应按常住人口进行统计。

4.1.5 城市（镇）总体规划应统一按附录 A 附表的格式进行用地汇总。

4.1.6 规划建设用地标准应包括规划人均城市建设用地面积标准、规划人均单项城市建设用地面积标准和规划城市建设用地结构三部分。

4.2 规划人均城市建设用地面积标准

4.2.1 规划人均城市建设用地面积指标应根据现状人均城市建设用地面积指标、城市（镇）所在的气候区以及规划人口规模，按表 4.2.1 的规定综合确定，并应同时符合表中允许采用的规划人均城市建设用地面积指标和允许调整幅度双因子的限制要求。

规划人均城市建设用地面积指标（m^2/人） 表 4.2.1

气候区	现状人均城市建设用地面积指标	允许采用的规划人均城市建设用地面积指标	允许调整幅度		
			规划人口规模 ≤20.0 万人	规划人口规模 20.1~50.0 万人	规划人口规模 >50.0 万人
I、II、VI、VII	≤65.0	65.0~85.0	>0.0	>0.0	>0.0
	65.1~75.0	65.0~95.0	+0.1~+20.0	+0.1~+20.0	+0.1~+20.0
	75.1~85.0	75.0~105.0	+0.1~+20.0	+0.1~+20.0	+0.1~+15.0
	85.1~95.0	80.0~110.0	+0.1~+20.0	−5.0~+20.0	−5.0~+15.0
	95.1~105.0	90.0~110.0	−5.0~+15.0	−10.0~+15.0	−10.0~+10.0
	105.1~115.0	95.0~115.0	−10.0~−0.1	−15.0~−0.1	−20.0~−0.1
	>115.0	≤115.0	<0.0	<0.0	<0.0
III、IV、V	≤65.0	65.0~85.0	>0.0	>0.0	>0.0
	65.1~75.0	65.0~95.0	+0.1~+20.0	+0.1~+20.0	+0.1~+20.0
	75.1~85.0	75.0~100.0	−5.0~+20.0	−5.0~+20.0	−5.0~+15.0
	85.1~95.0	80.0~105.0	−10.0~+15.0	−10.0~+15.0	−10.0~+10.0
	95.1~105.0	85.0~105.0	−15.0~+10.0	−15.0~+10.0	−15.0~+5.0
	105.1~115.0	90.0~110.0	−20.0~−0.1	−20.0~−0.1	−25.0~−5.0
	>115.0	≤110.0	<0.0	<0.0	<0.0

注：1 气候区应符合《建筑气候区划标准》GB 50178—93 的规定，具体应按本标准附录 B 执行①
 2 新建城市（镇）、首都的规划人均城市建设用地面积指标不适用本表。

---

① 附录 B 请参阅：《城市用地分类与规划建设用地标准》GB 50137—2011。

4.2.2 新建城市（镇）的规划人均城市建设用地面积指标宜在(85.1～ 105.0)m²/人内确定。

4.2.3 首都的规划人均城市建设用地面积指标应在（105.1～115.0）m²/人内确定。

4.2.4 边远地区、少数民族地区城市（镇），以及部分山地城市（镇）、人口较少的工矿业城市（镇）、风景旅游城市（镇）等，不符合表 4.2.1 规定时，应专门论证确定规划人均城市建设用地面积指标，且上限不得大于 150.0m²/人。

4.2.5 编制和修订城市（镇）总体规划应以本标准作为规划城市建设用地的远期控制标准。

4.3 规划人均单项城市建设用地面积标准

4.3.1 规划人均居住用地面积指标应符合表 4.3.1 的规定。

人均居住用地面积指标（m²/人） 表 4.3.1

建筑气候区划	Ⅰ、Ⅱ、Ⅵ、Ⅶ气候区	Ⅲ、Ⅳ、Ⅴ气候区
人均居住用地面积	28.0～38.0	23.0～36.0

4.3.2 规划人均公共管理与公共服务设施用地面积不应小于 5.5m²/人。

4.3.3 规划人均道路与交通设施用地面积不应小于 12.0m²/人。

4.3.4 规划人均绿地与广场用地面积不应小于 10.0m²/人，其中人均公园绿地面积不应小于 8.0m²/人。

4.3.5 编制和修订城市（镇）总体规划应以本标准作为规划单项城市建设用地的远期控制标准。

4.4 规划城市建设用地结构

4.4.1 居住用地、公共管理与公共服务设施用地、工业用地、道路与交通设施用地和绿地与广场用地五大类主要用地规划占城市建设用地的比例宜符合表 4.4.1 的规定。

规划城市建设用地结构 表 4.4.1

用 地 名 称	占城市建设用地的比例（％）
居住用地	25.0～40.0
公共管理与公共服务设施用地	5.0～8.0
工业用地	15.0～30.0
道路与交通设施用地	10.0～25.0
绿地与广场用地	10.0～15.0

4.4.2 工矿城市（镇）、风景旅游城市（镇）以及其他具有特殊情况的城市（镇），其规划城市建设用地结构可根据实际情况具体确定。

附录 A 城市总体规划用地统计表统一格式

A.0.1 城市（镇）总体规划城乡用地应按表 A.0.1 进行汇总。

城乡用地汇总表   表 A. 0. 1

用地代码	用地名称		用地面积 (hm²)		占城乡用地比例 (%)	
			现状	规划	现状	规划
H	建设用地					
	其中	城乡居民点建设用地				
		区域交通设施用地				
		区域公用设施用地				
		特殊用地				
		采矿用地				
		其他建设用地				
E	非建设用地					
	其中	水域				
		农林用地				
		其他非建设用地				
	城乡用地				100	100

十、城市抗震防灾规划管理规定（2011 年修正本）

（2003 年 9 月 19 日建设部令第 117 号公布　根据 2011 年 1 月 26 日住房和城乡建设部令第 9 号公布　自公布之日起施行的《住房和城乡建设部关于废止和修改部分规章的决定》修正）

第一条　为了提高城市的综合抗震防灾能力，减轻地震灾害，根据《中华人民共和国城乡规划法》、《中华人民共和国防震减灾法》等有关法律、法规，制定本规定。

第二条　在抗震设防区的城市，编制与实施城市抗震防灾规划，必须遵守本规定。

本规定所称抗震设防区，是指地震基本烈度六度及六度以上地区（地震动峰值加速度 ≥0.05g 的地区）。

第三条　城市抗震防灾规划是城市总体规划中的专业规划。在抗震设防区的城市，编制城市总体规划时必须包括城市抗震防灾规划。城市抗震防灾规划的规划范围应当与城市总体规划相一致，并与城市总体规划同步实施。

城市总体规划与防震减灾规划应当相互协调。

第四条　城市抗震防灾规划的编制要贯彻"预防为主，防、抗、避、救相结合"的方针，结合实际、因地制宜、突出重点。

第五条　国务院建设行政主管部门负责全国的城市抗震防灾规划综合管理工作。

省、自治区人民政府建设行政主管部门负责本行政区域内的城市抗震防灾规划的管理工作。

直辖市、市、县人民政府城乡规划行政主管部门会同有关部门组织编制本行政区域内的城市抗震防灾规划，并监督实施。

第六条　编制城市抗震防灾规划应当对城市抗震防灾有关的城市建设、地震地质、工程地质、水文地质、地形地貌、土层分布及地震活动性等情况进行深入调查研究，取得准确的基础资料。

有关单位应当依法为编制城市抗震防灾规划提供必需的资料。

第七条　编制和实施城市抗震防灾规划应当符合有关的标准和技术规范，应当采用先进技术方法和手段。

第八条　城市抗震防灾规划编制应当达到下列基本目标：

（一）当遭受多遇地震时，城市一般功能正常；

（二）当遭受相当于抗震设防烈度的地震时，城市一般功能及生命线系统基本正常，重要工矿企业能正常或者很快恢复生产；

（三）当遭受罕遇地震时，城市功能不瘫痪，要害系统和生命线工程不遭受严重破坏，不发生严重的次生灾害。

第九条　城市抗震防灾规划应当包括下列内容：

（一）地震的危害程度估计，城市抗震防灾现状、易损性分析和防灾能力评价，不同强度地震下的震害预测等。

（二）城市抗震防灾规划目标、抗震设防标准。

（三）建设用地评价与要求：

1. 城市抗震环境综合评价，包括发震断裂、地震场地破坏效应的评价等；

2. 抗震设防区划，包括场地适宜性分区和危险地段、不利地段的确定，提出用地布局要求；

3. 各类用地上工程设施建设的抗震性能要求。

（四）抗震防灾措施：

1. 市、区级避震通道及避震疏散场地（如绿地、广场等）和避难中心的设置与人员疏散的措施；

2. 城市基础设施的规划建设要求：城市交通、通讯、给排水、燃气、电力、热力等生命线系统，及消防、供油网络、医疗等重要设施的规划布局要求；

3. 防止地震次生灾害要求：对地震可能引起的水灾、火灾、爆炸、放射性辐射、有毒物质扩散或者蔓延等次生灾害的防灾对策；

4. 重要建（构）筑物、超高建（构）筑物、人员密集的教育、文化、体育等设施的布局、间距和外部通道要求；

5. 其他措施。

第十条　城市抗震防灾规划中的抗震设防标准、建设用地评价与要求、抗震防灾措施应当列为城市总体规划的强制性内容，作为编制城市详细规划的依据。

第十一条　城市抗震防灾规划应当按照城市规模、重要性和抗震防灾的要求，分为甲、乙、丙三种模式：

（一）位于地震基本烈度七度及七度以上地区（地震动峰值加速度≥0.10g的地区）的大城市应当按照甲类模式编制；

（二）中等城市和位于地震基本烈度六度地区（地震动峰值加速度等于0.05g的地区）的大城市按照乙类模式编制；

（三）其他在抗震设防区的城市按照丙类模式编制。

甲、乙、丙类模式抗震防灾规划的编制深度应当按照有关的技术规定执行。规划成果应当包括规划文本、说明、有关图纸和软件。

第十二条 抗震防灾规划应当由省、自治区建设行政主管部门或者直辖市城乡规划行政主管部门组织专家评审，进行技术审查。专家评审委员会的组成应当包括规划、勘察、抗震等方面的专家和省级地震主管部门的专家。甲、乙类模式抗震防灾规划评审时应当有三名以上建设部全国城市抗震防灾规划审查委员会成员参加。全国城市抗震防灾规划审查委员会委员由国务院建设行政主管部门聘任。

第十三条 经过技术审查的抗震防灾规划应当作为城市总体规划的组成部分，按照法定程序审批。

第十四条 批准后的抗震防灾规划应当公布。

第十五条 城市抗震防灾规划应当根据城市发展和科学技术水平等各种因素的变化，与城市总体规划同步修订。对城市抗震防灾规划进行局部修订，涉及修改总体规划强制性内容的，应当按照原规划的审批要求评审和报批。

第十六条 抗震设防区城市的各项建设必须符合城市抗震防灾规划的要求。

第十七条 在城市抗震防灾规划所确定的危险地段不得进行新的开发建设，已建的应当限期拆除或者停止使用。

第十八条 重大建设工程和各类生命线工程的选址与建设应当避开不利地段，并采取有效的抗震措施。

第十九条 地震时可能发生严重次生灾害的工程不得建在城市人口稠密地区，已建的应当逐步迁出；正在使用的，迁出前应当采取必要的抗震防灾措施。

第二十条 任何单位和个人不得在抗震防灾规划确定的避震疏散场地和避震通道上搭建临时性建（构）筑物或者堆放物资。

重要建（构）筑物、超高建（构）筑物、人员密集的教育、文化、体育等设施的外部通道及间距应当满足抗震防灾的原则要求。

第二十一条 直辖市、市、县人民政府城乡规划行政主管部门应当建立举报投诉制度，接受社会和舆论的监督。

第二十二条 省、自治区人民政府建设行政主管部门应当定期对本行政区域内的城市抗震防灾规划的实施情况进行监督检查。

第二十三条 任何单位和个人从事建设活动违反城市抗震防灾规划的，按照《中华人民共和国城乡规划法》等有关法律、法规和规章的有关规定处罚。

第二十四条 本规定自 2003 年 11 月 1 日起施行。本规定颁布前，城市抗震防灾规划管理规定与本规定不一致的，以本规定为准。

参 考 文 献

[1] 全国城市规划执业制度管理委员会.城市规划实务(2011 年版)[M].北京：中国计划出版社，2011.

[2] 国务院法制办公室.中华人民共和国城乡规划法(含建筑法)注解与配套(第四版)[M].北京：中国法制出版社，2017.

[3] 全国城市规划执业制度管理委员会.全国城市规划师执业资格考试大纲(修订版)[M].北京：中国计划出版社，2011.

[4] 人力资源和社会保障部，住房和城乡建设部.人力资源社会保障部住房城乡建设部关于印发《注册城乡规划师职业资格制度规定》和《注册城乡规划师职业资格考试实施办法》的通知(人社部规〔2017〕6 号)[Z]，2017.

[5] 中共中央.深化党和国家机构改革方案[Z].2018.

[6] 国务院.国务院关于机构设置的通知(国发〔2018〕6 号)[Z].2018.

[7] 住房和城乡建设部标准定额司，国际化工程建设规范标准体系[Z].2018.

后　　记

　　《全国注册城乡规划师职业资格考试辅导教材》（第十三版）是按照 2008 年 6 月全国城市规划执业制度管理委员会公布的《全国城市规划师执业资格考试大纲（修订版）》要求，参考全国城市规划执业资格制度委员会编写的《全国注册城市规划师执业考试指定用书》，并在总结前 18 年的考试试题的基础上，组织国内专家进行编写的。

　　感谢张庆、唐颖、杨纪伟在新冠肺炎疫情期间的奋力工作。由于时间所限，不当之处在所难免，敬请指正，以便于今后进一步修改完善。

　　在此，谨向《全国注册城乡规划师职业资格考试辅导教材》的组织单位中国建筑工业出版社给予的支持和配合表示衷心的感谢，并向中国建筑工业出版社陆新之等编辑，以及校对、美术设计的相关人员表示感谢！

《全国注册城乡规划师职业资格考试辅导教材》编委会

2020 年 4 月 30 日